De Gruyter Studium

Röß · Mathematik mit Simulationen lehren und lernen

Technische Vorbemerkung

Die elektronische Version im *PDF-Format* ist über Links mit zahlreichen Einzeldateien verknüpft. Es kann sein, dass auf Ihrem PC die Datei zunächst im *PDF/A-Anzeige Modus* erscheint, bei dem diese Verknüpfung ausgeschaltet ist. In diesem Fall schalten Sie die Links mit der folgenden Einstellung von *Adobe Reader*, bzw. *Adobe Acrobat Professional* bei geöffneter Textdatei frei:

Menu Bearbeiten/Voreinstellungen/Dokumente/Dokumente in PDF/A Anzeigemodus anzeigen/Nie
Menu Edit/Preferences/Documents/View Documents in PDF/A Mode/Never

Alle Simulationen sind auch unter http://mathesim.degruyter.de/jws/ zugänglich.

Weitere Informationen zum Buch erhalten Sie unter http://www.degruyter.de/cont/fb/ma/detail.cfm?id=IS-9783110250046-1.

Dieter Röß

Mathematik mit Simulationen lehren und lernen

Plus 2000 Beispiele aus der Physik

De Gruyter

Mathematics Subject Classification 2010: Primary: 97M20; Secondary: 97M50.

Prof. Dr. Dieter Röß
Fasanenweg 4
D-63768 Hösbach-Feldkahl
E-Mail: dieter.roess@t-online.de

ISBN 978-3-11-025004-6
e-ISBN 978-3-11-025006-0

Bibliografische Information der Deutschen Nationalbibliothek

Die Deutsche Nationalbibliothek verzeichnet diese Publikaion in der Deutschen Nationalbibliografie; detaillierte bibliografische Daten sind im Internet über http://dnb.d-nb.de abrufbar.

Satz: Da-TeX Gerd Blumenstein, Leipzig, www.da-tex.de
Druck und Bindung: Hubert & Co. GmbH & Co. KG, Göttingen
♾ Gedruckt auf säurefreiem Papier

Printed in Germany

www.degruyter.com

Vorwort

Die Idee zu diesem *digitalen Buch* entstand bei Überlegungen im Freundeskreis[1] zu den Fragen

Autor

(a) Warum sind Physik und Mathematik in der Schule so unbeliebt?

Angstfach Mathe

(b) Warum streben nicht mehr Abiturientinnen und Abiturienten ein Studium in Naturwissenschaft und Technik an, das auf diesen Fächern aufbaut?

Ingenieurmangel

(c) Warum schlagen die weitaus meisten Studienanfänger die sehr guten fachlichen und beruflichen Entwicklungsmöglichkeiten dieser Fächer aus?

Markt Physiker

Bereits in der Oberstufe gelten Mathematik und Physik als schwere, als so genannte *harte Fächer*. An den Hochschulen wird resigniert akzeptiert, dass die Mathematikkenntnisse vieler Abiturienten für die Aufnahme eines Fachstudiums nicht ausreichen und in Anpassungskursen nachgebessert werden müssen. Ein erschreckend hoher Anteil der Studienanfänger in Mathematik und Physik scheitert bereits in den ersten Semestern. Für unsere Gesellschaft wird dies ernste Folgen haben, denn für unser zukünftiges Wohlergehen ist es entscheidend, dass in den wissenschaftlich-technischen Berufen genügend qualifizierter Nachwuchs bereit steht.

Mathe mangelhaft

Es ist allerdings ganz verständlich, als Studienfächer lieber die *weichen Fächer* zu wählen, wenn man sich auf deren Studium besser vorbereitet fühlt und in diesem die besseren Erfolgschancen sieht. Dass die „materielle" Seite der späteren Berufsaussichten bei der Studienwahl nicht ausschlaggebend ist, ist darüber hinaus durchaus sympathisch.

Warum aber werden Mathematik und Physik als so *schwer* empfunden? Eigentlich sollte doch der Vorzug, *keine Paukfächer* zu sein, für sie sprechen: Hat man ein spezifisches physikalisches oder mathematisches Problem einmal in seinem Zusammenhang verstanden, kann man ja seine Details wieder vergessen, da man sie bei Bedarf aus dem übergeordneten Zusammenhang wieder rekonstruieren kann. Offensichtlich gelingt es aber in der Schule oft nicht, diesen Zustand des Verstehens und der Einsicht in die mathematischen und naturgesetzlichen Strukturen überhaupt zu erreichen. In diesem Fall vermittelt der Unterricht auch nicht das wunderbare Erlebnis der tiefen Befriedigung, etwas *verstanden* zu haben. Physik kann dann tatsächlich als ein Paukfach voller unverständlicher, unzusammenhängender Formeln und mühsamer

---

1 Führende Mitglieder der *Deutschen Physikalischen Gesellschaft* DPG (mit 57.000 Mitgliedern die größte Gesellschaft dieser Art weltweit), der *Wilhelm und Else Heraeus Stiftung* (WEH-Stiftung), und einzelne Fachkollegen aus der Physik, unter ihnen besonders Prof. Dr. Siegfried Großmann und Prof. Dr. Werner Martienssen.

Berechnungen erscheinen. Dementsprechend besteht die Gefahr, dass Mathematik zu einer auf Gedächtnisleistung aufbauenden Kunst des *Rechnens* wird, deren Komplexität zwar vom Einmaleins bis zum Integrieren nach gelernten Formeln zunimmt, deren zugrundeliegende Ideen und tieferen Zusammenhänge dabei aber unklar bleiben.

Wie die PISA-Studie zeigte, hat sich dieses Dilemma über Jahrzehnte so entwickelt, dass im internationalen Vergleich das deutsche Schulniveau in Mathematik und Physik von einer früher empfundenen Spitzenposition auf ein nunmehr „gemessenes" schwaches Mittelfeld abgerutscht ist. PISA Mathe 2003

Wo liegt die Wurzel des Übels? Wir meinen, sie liegt nicht zuletzt in der **fachlichen Ausbildung der späteren Lehrerinnen und Lehrer an der Hochschule!** Viel zu lange wurde das Lehramtsstudium bei ständig expandierendem Wissensumfang als abgemagertes Anhängsel der Wissenschaftler-Ausbildung betrachtet und entsprechend behandelt. Doch die Lehrenden an den Schulen bestimmen die Ausbildungsqualität und das Interesse der nächsten Generation! Ihre gesellschaftlich so überaus große Bedeutung als *Multiplikatoren* wurde vernachlässigt, da nicht sie, sondern die späteren Forscher als *die* Repräsentanten des Faches angesehen werden. Diese mangelnde Anerkennung der Lehramtsstudierenden trug sicher mit dazu bei, dass es schon heute nicht mehr genügend Nachwuchslehrkräfte für offene Positionen in Physik und Mathematik gibt. Lehrer-mangel

Zwei Entwicklungen in der unmittelbaren Vergangenheit verschärften diese Entwicklung und ließen die Notwendigkeit zu einer Kehrtwendung offen zu Tage treten:

- Die Bildungspolitik wies im Lehramtsstudium der Didaktik und den Erziehungswissenschaften begründeterweise mehr Bedeutung zu, während sie gleichzeitig die Studiendauer rigide begrenzte. Das hieß aber natürlich, dass noch weniger Zeit für das Fachstudium blieb, welches in Deutschland ohnehin in zwei Fächern parallel betrieben werden muss.
- Der Bologna-Prozess brachte eine größere Reglementierung, stoffliche Überfrachtung und nahezu kontinuierliche Überprüfung der Studienfortschritte mit sich, was die Studierenden als „Verschulung" des Studiums erlebten. So wuchs der Druck auf frühe Auslese, mit entsprechender Ausfallrate. Dabei wurde versucht, den „alten Wein in neue Schläuche" zu gießen: Die bewährten Diplomstudiengänge und der Stoffumfang, der durch den wissenschaftlichen Fortschritt ohnehin stark gewachsen war, wurden in das kürzere Bachelor-Studium hineingepresst. Dies führte zu teilweisem Chaos und einer allgemeinen Unzufriedenheit mit den Bedingungen des Studiums überhaupt. Bildungs-chaos

Siegfried Großmann entwickelte im Gedankenaustausch mit dem Autor im Jahr 2005 die Vorstellung, dass es ein Grundfehler ist, die fachliche Ausbildung von Lehrern mit der von Forschern zu verquicken. Er forderte für sie speziell entwickelte Lehrinhalte (curricula) eines Lehramts-Studiums *sui generis*, das an dem späteren Bildungsauftrag ausgerichtet ist und auf den tatsächlich verfügbaren Zeitrahmen im Lehramtsstudium Sui gene-ris

Rücksicht nimmt (genau diese Einsicht reift zur Zeit auch in der Kultusminister-Konferenz). Verständnis und Zusammenhänge müssten im Vordergrund stehen, nicht Detailwissen und Spezialfähigkeiten. Die DPG erarbeitete 2006 dazu eine sorgfältige Analyse und Dokumentation und erhob so das *Studium sui generis* zu einer allgemeinen Forderung der in ihr vertretenen Fachkollegen.

Bei Versuchen, diese Vision zu realisieren, wäre es kontraproduktiv, sich in Bezug auf Schule und Schüler an früheren Zuständen oder an Wunschvorstellungen zu orientieren. Wir sollten die heute real gegebenen Bedingungen, aber auch die technischen Möglichkeiten freudig akzeptieren. Gymnasien sind keine elitären Einrichtungen mehr, sondern werden in Zukunft die Hälfte aller Kinder zum Abitur führen. Diese Kinder wachsen in einer Welt vielfältiger Anregungen und auch Ablenkungen auf, bringen dafür aber Kulturtechniken mit, welche ihren Eltern oder gar Großeltern unbekannt waren, z. B. Kenntnisse und spielerische Gewandtheit im Umgang mit informationstechnischen Medien und Geräten. Dieses *digitale Buch* ist ein Versuch, die Gestaltung des Studiums darauf aufzubauen.

Ein wichtiger Ausschnitt der mathematischen Grundlagen wird in diesem Buch mit Hilfe von numerischen Simulationen dargestellt und vielfältig visualisiert, eingebettet in einen systematisch aufgebauten Text. Der PC übernimmt die oft mühsame Rechenarbeit. Der Benutzer kann sich darauf konzentrieren, die Zusammenhänge und die für Berechnungen verwendete Logik, die Algorithmen, verstehen zu lernen. Da die angebotenen Simulationen stets interaktiv sind und in vielen Fällen auch auf ganz andere als die vorgegebenen Fälle angewendet werden können, bietet dieses Buch einen „*experimentellen*" Zugang zur Mathematik. Dabei nutzen wir, dass ein visueller Eindruck tiefer und dauerhafter ist als ein gehörter oder gelesener, und dass Erfahren aus eigenem Handeln tieferes Verständnis bringt als die bloße Rezeption fremden Wissens. Zusätzlich hat auch der Spieltrieb freie Bahn, damit der intellektuelle Reiz und die ästhetische Schönheit mathematischer Strukturen visuell erlebt und erfasst werden können.

Den Fachkollegen der Physik und Mathematik stellt das Buch für die Entwicklung eigener Curricula einen Thesaurus an Simulationen zur Verfügung. Studierenden der Physik bietet dieser Thesaurus in Ergänzung zu Lehrbüchern viele Möglichkeiten, grundlegende mathematische Begriffe und physikalische Phänomene tiefer zu verstehen. Späteren Lehrern zeigt er die Möglichkeiten moderner Medien bei der Gestaltung eines interaktiven Mathematikunterrichts. Darüber hinaus können interessierte Schülerinnen und Schüler mit ihm einen spielerischen Einstieg in ein höheres Niveau der Mathematik wagen.

Für die Simulationen wird das Programm *Easy Java Simulation*, abgekürzt *EJS*, eingesetzt, das einen einfachen Einstieg in die Entwicklung von Simulationen mit Hilfe des *Java*-Programms liefert. Die Dateien, die damit erstellt werden, sind sehr transparent, änderbar und als Bausteine eigener Entwicklungen „ausschlachtbar". Der Autor hält *EJS* für hervorragend geeignet, das Standardprogramm für didaktisch orientierte Simulationen zu werden.

Die Autoren von *EJS*, *Francesco Esquembre* und *Wolfgang Christian*, ermöglichten es, den der Einführung in Teile der *Mathematik* gewidmeten Text durch einen systematisch geordneten Anhang mit über 2000 Simulationen aus der *Physik* zu ergänzen. Hierfür schulde ich ihnen großen Dank. *Francesco Esquember* hat mich außerdem persönlich vielfältig bei der Erstellung der mathematischen Simulationen beraten. *Eugene Butikov* danke ich für die Möglichkeit, seine wunderbaren kosmologischen Simulationen mit einzubeziehen.

Siegfried Großmann bin ich zu großem Dank für die Hingabe und Sorgfalt verpflichtet, mit der er Text und Simulationen kritisch gesichtet hat, und für viele wertvolle Hinweise, welche in die endgültige Fassung eingingen. *Ernst Dreisigacker*, Geschäftsführer der WEH- Stiftung, hat mich mit sorgfältiger Detailkorrektur und lebhaften Diskussionen unterstützt.

Mit *Werner Martienssen* habe ich in den vergangenen drei Jahren zahlreiche tiefgehende Diskussionen über ein zweibändiges Werk geführt, das von ihm wesentlich mitgestaltet wird und baldmöglichst erscheinen soll. Seine Zielrichtung ist – ähnlich wie die des vorliegenden Buches – die Reform und Verbesserung der Physikausbildung der Lehramtsstudierenden. Der erste Band wird im Herbst 2010 erscheinen und behandelt den Stand der Forschung in einzelnen aktuellen Feldern, verfasst von prominenten Vertretern des jeweiligen Gebiets.[2] Die Idee zum Verfassen der vorliegenden *digitalen Einführung in die Mathematik* ist bei diesen Diskussionen entstanden.

Den Mitarbeitern des Verlags De Gruyter danke ich für die sorgfältige Herstellung des Werkes, und insbesondere Herrn Dr. Christoph von Friedeburg für seinen Einsatz bei der Realisierung des technisch anspruchsvollen Gesamtprojekts.

Meiner Frau Doris danke ich für das liebevolle Verständnis, mit dem sie meine Geistesabwesenheit während der Entstehungszeit dieses Werkes tolerierte. Ich gelobe Besserung!

15.12.2009 Dieter Röß

---

2 Physik im 21. Jahrhundert: „Essays zum Stand der Physik". Herausgeber Werner Martienssen und Dieter Röß, Springer Berlin 2010

Inhaltsverzeichnis

Wegweiser zur Simulationstechnik

Für den mathematischen Text benutzen Sie bitte das tief gestaffelte Inhaltsverzeichnis und zusätzlich in der digitalen Version die Such- Funktion des *Acrobat Reader*. Der nachfolgende Index ist speziell auf einen systematischen Zugang zu der verwendeten Simulationstechnik und den mathematischen Simulationen ausgerichtet.

In der digitalen Version können die angegebenen Seiten direkt mit Hyperlinks angewählt werden. In **D-Mathe** befinden sich die für dieses Werk entwickelten Mathematiksimulationen. Ihre Nummerierung entspricht der Reihenfolge im Text.

E – Physik-Simulationen

F – Simulation bearbeiten

G – EJS

1 Einführung

1.1 Zielsetzung und Struktur des digitalen Buchs

Dieses **digitale Buch** liegt in Form einer Textdatei vor, die durch *Hyperlinks* mit Simulationsdateien verbunden ist. Es illustriert ausgewählte mathematische Methoden, die für die Darstellung und das Verständnis physikalischer Zusammenhänge wichtig sind. Ihre Grundlagen werden exemplarisch eingeführt. Dabei werden wir die Programmierbarkeit und Rechenfähigkeit des Computers dazu nutzen, diese Methoden zu veranschaulichen – indem wir sie visualisieren, Berechnungen durchführen, Parameter variieren, Zusammenhänge interaktiv darstellen und Rechenprozesse simulieren und durch Animationen präsentieren.

Dem Spieltrieb wird hierbei viel Raum gelassen. So sollen auch die Schönheit und Ästhetik mathematischer Zusammenhänge zum Vorschein kommen.

Das vorliegende Material ermöglicht dem Benutzer ein **experimentelles** Eindringen in mathematische Zusammenhänge und Werkzeuge. Dafür wurden besonders solche Objekte ausgewählt, die abstrakt schwer vorstellbar sind, wie komplexe Zahlen, unendliche Reihen, Grenzübergänge, Felder, Lösungen von Differentialgleichungen, etc. Die einzelnen Simulationen enthalten jeweils ausführliche Beschreibungen und Vorschläge für Experimente. Bei allen kann der Benutzer interaktiv eingreifen; bei vielen kann er vorgefertigte Funktionen editieren oder eigene einbringen. Nach etwas Einarbeitung in das *EJS-Programm* kann er darüber hinaus alle Dateien abändern und weiterentwickeln.

Für die Simulationen werden – mit einer Ausnahme – nur *Java*-Programme verwendet. Diese wurden zum Teil aus den im Internet frei verfügbaren Projekten *Open Source Physics* (*OSP*) und *Easy Java Simulation* (*EJS*) entnommen und zum Teil vom Autor selbst erstellt. Zum Erstellen der Simulationen wurde ebenfalls das *EJS*-Programm benutzt. Es wurde von *Francisco Esquembre* entwickelt und erleichtert durch seine graphische Oberfläche das Entwickeln und Abändern von Simulationen ganz außerordentlich, verglichen mit dem „klassischen Programmieren" in Java. Das Programm und seine Dokumentation sind in diesem Buch enthalten, aber auch im Internet frei zugänglich.

OSP

EJS

In diesem Buch wird darauf verzichtet, die mathematisch-rechnerischen Techniken systematisch detailliert auszuarbeiten. Wir überlassen das tiefere Eindringen in die mathematischen und numerischen Methoden den speziellen Lehrbüchern[3].

---

3 Eine beispielhafte Auswahl: *„Mathematischer Einführungskurs für die Physik"*, Siegfried Großmann, Teubner, 9. Auflage, 2008, ISBN 3-519-33074-1; Numerische Mathematik mit Java zur

Die Abbildungen in diesem Buch zeigen überwiegend Ausschnitte aus dazugehörigen Simulationen. Wenn Sie zum ersten Mal einen Simulationslink in der elektronischen Version anklicken, welcher mit **Simulation** gekennzeichnet ist, so erscheint ein kleines Menü, das als Sicherung gegen Viren anfragt, ob diese Datei geöffnet werden soll. Sie können dies bestätigen und markieren, dass diese Rückfrage in Zukunft nicht mehr erfolgen soll. Die Simulation wird dann später sofort nach Anklicken des Simulationslinks (**Simulation**) unter dem Bild aufgerufen.

Zu manchen Textstellen wurden für ein tieferes Eindringen in die Materie *Links* zu Internetseiten hinzugefügt. Sie führen oft zu *Wikipedia*-Seiten, von denen aus leicht weiter navigiert werden kann. Diese Links stehen in umrandeten Textfeldern am Seitenrand. Alle Simulationen sind unter http://mathesim.degruyter.de/jws/ zugänglich.

Der Anhang Kapitel 11 enthält eine kurze Einführung in das EJS-Programm, sowie eine umfangreiche Sammlung von Simulationen aus allen Bereichen der Physik, die zum großem Teil mit EJS erstellt wurden. Damit die Simulationen auf Ihrem Rechner laufen, muss das Programm *Java Runtime Environment* (*JRE*) installiert sein. Dessen aktuelle Version können Sie mit dem nebenstehenden Link der *SUN*-Homepage kostenlos aus dem Netz herunterladen. Für neue EJS-Simulationen mit 3D-*Rendering* können Sie von der gleichen Seite das Programm *Java 3D* dazu laden.

`Sun`

1.2   Verzeichnisse

Drei Einheiten machen das Gesamtwerk aus:

- Der fortlaufende **verlinkte Buchtext** *ExMat* als *PDF*-Datei.
- Ein **nachgeordneter Dateienblock** *workspace* mit einem Verzeichnisbaum, der nach Sachgebieten und Autoren sortiert ist. Er enthält mehr als 2000 Simulationsdateien (ca. 500 MB Umfang). Rund 1000 davon sind selbständig lauffähige *.jar*-Dateien[4], die aus dem Text heraus aktiviert werden können. Die *Launcher*-Dateien unter ihnen umfassen dabei jeweils zahlreiche Unterdateien für Einzelsimulationen. Der Rest ist als *.xml*-Datei[5] gespeichert.
- Die **EJS-Console** zum Öffnen der *.xml*-Dateien und zum Bearbeiten der *.jar*-Dateien, ergänzt um Dokumentationen über das EJS-Programm. Die Console

`Console`

Anwendung in der Physik: „*Open Source Physics – A User's Guide With Examples*", Wolfgang Christian, Pearson; „*Mathematische Grundlagen für das Lehramtsstudium Physik*", Franz Embacher, Vieweg+Teubner 2008, ISBN 978-3-8348-0619-2.

4 jar-Dateien sind selbständig lauffähige Javaprogramme.

5 xml ist die Abkürzung für *Extensible Markup Language* („erweiterbare Auszeichnungssprache"). xml-Dateien sind in unserem Zusammenhang Textdateien, die den Befehlscode für die Simulationen enthalten. Sie sind nicht selbständig ausführbar, sondern werden von der EJS-Console aus geöffnet. Von dort aus kann dann durch Hinzufügen von Java-Bibliotheksbausteinen sehr einfach die entsprechende JAR-Datei gebildet werden. Zum Einsehen und direkten Ändern öffnet man die xml-Datei. Eine Einführung in *EJS* finden Sie im Anhang.

muss nicht installiert werden. Sie ist auf dem Datenträger vorhanden und kann direkt aufgerufen werden.

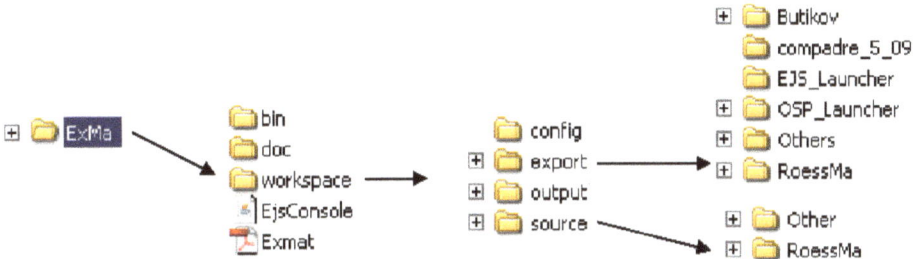

Abbildung 1.1. Haupt-Verzeichnisbaum.

Im Hauptverzeichnis **ExMa** befinden sich die Textdatei **ExMat.pdf**, die **EJS-Console** und das Verzeichnis **Workspace** für alle Simulationsdateien. Im Ordner **doc** befinden sich einige Dokumentationsdateien zu EJS; der Ordner **bin** enthält Einstellungsregistrierungen und Bilbliotheksdateien zur Console.

Workspace enthält als Unterverzeichnisse den Ordner **export** für alle ausführungsfähigen *.jar-Dateien, und den Ordner **source** für die von der Console aus zu öffnenden *.xml-Dateien. Im Ordner **Output** werden beim Arbeiten mit der Console *html*-Dateien abgelegt. Der Ordner **config** enthält wieder Einstellungsregistrierungen.

Export verzweigt sich in den Ordner **RoessMa** für die mathematischen Simulationen des fortlaufenden Textes, sowie die Ordner **Butikov**, **compadre**, **EJS_Launcher** und **OSP_Launcher** für die physikalischen Simulationsdateien des Anhangs. Der Ordner **Other** im Verzeichnis source enthält weitere physikalische Simulationen im *xml*-Format.

Am besten legen Sie für die Arbeitsdatei *ExMat* und die *Console* je eine Verknüpfung auf dem Bildschirm (Desktop) an, damit Sie schnell auf diese Arbeitsdateien zugreifen können. Achten Sie darauf, dass Sie die tieferen Verzeichnisstrukturen nicht verändern, sonst finden Hyperlinks eventuell nicht ihre Ziele.

Solange Sie nur vom Text aus auf Simulationen zugreifen, brauchen sie sich nicht um die Verzeichnisstruktur zu kümmern, da diese in den Hyperlinks gespeichert ist. Sobald Sie von der Console aus eine Simulation bearbeiten wollen, werden Sie nach deren Speicherort gefragt.

Die zwei Verzeichnisse mit dem Namen **RoessMa** (in den Ordnern *export* und *source*) sind beide in gleicher Weise thematisch in Unterverzeichnisse untergliedert. Abbildung 1.2 illustriert dies am Beispiel des Unterverzeichnisses **Differentialkalkulation** mit sechs einzelnen Simulationen.

Das zunächst leere Verzeichnis **Versuche** ist zum Speichern von Dateien für eigene Experimente angelegt. So wird verhindert, dass dabei versehentlich Originaldateien überschrieben werden.

Differentialgleichungen_Chaos   ejs_Derivatives
Differentialgleichungen_gewoehnlich   ejs_Diff_limes_1
Differentialgleichungen_partiell   ejs_Diff_limes_2
Differentialkalkulation   ⟶   ejs_Integral_approximations
Feld_Skalar   ejs_Integral_limes
Feld_Vektor   ejs_Lebesgue_integral
Funktionen   ejs_Rieman_integral
Komplexe_Zahlen
Konforme_Abbildungen
Plotter_f(x)
Plotter_f(x,y)
Plotter_Raumflaechen
Plotter_Raumkurven
Reihen_(Zahlen)
Reihenentwicklung
Vektoren
Versuche
Zahlen

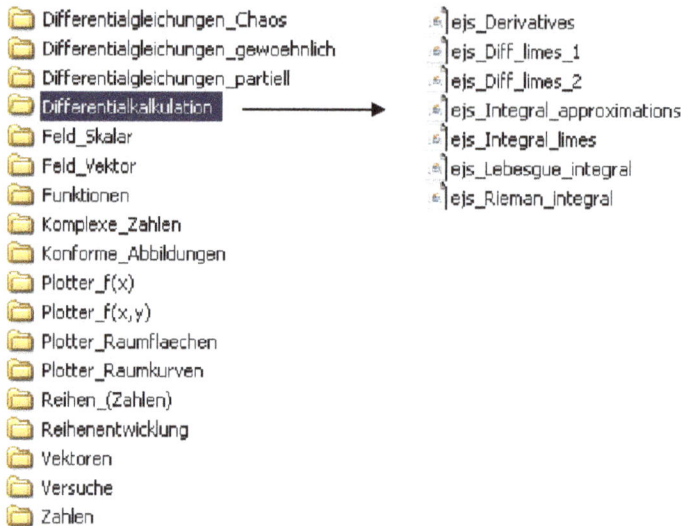

Abbildung 1.2. Verzeichnisbaum der mathematischen Simulationen.

1.3 Bedienung und technische Konventionen

Die meisten Simulationen sind interaktiv. Dem Benutzer stehen dabei mehrere Alternativen zum Eingreifen offen (nicht notwendig gleichzeitig):

Einzelne Punkte oder Elemente der graphischen Darstellung können mit der **Maus** „gezogen" werden, um so Parameter zu verändern. Wenn dies möglich ist, verwandelt sich der Mauszeiger bei der Positionierung auf dieses Element in eine Hand.

In **Zahlenfeldern** können Zahlen, die verschiedenen Parametern zugeordnet sind, geändert werden. Die Änderung wird erst dann aktiv, wenn die Enter-Taste gedrückt wurde und das Textfeld die gelbe Farbe, die es bei der Änderung annimmt, wieder verliert. Wird das Textfeld nach dem Drücken von ENTER rot, liegt ein Eingabefehler vor (meist wurde ein Komma statt eines Punktes als Dezimalzeichen eingegeben; richtig ist z. B. 12.3 anstatt 12,3).

Aus einer **Auswahlliste** können vorgegebene Funktionen oder Parameter durch Anklicken gewählt werden.

Mit **Schiebereglern** können einzelne Parameter kontinuierlich oder schrittweise geändert werden.

Funktionen, die in ein **Textfeld** eingeschrieben sind, können abgeändert oder ganz neu formuliert werden. Auch hier wird die Eingabe mit ENTER aktiviert.

Wenn wir Formeln in Text schreiben oder drucken, verwenden wir oft verkürzte Notationen, die auf unausgesprochenen Verabredungen beruhen. Diese sind mitunter nicht eindeutig und können als Text missverstanden werden, wie ab anstatt a *mal* b oder $\sin a$ anstatt $\sin(a)$. Manchmal können diese Notationen von Softwareprogrammen als Textformatierungen missverstanden werden, wie x^2 für $x*x$ oder x^2. In anderen Fällen können sie als Sonderzeichen von Programmen nicht interpretiert werden, wie $\dot{y}$ für $\frac{dy}{dt}$ bei Ableitungen nach der Zeit.

In der Eingabe für numerische Programme wir **EXCEL/VBA**, **Java**, **VBA** oder **Mathematica** muss die Notation *eindeutig* sein. Als Grundregel gilt: Alle Teile der Formel müssen direkt, ohne Sonderzeichen, über die Tastatur eingegeben werden können. Daher müssen zusammengesetzten Zeichen entsprechend viele Tastaturzeichen zugeordnet werden, damit sie vom Programm identifiziert werden. (Zum Beispiel wird die Notation y' für eine Ableitung aus zwei Tastaturzeichen zusammengesetzt – wobei auch ein eindeutiger Text wie „Ableitung_nach_t" von einem Softwareprogramm interpretiert werden könnte). Insbesondere sollten folgende Notationen beachtet werden:

- Addition und Subtraktion: $a + b$, $a - b$
- Multiplikation: $a*b$
- Division: a/b; $(a + b)/(c + d)$
- Potenz: $a\hat{}b$
- Exponentialfunktion: $\exp(a)$
- Klammern nicht weglassen: $a*\sin(b)$.

Viele Simulationen benutzen einen *Parser* zur Übersetzung von als Text eingegebenen Formeln in das *Java*-Format. In diesem Fall sind die folgenden Notationen zulässig, die auch verschachtelt werden können:

$atanh(x)$	$ceil(x)$	$cos(x)$	$cosh(x)$	$exp(x)$	$frac(x)$
$floor(x)$	$int(x)$	$ln(x)$	$log(x)$	$random(x)$	$round(x)$
$abs(x)$	$acos(x)$	$acosh(x)$	$asin(x)$	$asinh(x)$	$atanh(x)$
$sign(x)$	$sin(x)$	$sinh(x)$	$sqr(x)$	$sqrt(x)$	$step(x)$
$tan(x)$	$tanh(x)$	$atan2(x, y)$	$max(x, y)$	$min(x, y)$	$mod(x, y)$

Dabei steht *acos* für *Arcuscosinus* und *cosh* für *Cosinushyperbolicus*. Der Ausdruck $atan2(x, y)$, der in der Praxis wichtig ist und Zweideutigkeiten ausschließt, ordnet dem Arcustangens automatisch den richtigen Winkel im 2. und 3. Quadranten zu. Hierbei sind x und y die beiden Dreiecksseiten, die den Tangens bestimmen, wobei x dem Winkel gegenüber liegt.

$step(x)$ ist eine praktisch sehr interessante Funktion. Sie schaltet zum Zeitpunkt x von 0 auf 1. Will man eine Funktion $f(x)$ ab $x = x_1$ der Funktion $g(x)$ überlagern, dann formuliert man $g(x) + f(x) \cdot \text{step}(x - x_1)$.

In einigen Simulationen wird das Programm *MATH* zusammen mit *Javascript* für Berechnungen eingesetzt, was an vorgegebenen Formeln erkennbar ist. In diesem Fall steht vor den Formelbezeichnungen das Kürzel Math.: *Math.cos(x)*.

Erläuterungen zu den Funktionen und Fachbegriffen, die in Java verwendet werden, findet man in zahlreichen Quellen im Internet, z. B. mit der Sucheingabe *Java & Math*. Stattdessen können Sie auch einfach den nebenstehenden Link anklicken.

1.4 Ein Simulationsbeispiel: *Moebiusband*

Die Abbildung 1.3a zeigt ein Beispiel für die vielen Möglichkeiten der interaktiven Simulation, die wir im Folgenden nutzen werden. Es visualisiert ein rotierendes *Möbiusband* in dreidimensionaler Projektion. Unter geschlossenen Bändern im Raum ist das Möbiusband dadurch gekennzeichnet, dass es eine halbe Windung aufweist, so dass man beim Umlauf in Längsrichtung beide Seiten überstreicht – das heißt, es hat „nur eine Oberfläche". In dem Simulationsbild sieht man die Formeln für die drei räumlichen Komponenten mit den Variablen p und q, in denen zwei mit Schiebern veränderbare Parameter a und b enthalten sind. Der Schieber für a verändert die Zahl der halben Windungen, der für b die Höhe des Bandes. Wenn für die Verwindung eine nichtganze Zahl gewählt wird, kann man das Band aufschneiden, und daraufhin mit einer anderen Verwindungszahl wieder zusammenfügen. Ist diese geradzahlig, so erhält man normale Bänder mit zwei Oberflächen; ist sie ungeradzahlig, so ergeben sich Möbiusbänder mit zusätzlichen Verwindungen.

Die Formeln für die drei Raumkoordinaten mit der darin enthaltenen zeitabhängigen Animationskomponente sind editierbar, d h. sie können abgeändert werden. Mit der gleichen Simulation können also unzählige animierte Flächen im Raum dargestellt werden. Die Editierbarkeit öffnet ein weites Trainingsfeld für das vertiefte Verständnis von Funktionen, die drei- und vierdimensionale Vorgänge beschreiben.

Abbildung 1.3b zeigt zwei Einzelbeispiele aus der Simulation von Abbildung 1.3a. Links wurde ein einfaches Band mit einer vollen Verwindung, rechts ein Möbiusband mit eineinhalb Verwindungen berechnet.

Die Textseiten der Simulation enthalten ausführliche Beschreibungen, Hinweise für vielfältige Alternativen der 3D-Projektion und Anregungen zum Experimentieren. Abbildung 1.4 zeigt das Beschreibungsfenster, das beim Öffnen der Datei neben der Simulation erscheint. Es enthält in diesem Beispiel vier Seiten:

Einführung mit einer Beschreibung der Simulation und ihrer Bedienung,
Visualisierung mit Hinweisen zu Möglichkeiten der 3D-Projektion,
Funktionen für die Erläuterung des mathematischen Formalismus,
Experimente mit Anregungen zum sinnvollen Experimentieren.

Im Bild ist die Seite *Visualisierung* aufgeschlagen. Sie beschreibt Möglichkeiten unterschiedlicher dreidimensionaler Darstellung, die einfach zu realisieren sind:

• Drehen
• Verschieben
• Zoom
• Projektionen längs einer der drei Raumachsen
• Ein- und Ausschalten der perspektivischen Verzerrung

Benutzen Sie dieses Beispiel, um die verschiedenen Möglichkeiten des Experimentierens kennen zu lernen, bevor Sie in die nächsten Kapitel einsteigen!

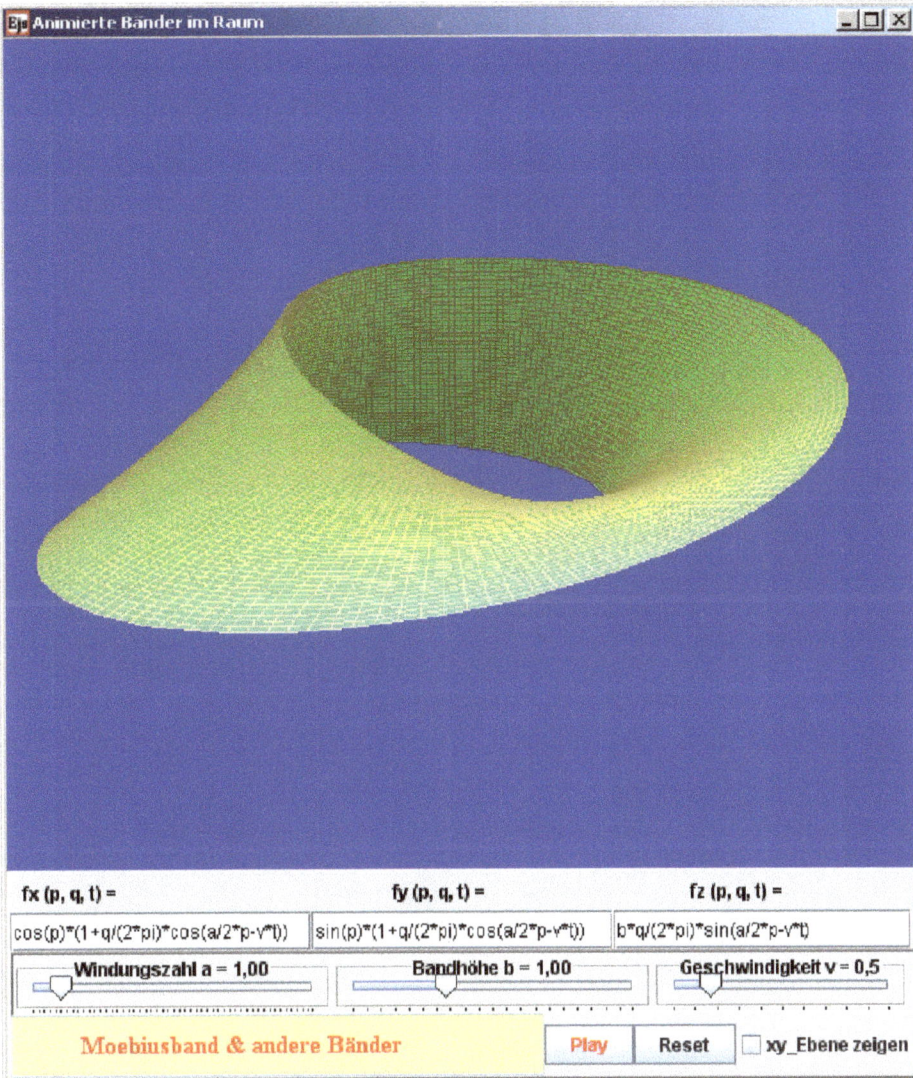

Abbildung 1.3a. Simulation. Das Bild zeigt ein einfaches Möbiusband in perspektivischer 3D-Projektion. In den drei Funktionsfeldern stehen die Parameterdarstellungen für die drei Raumkoordinaten. Die Variablen p und q variieren jeweils im Bereich $-\pi$ bis $+\pi$. Der die Windungszahl bestimmende Parameter a (im Bild 1) kann mit einem Schieber verändert werden, ebenso der die Höhe des Bandes bestimmende Parameter b. Die z-Komponente kann für $v > 0$ mit der Winkelgeschwindigkeit v periodisch moduliert werden (Schalter Play), was den Eindruck eines rotierenden Bandes erzeugt. Mit einem Kontrollkästchen kann die xy-Symmetrieebene ein- und ausgeblendet werden.

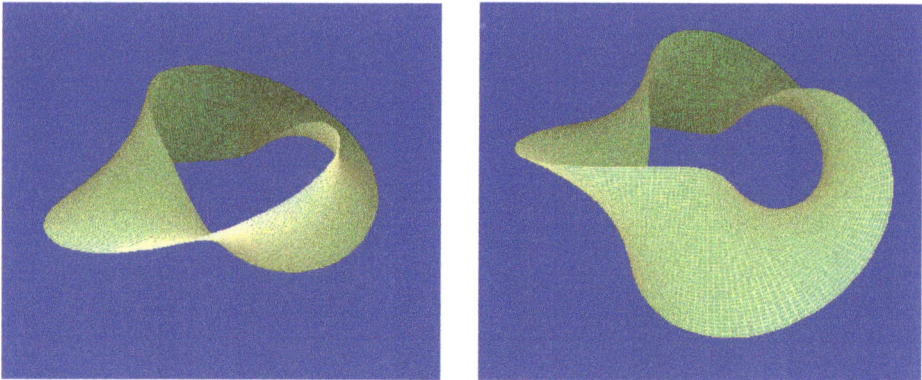

Abbildung 1.3b. Beispiele aus der Simulation von Abbildung 1.3a. Links eine einfache Schleife ($a = 2$), rechts ein Möbiusband mit zusätzlicher Verdrillung ($a = 3$).

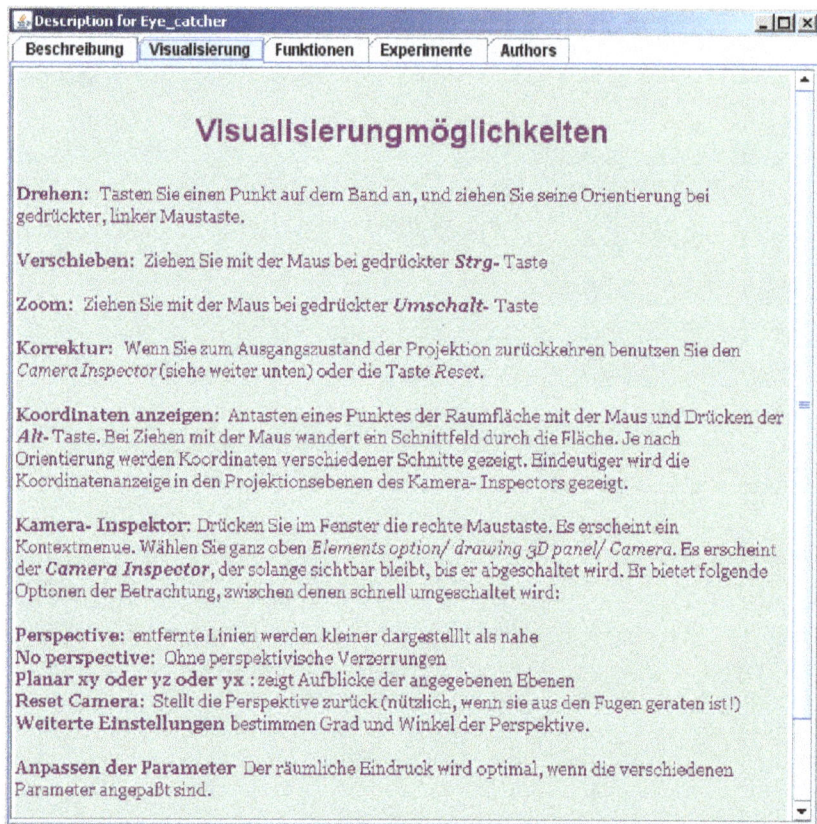

Abbildung 1.4. Beschreibungsfenster der Simulation. Es enthält hier vier Seiten, von denen die Seite Visualisierung aufgeschlagen ist. Erproben Sie die Möglichkeiten nach dem Öffnen der Simulation!

2   Physik und Mathematik

2.1   Mathematik als „Sprache der Physik"

Die Physik (griechisch $\varphi\nu\sigma\iota\kappa\acute{\eta}$, *physike* „das Natürliche") erforscht die fundamentalen Wechselwirkungen in der Natur. Schon die Naturphilosophen der Antike dachten in großer Tiefe über die Erscheinungen im Kosmos und in der uns unmittelbar umgebenden Natur nach. Ihre Methodik war im Wesentlichen *qualitativ* beschreibend und spekulativ.

Die großen Fortschritte der Physik in der Neuzeit beruhen darauf, zusätzlich die Vorgänge in der Natur durch Messungen *quantitativ* zu erfassen, und Messergebnisse mit vermuteten Zusammenhängen (Hypothesen) zu vergleichen. Dieser Prozess erlaubt in der Wechselwirkung zwischen Experiment und Hypothese eine evolutionäre Weiterentwicklung ursprünglicher Hypothesen zu physikalischen „Theorien", die in immer größerer Allgemeinheit anwendbar sind.

Theorien sind bewährte Hypothesen für Zusammenhänge im Naturverhalten, formuliert in der Sprache der Mathematik.

Es ist ein zunächst verblüffendes Ergebnis der jahrhundertealten Wechselwirkung von experimenteller und theoretischer Physik, dass es einheitliche Theorien gibt, die ungeheuer viele Einzelvorgänge sehr genau beschreiben, während ihre mathematische Formulierung nur wenige Symbole oder Zeilen von Symbolen benötigt. Genannt seien hier die *Schrödingergleichung* als Grundgleichung der Quantenmechanik, die *Maxwellschen Gleichungen* der Elektrodynamik und die *Navier-Stokes-Gleichung* der Strömungslehre. Erst die Spezialisierung der Grundgleichungen auf den konkreten Einzelfall wird rechentechnisch schwierig, manchmal nahezu unlösbar. Komplex ist also vor allem die Entwicklung der ungeheuren Vielfalt der Erscheinungen, die das theoretische Grundmodell einschließt.

Erfreulicherweise lässt sich eine Vielzahl praktisch wichtiger Erscheinungen mit sehr einfachen mathematischen Modellen beschreiben, die auch in der Anwendung auf Einzelfälle keine großen Schwierigkeiten bereiten. Dazu gehören fast alle diejenigen Vorgänge, die für die Ingenieurtechnik und deren Auswirkung auf unser Alltagsleben wichtig sind.

Mit geeigneter Abstraktion der Theorien kann man eine immer größere Vielfalt von Erscheinungen in einer einzigen einheitlichen Theorie modellieren – nicht umsonst ist die „*Weltformel*", aus der alle Teiltheorien abgeleitet werden können, das zwar unerreichte, aber ewig lockende Ziel der Theoretiker.

Es ist eine offene Frage der Erkenntnistheorie, ob „das Buch des Universums in der Sprache der Mathematik geschrieben ist", wie Galileo Galilei es ausdrückte, ob also physikalische Theorien die Wirklichkeit der Natur beschreiben – oder ob „physikalische Theorien Modelle der Natur sind, die insoweit anwendbar sind, als sie durch empirische Erfahrung im Einzelfall bestätigt werden", wie es die *Positivisten* unter den Naturwissenschaftlern formulieren. Der erstgenannten Denkschule gehörten die antiken Naturphilosophen und unter den modernen Wissenschaftlern z. B. Einstein und Schrödinger an; für die zweitgenannte Denkschule sind Namen wie Born, Bohr und Heisenberg charakteristisch.

In jedem Fall steht der Physik mit der Mathematik ein mächtiges Werkzeug zur Verfügung.[6] Die entsprechenden Methoden wurden zum Teil direkt beim Studium physikalischer Fragestellungen entwickelt; so entwickelten zum Beispiel *Isaac Newton* (1663–1727) und *Gottfried Wilhelm Leibniz* (1664–1716) beim Studium der Planetenbewegungen die Infinitesimalrechnung. Zum Teil kann die Physik beim Studium neuartiger Fragestellungen auch auf Methoden zurückgreifen, die zunächst abstrakt im Rahmen mathematisch-logischer Überlegungen entstanden So wurde zum Beispiel die Allgemeine Relativitätstheorie mit Hilfe der nichteuklidischen Geometrie formuliert, die zuvor von *Georg Friedrich Bernhard Riemann* (1826–1866) entwickelt worden war.

Für den Fachmann hat die strenge Formulierung von mathematischen Zusammenhängen in der hochspezialisierten Fachsprache der Mathematik eine überzeugende Stringenz, Durchsichtigkeit und Knappheit. Dem Anfänger erscheint diese Art der Darstellung aber oft verwirrend und überkomplex. Wir werden in diesem Text so weitgehend wie möglich eine anschauliche Beschreibung wählen, und verweisen im Übrigen auf die speziellen Lehrbücher und die verlinkten Internet-Seiten.

2.2 Physik und Infinitesimalrechnung

Den *Zustand* der Natur in einem gegebenen Zeitpunkt kann man durch photographische Momentaufnahmen festhalten und mit Worten beschreiben. In einem mathematisch-physikalischen Bild entspricht dies einer Beschreibung der Natur durch Formeln, in denen die Zeit nicht vorkommt. Auf diese Weise können bereits viele Zustände, z. B. Gleichgewichte, durch einfache mathematische Gleichungen ausgedrückt werden. Die Physik untersucht und beschreibt darüber hinaus aber auch *Änderungen* in der Natur[7], und zwar in aller Regel in Abhängigkeit von der Zeit. Das gibt ihren Theorien die Kraft, das Entstehen eines gegenwärtigen Zustands aus seinen früher vorliegenden Voraussetzungen zu verstehen. Noch wichtiger ist die Fähigkeit zur Vorhersage eines *zukünftigen* Zustands aus Kenntnis des gegenwärtigen. Die darauf basierenden Techniken haben die Möglichkeit, mit *bekannten* Methoden eine erwünschte Wirkung in der *Zukunft* zu erzielen.

---

6 Immanuel Kant V, 14 (Akademie-Ausgabe) sagt, „*dass in jeder besonderen Naturlehre nur so viel eigentliche Wissenschaft angetroffen werden könne, als darin Mathematik anzutreffen ist*".

7 Immanuel Kant AA XXII, 134 (Akademie-Ausgabe): „*Physik ist die Lehre von bewegenden Kräften, welche der Materie zu eigen ist.*"

Zum tieferen Verständnis und zur praktischen Anwendung dieser Techniken ist die Kenntnis des Differentialkalküls (*Infinitesimalrechnung*) notwendig, da ja *Änderungen* (Differentialquotienten) und deren aufsummierte Auswirkungen (Integrale) zu betrachten sind. Ohne sie wird Physik zu einer Anhäufung mehr oder weniger unzusammenhängender *Formeln*, die jeweils nur für ganz begrenzte Fälle gelten. Deren Verwendung wird in der Schule oft zu einer Qual, die den Einblick in die Einfachheit und Schönheit der *Zusammenhänge* von Mathematik, Physik und Technik versperrt.

Dabei sind die für das Grundverständnis notwendigen mathematischen Operationen und Methoden nicht wirklich schwierig. Mit geeigneter Visualisierung werden die verwendeten Begriffe leicht fassbar. Außerdem wird die Mühe der Umsetzung durch den Einsatz des Computers für Berechnungen und Visualisierungen (Diagramme, Animationen, Simulationen) auf ein Minimum verkleinert.

3 Zahlen

Wir wollen in diesem Kapitel an die verschiedenen in der Arithmetik verwendeten Zahlenarten erinnern, und ihren Zusammenhang mit den elementaren Rechenoperationen veranschaulichen. Die Zahl ist hierbei der *Operand*, auf den eine bestimmte *Operation* angewandt wird (arithmetische Operationen wie $+, -, *, /, \hat{}, =, >, <, \ldots$ oder logische Operationen wie UND, ODER, NICHT, WENN-DANN, SONST, $\ldots$).

Die Definitionen der Zahlen und Rechenoperationen sind bis hin zu den komplexen Zahlen so aufeinander abgestimmt, dass für Zahlen z stets die folgenden Grundregeln arithmetischer Operationen gelten. Dabei bedeutet ( ), dass die Operation in Klammern zuerst ausgeführt wird.

$$z_1 + z_2 = z_2 + z_1 \qquad \text{(Kommutativgesetz der Addition)}$$

$$z_1 \cdot z_2 = z_2 \cdot z_1 \qquad \text{(Kommutativgesetz der Multiplikation)}$$

$$(z_1 + z_2) + z_3 = z_1 + (z_2 + z_3) \quad \text{(Assoziativgesetz der Addition)}$$

$$(z_1 \cdot z_2) \cdot z_3 = z_1 \cdot (z_2 \cdot z_3) \qquad \text{(Assoziativgesetz der Multiplikation)}$$

$$(z_1 + z_2) \cdot z_3 = z_1 z_3 + z_2 z_3 \qquad \text{(Distributivgesetz der Multiplikation)}$$

Konsequenz: Die Reihenfolge der Ausführung spielt keine Rolle

Verkürzte Schreibweisen im Text: $z_1 z_2 \equiv z_1 \cdot z_2$; $z^2 = zz$; $z^3 = z^2 z (= z\hat{}3)$; $\ldots$.

In den folgenden Abschnitten werden wir jeweils einen Zahlenbereich vorstellen. Dabei folgen wir der historischen Entwicklung, bei der jede Erweiterung des bisher gültigen Zahlbegriffs aus der Forderung entstand, die schon eingeführten Operationen unbeschränkt anwenden zu können.

3.1 Natürliche Zahlen

Die natürlichen Zahlen sind $1, 2, 3, 4, 5, \ldots$. Die Menge der natürlichen Zahlen wird in der Mathematik mit $\mathbb{N}$ bezeichnet.[8] In dieser Menge sind Additionen unbegrenzt ausführbar, ebenso Multiplikationen, die als mehrfache Addition zu verstehen sind: $3 \cdot 4 = 4 + 4 + 4$.

---

8 Für die Zahlenmengen wurden historisch besondere Symbole eingeführt (siehe Link). Wir verwenden die in *Mathtype* vorgesehenen Sonderzeichen. Von den Standardschriften können *Euclid Math 2* oder *Unicode* verwendet werden.

Man unterscheidet zwischen *Ordinalzahlen* (*das Dritte* – in einer gedachten Anordnung) und *Kardinalzahlen* (*drei Stück*).

Kleinkindern im Alter von drei bis vier Jahren sind die Ordinalzahlen bis zehn oft vertraut, und sie können damit auch durch Abzählen einfache Additionen ausführen. Den abstrakteren Begriff der Kardinalzahl begreifen Kinder meist erst im Schuleintrittsalter. Auch für den Erwachsenen bleibt die Zahl der auf einen Blick erfassbaren Einheiten sehr beschränkt (auf etwa 5–7, was auch gelehrige Tiere können). Zum schnellen Rechnen mit Kardinalzahlen wird daher der Zusammenhang auswendig gelernt oder gedanklich vereinfacht ($5 + 7 = 5 + 5 + 2 = 10 + 2 = 12$). Dies zu erkennen führt zu einem tieferen Verständnis der Schwierigkeiten, die Kinder beim Erlernen elementarer Rechenregeln haben. Setzt man die memorierten Routinen, die beim gebildeten Erwachsenen vorhanden sind, kritiklos voraus, unterschätzt man gewaltig die natürlichen Erkenntnis-Hürden, die Kinder überwinden, wenn sie Rechnen lernen.

Die Simulation Abbildung 3.1 visualisiert die scharfe Schwelle, die die Natur in das spontane Erfassen der Zahl der Elemente einer Menge eingebaut hat. Dazu zeigt die Simulation unregelmäßig angeordnete Punkte, die visuell spontan als eine Gruppe erfassbar sind. Ihre Zahl wechselt in einem vorgebbaren Zeitraster stochastisch zwischen 2 und einer wählbaren Maximalzahl (bis 10). Sie können experimentell feststellen, wo Ihre eigene Erfassungshürde liegt. Die Beschreibungsseiten der Simulation enthalten genauere Angaben und Anregungen zum Experimentieren.

Gerade Zahlen sind ein Vielfaches der Zahl 2. *Primzahlen* sind nicht in ein Produkt natürlicher Zahlen ungleich 1 zerlegbar.

Die untere Grenze der natürlichen Zahlen ist die Einheit 1. Sie hatte bei den antiken Zahlentheoretikern eine geradezu mystische Bedeutung, als Sinnbild der Einheit des Berechenbaren und des Kosmos. Auch in der modernen Arithmetik hat sie eine besondere Bedeutung: Sie ist die Zahl, die mit einer beliebigen anderen Zahl multipliziert wieder diese Zahl ergibt.

Dagegen gibt es keine obere Grenze der natürlichen Zahlen: Zu jeder noch so großen Zahl gibt es eine größere Zahl. Als Sinnbild dieser Unbegrenztheit entstand der Begriff des Unendlichen, mit dem Symbol ∞, das keine Zahl im üblichen Sinn darstellt.

Schon die vorplatonischen Naturphilosophen (*Platon* selbst lebte 427–347 v. Chr.) operierten mit der Frage der unendlichen Teilbarkeit von Materie (wenn man ein Sandkorn unbegrenzt oft teilt, ist es dann noch Sand?) und Zeit (wenn man zu einem gegebenen Zeitabschnitt unbegrenzt oft den jeweils halbierten dazu addiert, dauert das unendlich lang?). *Zenon von Elea* (490–430 v. Chr.) zeigte so in seinen scharfsinnigen Paradoxa (*Achilles und die Schildkröte* und *der Pfeil*)[9], dass sich die damaligen Vorstellungen von Bewegung und Zahlentheorie widersprachen.

---

9 *Achilles und die Schildkröte*: Achilles gibt bei einem Wettlauf der Schildkröte einen Vorsprung. Bis er ihren Startpunkt erreicht hat, ist die Schildkröte bereits ein Stück weitergekrochen. Bis er

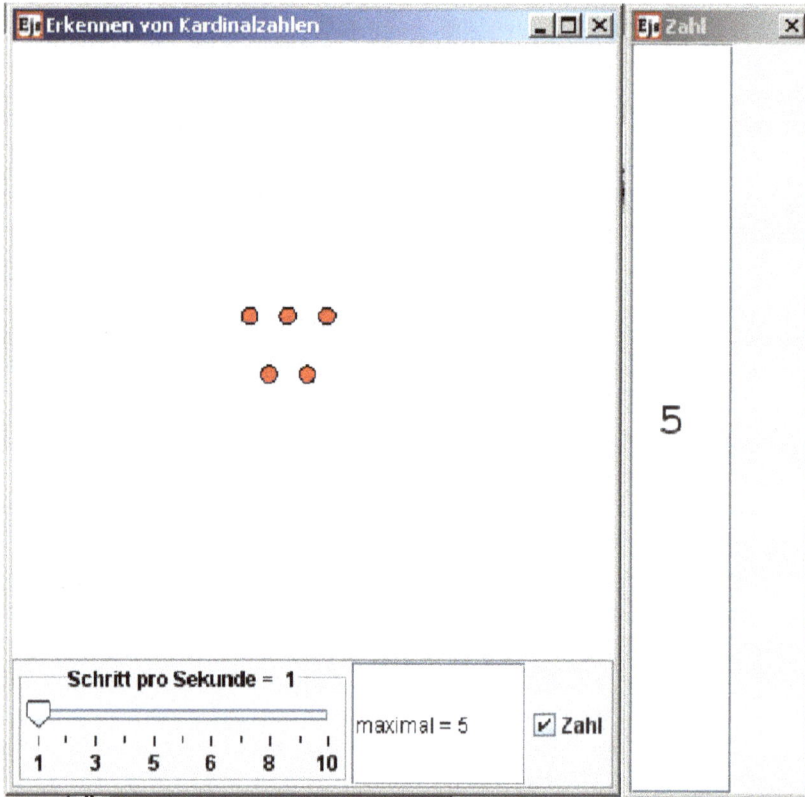

Abbildung 3.1. Simulation. Spontane Erkennbarkeit der Zahl der Elemente in einer Menge (Kardinalzahlen). Ein Zufallsgenerator erzeugt rote Punkte, deren Anzahl zwischen 2 und der in dem Zahlenfeld eingestellten Maximalzahl liegt (im Bild Maximalzahl 5, gezeigt 5). Die Mengen wechseln in Zeitschritten, die mit dem Schieber von 1 bis 10 pro Sekunde eingestellt werden. Das rechte Zahlenfeld kann ausgeblendet werden.

Die Subtraktion ist die logische Inversion (Umkehrung) der Addition: Im Bereich der natürlichen Zahlen ist sie nur anwendbar, wenn die abzuziehende Zahl mindestens um 1 kleiner ist als die Ausgangszahl.

Die Division ist die logische Inversion der Multiplikation. Im Bereich der natürlichen Zahlen ist sie dann anwendbar, wenn der Dividend ein ganzzahliges Vielfaches des Divisors ist (wie im Beispiel 6 : 2 = 3).

---

diesen Punkt erreicht, hat sie wieder einen Vorsprung, usf. Achilles kann die Schildkröte also nicht erreichen. (*Auflösung durch die Konvergenz der geometrischen Reihe, die noch nicht erkannt war.*)

Der fliegende Pfeil: in jedem Augenblick befindet sich der Pfeil an einem bestimmten Ort. Dieser Ort ist im Raum fixiert; also ist der Pfeil in jedem Augenblick in Ruhe. Er kann sich also nicht bewegen. (*Auflösung: In jedem Augenblick hat der Pfeil nicht nur einen Ort, sondern auch eine Geschwindigkeit; dieser differentielle Begriff war nicht erkannt.*)

3.2 Ganze Zahlen

Damit die Operation der Subtraktion uneingeschränkt möglich ist, müssen wir die natürlichen Zahlen um die Null (das „neutrale" Element der Addition) und die negativen Zahlen auf die Menge $\mathbb{Z}$ der *ganzen Zahlen* erweitern.

Die Einführung der Null als Zahl war historisch kein trivialer Schritt. Mit der Null verbindet sich ja der Begriff des NICHTS, und für die vorsokratischen Naturphilosophen war es eine grundlegende Frage, ob ein NICHTS (das Leere, ein Nichtexistentes) *sein* kann oder nicht. *Parmenides von Elea* (um 600 v. Chr.) lehrte, dass es ein NICHTS nicht geben kann, sondern jeder Raum von etwas erfüllt sei, was zu der paradoxen logischen Folgerung führt, dass Bewegung unmöglich und alles unveränderlich ist. Die Atomistiker *Leukipp* (5. Jhdt. v. Chr.) und *Demokrit* (460–371 v. Chr.) dagegen lehrten, dass die Welt überwiegend aus Nichts (wir würden heute sagen aus *Vakuum*) besteht, in dem sich die aus körperhaften Atomen zusammengesetzten Gegenstände bewegen können.

Im 3. Jhdt. v. Chr. wurde im Zusammenhang mit den Feldzügen Alexanders aus dem Orient die Null als Zeichen (oder Stellenanzeiger) ins Zahlensystem übernommen (wie heute in den Zahlen 10, 100). Die Bedeutung einer ganzen Zahl bekam 0 jedoch erst im 17. Jahrhundert.

Die Menge der Ganzzahlen enthält die natürlichen Zahlen als Teilmenge.

$$\text{Ganze Zahlen: } \ldots, -3, -2, -1, 0, 1, 2, 3, \ldots.$$

Die Multiplikation ist unbegrenzt anwendbar, wenn Folgendes definiert wird:

$$(-1) \cdot 1 = -1; \; (-1) \cdot (-1) = 1 \quad \text{und} \quad 0 \cdot 1 = 0.$$

Im Bereich der ganzen Zahlen tritt neben das Symbol für das positiv Unbegrenzte notwendig das Symbol für das negativ Unbegrenzte $-\infty$; $+\infty$. Beide sind keine Zahlen im üblichen Sinn.

Die Division ist im Bereich der ganzen Zahlen wie bei den natürlichen Zahlen dann anwendbar, wenn der Divisor im Dividenden als Faktor enthalten ist, die Division also „aufgeht", wie bei $-30 : 5 = -6$.

Die Division durch Null ist keine sinnvolle Umkehrung der Multiplikation:

$$a, b, c \quad \text{Ganzzahlen}$$

$$\frac{b}{a} = c \quad \text{liefert eindeutig } a = \frac{b}{c}$$

$$\frac{0}{a} = 0 \quad a \text{ kann jede beliebige Zahl sein.}$$

Daher bleibt die Division durch Null ausgeschlossen. Unbestimmt sind $0 \cdot \infty$, $\frac{\infty}{\infty}$, $\frac{0}{0}$.

Ganze Zahlen werden als eine diskrete „Leiter" auf der Zahlengerade (Abbildung 3.2) visualisiert. Rechenoperationen bedeuten ein Hin- und Herspringen auf diesem Raster – so wie kleine Kinder tatsächlich mit den natürlichen Zahlen abzählend rechnen.

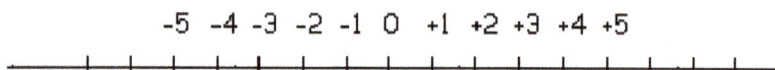

$$-5 \quad -4 \quad -3 \quad -2 \quad -1 \quad 0 \quad +1 \quad +2 \quad +3 \quad +4 \quad +5$$

Abbildung 3.2. Zahlengerade mit ganzen Zahlen.

3.3 Rationale Zahlen

Damit die Operation der Division unbeschränkt (mit Ausnahme der Division durch Null) ausführbar ist, müssen wir die ganzen Zahlen um die „gebrochenen Zahlen" auf die Menge der *rationalen Zahlen* $\mathbb{Q}$ erweitern. Die rationale Zahlen enthalten die ganzen Zahlen als Teilmenge.

$$\text{Rationale Zahl} = \text{Ganzzahl} : \text{Ganzzahl} = \frac{\text{Ganzzahl}}{\text{Ganzzahl}}$$

$$\text{Bsp.:} -5; \ -\frac{3}{2}; \ 1175/1176; \ 3; \ 1{,}1357; \ 5{,}28666666\ldots; \ \ldots.$$

Wenn man eine rationale Zahl als Dezimalzahl schreibt, so hat sie einen endlich langen Nachkommarest oder periodisch sich wiederholende Endglieder.

Es gibt keine größte rationale Zahl.

Es ist offensichtlich, dass ganze Zahlen seltene Sonderfälle rationaler Zahlen sind. Zwischen zwei aufeinanderfolgenden ganzen Zahlen liegen unbegrenzt viele rationale Zahlen.

Die Division durch Null ist weiter keine sinnvolle Umkehrung der Multiplikation und bleibt formal ausgeschlossen. Geht man von einer Vorstellung der Null als Grenzwert einer Folge fast unbegrenzt kleiner, positiver oder negativer rationaler Zahl aus, dann wäre die Division durch Null gleichwertig zur Definition einer fast unbegrenzt großen positiven oder negativen Zahl. In diesem symbolischen Sinn kann man eine Division durch Null als Grenzwert einer Folge mit $\pm\infty$ assoziieren.

Die Potenzierung ist für Rationalzahlen als mehrfache Multiplikation anwendbar, mit einer ganzen Zahl n als Exponenten. Dazu definieren wir für eine Rationalzahl A:

$$A^n = A \cdot A \cdot A \cdot A \qquad n\text{-mal}$$

$$A^0 = 1; \quad A^{-n} = \frac{1}{A^n}.$$

Das Wurzelziehen ist die logische Inversion des Potenzierens. Um aus einer rationalen Zahl A die n-te Wurzel ziehen zu können, muss zunächst einmal n ganzzahlig und ungerade, oder der Radikand A positiv sein. Zusätzlich muss gelten, dass die Operation wieder auf eine rationale Zahl führt. Dies ist nur für die vergleichsweise seltenen Radikanden der Fall, die sich auf Brüche von Quadratzahlen zurückführen lassen, zum Beispiel hier: $\sqrt[2]{6{,}25} = \sqrt[2]{\frac{625}{100}} = \frac{25}{10} = 2{,}5$.

3.4 Irrationale Zahlen

Wenn eine Operation auf eine Rationalzahl angewendet wird (z. B. Wurzelbildung, Grenzwert einer unendlichen Folge von Rationalzahlen), aber zu einer Zahl führen würde, die keine rationale Zahl ist, sich also nicht als Bruch aus zwei Ganzzahlen und damit als endlicher oder periodischer Dezimalbruch darstellen lässt, dann wird diese Zahl als *irrationale* Zahl definiert. Der Ausdruck *irrational* ist hierbei historisch bedingt, als Abgrenzung zu den *rationalen Zahlen* (*Verhältnis*zahlen), und hat keinen Nebensinn als *irrational = unvernünftig* oder *unvorstellbar*.

Wendet man die genannten Operationen auf irrationale Zahlen an, dann führt dies nicht zu einer darüber hinausgehenden Zahlenart.

Rationale Zahlen bilden eine abzählbare Menge, d h. sie können so angeordnet werden, dass sie eine nummerierbare Folge bilden. Die irrationalen Zahlen bilden keine abzählbare Menge. In diesem Sinn gibt es mehr irrationale als rationale Zahlen.

3.4.1 Algebraische Zahlen

Die Notwendigkeit, Zahlen einzuführen, die nicht rational sind, erkannten die Pythagoräer (*Pythagoras*, 570–510 v. Chr., Mathematiker und Naturphilosoph in der griechischen Kolonie Metapont in Süditalien) bei ihren Überlegungen zur Berechnung rechtwinkliger Dreiecke mit der Hypothenuse c und den Katheten a und b. Aus diesen Überlegungen entstand der Lehrsatz des Pythagoras. Für diesen gibt es im Bereich der ganzen Zahlen nur wenige Lösungen , die *Pythagoreischen Tripel*, die deswegen gerne in Schulaufgaben verwendet werden ($3, 4, 5$; $6, 8, 10$; $5, 12, 13$; $8, 15, 17$; $7, 24, 25$; $9, 12, 15$; $10, 24, 26$; etc.).

$$\text{Lehrsatz des Pythagoras:} \qquad a^2 + b^2 = c^2 \rightarrow c = \sqrt[2]{a^2 + b^2}$$

$$\text{Beispiel einer ganzzahligen Lösung:} \quad c = \sqrt[2]{3^2 + 4^2} = \sqrt[2]{25} = 5$$

$$\text{Beispiel einer rationalen Lösung:} \quad c = \sqrt[2]{\left(\frac{3}{2}\right)^2 + 2^2} = \sqrt[2]{\frac{25}{4}} = \frac{5}{2}$$

$$\text{Beispiel einer irrationalen Lösung:} \quad c = \sqrt[2]{1^2 + 1^2} = \sqrt[2]{2}$$

Als *algebraische Zahlen* bezeichnet man die Zahlen, die sich allgemein aus Lösungen von Polynomgleichungen mit rationalen Koeffizienten ergeben, also deren „Wurzeln" sind. Sie umfassen sowohl rationale wie auch irrationale Zahlen. Rationale Zahlen sind dabei seltene Sonderfälle irrationaler Zahlen.

3.4.2 Transzendente Zahlen

Irrationale Zahlen, die nicht Wurzel eines Polynoms mit rationalen Koeffizienten sind, werden als *transzendente Zahlen* bezeichnet. *Transzendent* bedeutet dabei einfach über die rationalen Zahlen *hinausgehend*, und hat keinen irgendwie gearteten *mystischen* Hintergrund.

Die geläufigsten transzendenten Zahlen sind die *Kreiszahl* π und die *Eulersche Zahl e*. Sie haben folgende (angenäherte) Werte, zur besseren Übersichtlichkeit hier in 5er-Blöcken geschrieben:

$$\pi = 3,14159\,26535\,89793\,23846\,26433\,83279\,50288\,41971\,69399\,37510\ldots$$

$$e = 2,71828\,18284\,59045\,23536\,02874\,71352\,66249\,77572\,47093\,69995\ldots.$$

Es ist charakteristisch für transzendente Zahlen, dass sie *Grenzwerte* unbegrenzt oft wiederholter Operationen (Additionen, Multiplikationen, Kettenbruchbildung, Wurzelziehen, etc.) sind (siehe 3.4.3 und 4.4.2).

3.4.3 Die Zahl π und die Quadratur des Kreises nach Archimedes

Am Beispiel der Zahl π soll demonstriert werden, wie diese praktisch so wichtige transzendente Zahl als Grenzwert einer Folge zustande kommt. Wir folgen dabei dem berühmten Gedankengang von Archimedes.

Die ägyptischen antiken Mathematiker und Landvermesser waren in der Lage, die Fläche von beliebigen durch gerade Teilstücke begrenzten Flächen auf die eines gleichflächigen Quadrats zurückzuführen. Dazu nutzten sie den *Pythagoreischen Lehrsatz* und die Formel $F = ah/2$ für die Berechnung des Flächeninhalts eines Dreiecks der Grundlinie a und der Höhe h. Die Seitenlänge des so entstehenden Quadrates wurde durch eine Wurzel, also eine meist irrationale Zahl, beschrieben. (Heute noch wird die Einheit beliebig umrandeter Flächen „Quadratmeter" genannt.)

Die „Quadratur des Kreises" war das Musterbeispiel der Berechnung einer Fläche, die durch gekrümmte Linien begrenzt ist. Sie blieb lange ein ungelöstes Problem.

Einen Königsweg dazu fand der berühmte Erfinder und Mathematiker *Archimedes* (287–221 v. Chr.), der in der griechischen Kolonie Syrakus in Sizilien lebte. Sein Lösungsweg wurde erst knapp 2000 Jahre später in der Infinitesimalrechnung weiterentwickelt. Er stellte den Beginn der Beschäftigung mit konvergenten unendlichen Reihen und Grenzwerten dar. Dieser Weg geht von einem dem Kreis ein- bzw. um-

Archi-
medes

schriebenen Vieleck (Abbildung 3.3) aus. Er soll als historisch besonders interessant hier kurz demonstriert werden.

Archimedes benutzt den *Pythagoreischen Lehrsatz*, außerdem die Formel für die Flächenberechnung eines rechtwinkligen Dreiecks, und Symmetriebetrachtungen. Aus ihnen folgt, dass die Basen der Teildreiecke regelmäßiger n-Ecke bei Verdopplung von n in einem einfachen Verhältnis zur Zahl n stehen. Die nachfolgenden Diagramme veranschaulichen das Vorgehen. Dem grau gefüllten Kreis wird ein erstes regelmäßiges Vieleck (hier ein Quadrat, gelb gefüllt) umschrieben, ein zweites Quadrat (ohne Färbung) wird ihm eingeschrieben.

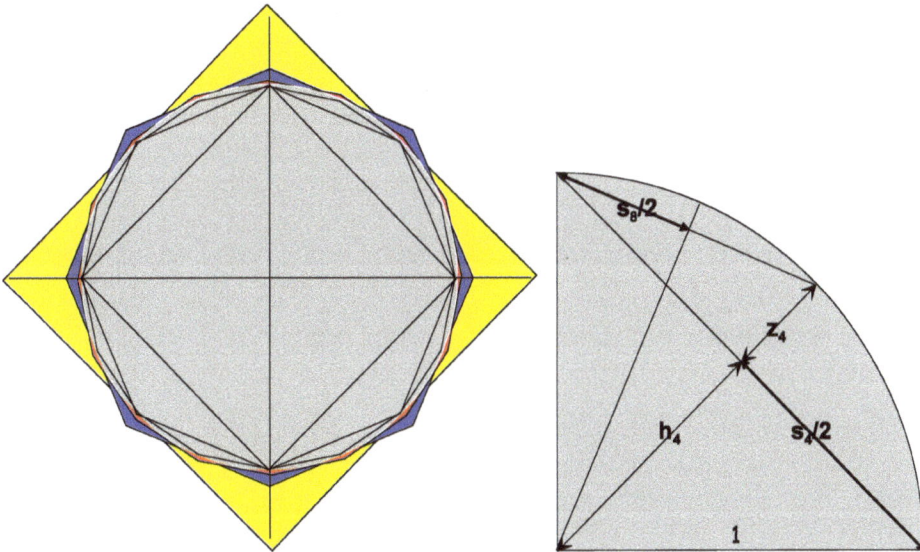

Abbildung 3.3. Simulation. Approximation des Kreises durch eingeschriebene und umschriebene Vielecke. Die Simulation zeigt die Näherungen vom Viereck bis zum 4096-Eck.

Das eingeschriebene Viereck ist flächenmäßig kleiner als das umschriebene. Der wahre Wert für die Fläche des Kreises liegt zwischen beiden. Es leuchtet sofort ein, dass bei einer Halbierung des Teilungswinkels zum 8-Eck (blaue Füllung) die Abweichungen geringer werden, und dass sich dies bei weiterer Verdopplung von N fortsetzt. In der Abbildung wird mit roter Füllung noch ein 16-Eck gezeigt. Die Skizze zeigt die ersten Elemente der Rechnung für die eingeschriebenen Vielecke (2^N-Ecke, mit $N \geq 2$).

Das Viereck, mit dem die Rechnung beginnt, ist aus vier gleichen rechtwinkligen Dreiecken zusammengesetzt, deren Kathete beim hier betrachteten Einheitskreis mit dem Radius 1 die Länge 1 hat. Ihre Hypotenuse hat daher nach dem Pythagoreischen Lehrsatz die Länge $\sqrt{2}$. Die Höhe h_4 folgt aus dem Pythagoreischen Lehrsatz über $s_4/2$ und die Hypotenuse 1 des unteren Teildreiecks. Der Abstand z_4 ist die Differenz zum Radius 1.

Der Übergang zum 8-Eck gelingt wiederum mit dem Satz von Pythagoras über $s_4/2$ und z_4. Wie die nachfolgende Rechnung zeigt, kann dieser Algorithmus in gleicher Weise in 2er-Schritten zu einer immer feineren Unterteilung der Kreisfläche fortgesetzt werden. Sie ist so angelegt, dass sie zu *Rekursionsformeln* führt, mit denen aus dem Ergebnis des $(N-1)$-ten Schritts der N-te Schritt berechnet werden kann. Wir geben die Ergebnisse für das *eingeschriebene n-Eck* an

Radius $r = 1$; Index $n = 2^N$, mit $N = 2, 3, 4, 5, \ldots$

$$s_4 = \sqrt{1+1} = \sqrt{2}; \quad h_4 = \sqrt{1 - \left(\frac{s_4}{2}\right)^2}; \quad z_4 = 1 - h_4 = 1 - \sqrt{1 - \left(\frac{s_4}{2}\right)^2}$$

$$s_8 = \sqrt{\left(\frac{s_4}{2}\right)^2 + z_4^2} = \sqrt{2}\sqrt{1 - \sqrt{1 - \left(\frac{s_4}{2}\right)^2}};$$

$$h_8 = \sqrt{1 - \left(\frac{s_8}{2}\right)^2} = \frac{1}{\sqrt{2}}\sqrt{1 + \sqrt{1 - \left(\frac{s_4}{2}\right)^2}}$$

Rekursionsformel
$$s_N^i = \sqrt{2}\sqrt{1 - \sqrt{1 - \left(\frac{s_{N-1}^i}{2}\right)^2}};$$

$$h_N^i = \sqrt{1 - \left(\frac{s_N^i}{2}\right)^2} = \frac{1}{\sqrt{2}}\sqrt{1 + \sqrt{1 - \left(\frac{s_{N-1}^i}{2}\right)^2}}$$

Umfang U, Fläche F:
$$U_N^i = n s_N = 2^N s_N = 2^N \sqrt{2}\sqrt{1 - \sqrt{1 - \left(\frac{s_{N-1}}{2}\right)^2}}$$

$$F_n^i = n\frac{s_N h_N}{2} = 2^N \frac{s_N h_N}{2} = \frac{2^N}{2}\sqrt{2 - \left(\frac{s_{N-1}}{2}\right)^2}.$$

Unten sind die aufgelösten Gleichungen für das eingeschriebene 4- bis 64-Eck aufgeführt. Man erkennt den eingeschachtelten Charakter des wiederholten Wurzelziehens aus der Seitenlänge $\sqrt{2}$ der Teildreiecke des eingeschriebenen Vierecks.

$$s_4 = \sqrt{2} \qquad\qquad h_4 = \frac{1}{2}\sqrt{2}$$

$$F_4 = \frac{4}{4}2 = 2{,}0000$$

$$s_8 = \sqrt{2 - \sqrt{2}} \qquad\qquad h_8 = \frac{1}{2}\sqrt{2 + \sqrt{2}}$$

$$F_8 = \frac{8}{4}\sqrt{2} = 2{,}8284$$

$$s_{16} = \sqrt{2 - \sqrt{2 + \sqrt{2}}} \qquad h_{16} = \frac{1}{2}\sqrt{2 + \sqrt{2 + \sqrt{2}}}$$

$$F_{16} = \frac{16}{4}\sqrt{2 - \sqrt{2}} = 3{,}0614$$

$$s_{32} = \sqrt{2 - \sqrt{2 + \sqrt{2 + \sqrt{2}}}} \qquad h_{32} = \frac{1}{2}\sqrt{2 + \sqrt{2 + \sqrt{2 + \sqrt{2}}}}$$

$$F_{32} = \frac{32}{4}\sqrt{2 - \sqrt{2 + \sqrt{2}}} = 3{,}1214$$

$$s_{64} = \sqrt{2 - \sqrt{2 + \sqrt{2 + \sqrt{2 + \sqrt{2}}}}} \qquad h_{64} = \frac{1}{2}\sqrt{2 + \sqrt{2 + \sqrt{2 + \sqrt{2 + \sqrt{2}}}}}$$

$$F_{64} = \frac{64}{4}\sqrt{2 - \sqrt{2 + \sqrt{2 + \sqrt{2}}}} = 3{,}1365.$$

Die Formeln bestechen durch ihre ästhetische Symmetrie!

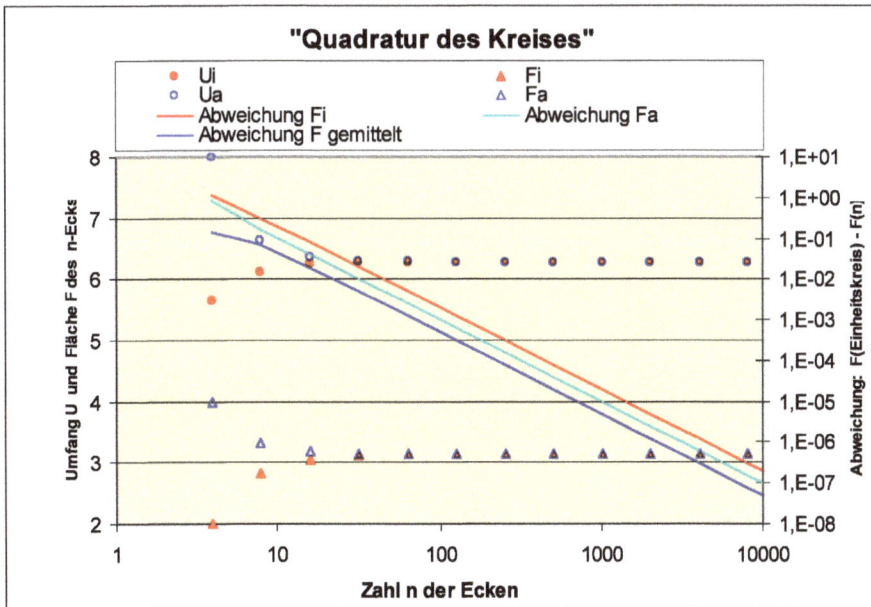

Abbildung 3.4. Näherungswerte für Kreisfläche und Kreisumfang aus der „Quadratur des Kreises" nach Archimedes. Die Abszisse zeigt die Eckzahl des ein- oder umgeschriebenen n-Ecks. Die runden Punkte im oberen Bereich der Ordinate sind die Näherungswerte für den Umfang, die im unteren Bereich für die Fläche des Einheitskreises. Die Geraden im rechts gezeigten logarithmischen Maßstab zeigen rot den Restfehler für die Annäherung von innen, grün von außen und blau den Mittelwert.

Mit einem einfachen Tabellenrechnungsprogramm kann man die Rechnung schnell bis zu hoher Eckenzahl durchführen, während sie für Archimedes noch sehr mühsam war. Man sieht dann, wie rasch die Fläche des eingeschriebenen und des umschriebenen Vielecks sich der Zahl π (3,14159...) nähert, und wie die entsprechenden Umfänge sich 2π nähern. In Abbildung 3.4 sind sie für 4- bis 8192-Ecke aufgezeichnet (entsprechend $N = 2$ bis $N = 13$). Zusätzlich ist die jeweilige Abweichung der Flächen-Näherung gegenüber π dargestellt (rechte Skala, mit logarithmischer Teilung).

Bereits bei der 10ten Näherung (1024-Eck) liegt die Abweichung bei lediglich 10^{-5}.

Archimedes selbst rechnete, ausgehend von einem *Sechseck*, bis zum 92-Eck und kam auf einen Wert seiner *Kreiszahl* von 3,141635 (die Bezeichnung π für die Kreiszahl wurde erst im 18. Jahrhundert eingeführt). Vollziehen Sie den Rechengang von Archimedes nach!

3.5 Reelle Zahlen

Rationale und irrationale Zahlen bilden zusammen die Menge der *reellen Zahlen* $\mathbb{R}$. Sie füllen die Zahlengerade (Abbildung 3.5) *dicht* aus, das heißt, jede beliebig kleine Umgebung eines reellen Punktes auf der Zahlengerade enthält mindestens eine weitere reelle Zahl.

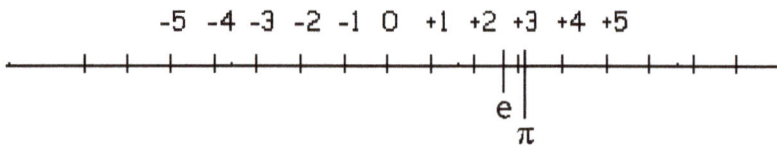

Abbildung 3.5. Zahlengerade mit zwei transzendenten irrationalen Zahlen.

Potenzierung und Wurzelziehen mit rationalen Wurzelexponenten ist im Bereich der reellen Zahlen möglich, wenn für das Wurzelziehen der Exponent ungeradzahlig ($\sqrt[3]{-1} = -1$; $\sqrt[3]{1} = +1$) oder bei geradzahligem Exponenten der Radikand positiv ist. Hierfür gelten folgende Definitionen:

$$\text{rationale Zahl } q = \frac{n}{m}; \ n, m \text{ ganz}$$
$$\rightarrow \text{ für reelle Zahl } x: x^q = x^{n/m} = \sqrt[m]{x^n} = (\sqrt[m]{x})^n.$$

Die reellen Zahlen bilden die größtmögliche *geordnete* Zahlenmenge. Das heißt, für je zwei reelle Zahlen a und b steht fest, ob a größer, gleich oder kleiner als b ist:

$$a > b \quad \text{oder} \quad a = b \quad \text{oder} \quad a < b.$$

Für die Anwendung in der Physik spielt die Unterscheidung zwischen rationalen, irrationalen und transzendenten Zahlen insoweit eine wichtige Rolle, als ihre Symbole Zusammenhänge in einer modelltheoretisch abgeleiteten Formel ausdrücken. Taucht die Zahl π auf, spielt Kreis-Symmetrie oder Periodizität eine Rolle; taucht e auf, handelt es sich um ein Problem mit Wachstum oder Dämpfung.

Sobald Berechnungen mit Zahlen erfolgen, werden irrationale Zahlen stets mit endlicher Genauigkeit durch rationale Zahlen angenähert. Auch die Division durch Null, im Bereich der reellen Zahlen formal ausgeschlossen, verliert dabei ihre Sonderstellung, da es sich immer um die Division durch eine sehr kleine, aber endliche, reelle Zahl handeln wird.

Die arithmetischen Operationen können als Transformationen oder Abbildungen auf der Zahlengeraden interpretiert werden. Addition und Subtraktion stellen Translationen dar, bei denen alle Punkte um den Betrag des Summanden verschoben werden. Bei Multiplikation und Division mit n erfolgt eine Streckung bzw. Stauchung um den Faktor n. Die Division entspricht einer Transformation des Zahlenbereichs außerhalb des Divisors in den Zahlenbereich zwischen Divisor und der Null. Im Beispiel $1/a$ wird $a = 1$ auf sich selbst abgebildet. Zahlen $a > 1$ werden in den Bereich von 0 bis 1 abgebildet, umso näher zur Null, je größer a ist. Zahlen $a < 1$ werden in den Bereich > 1 abgebildet, umso weiter nach außen, je näher an Null a liegt.

3.6 Komplexe Zahlen

3.6.1 Darstellung als Paar reeller Zahlen

Im Bereich der reellen Zahlen kann man aus einem negativen Radikanden keine geradzahlige Wurzel ziehen (Grund: für jede reelle Zahl x ist stets $x^2 \geq 0$).

Im Beispiel von Polynomen zweiten Grades mit reellen Zahlen x führt die bekannte allgemeine Lösung nur dann zu reellen Zahlen, wenn der Radikand größer oder gleich Null ist.

$ax^2 + bx + c = 0$ hat die beiden Lösungen $x_{1,2} = \dfrac{-b \pm \sqrt[2]{b^2 - 4ac}}{2a}$

$b^2 \geq 4ac \rightarrow$ reelle Zahl als Lösung

$b^2 < 4ac \rightarrow$ keine Lösung im Bereich der reellen Zahlen

im einfachsten Fall $x^2 + c = 0$ wäre $x = \sqrt{-c}$;

dann gibt es für positive c, also $c > 0$, keine Lösung im Bereich der reellen Zahlen.

Um eine Lösung für alle c, auch die positiven, zu ermöglichen, erweitert man den für die reellen Zahlen eindimensionalen Zahlenraum auf zweidimensionale **Zahlenpaare** aus reellen Zahlen, die als **komplexe Zahlen** $\mathbb{C}$ bezeichnet werden. Für die komplexen Zahlen wird eine *spezielle Multiplikationsregel* verabredet.

Komplexe Zahlen wurden erstmals im 16. Jahrhundert im Zusammenhang mit Wurzeln aus negativen Radikanden von den Mathematikern *Girolamo Gardano* und *Raffaele Bombelli* verwendet. Für sie gelten die folgenden Regeln:

Allgemeine Definition der komplexen Zahl z als geordnetes Zahlenpaar

$$z = (a, b) \quad a, b \text{ reelle Zahlen}$$

Additionsregel $\quad z_1 + z_2 = (a_1, b_1) + (a_2, b_2) = (a_1 + a_2, b_1 + b_2)$

Multiplikationsregel $\quad z_1 \cdot z_2 = (a_1, b_1) \cdot (a_2, b_2) = (a_1 a_2 - b_1 b_2, a_1 b_2 + a_2 b_1)$

konjugiert komplexe Zahl Definition: $\overline{z} = (a, -b)$;

daraus folgt $z\overline{z} = (a, b) \cdot (a, -b) = (a^2 + b^2, 0) \equiv a^2 + b^2$

Division: $\quad \dfrac{z_1}{z_2} = \dfrac{(a_1, b_1)}{(a_2, b_2)} = \dfrac{(a_1, b_1) \cdot (a_2, -b_2)}{(a_2, b_2) \cdot (a_2, -b_2)}$

$$= \frac{(a_1 a_2 + b_1 b_2, -a_1 b_2 + a_2 b_1)}{a_2^2 + b_2^2} = \frac{z_1 \overline{z_2}}{z_2 \overline{z_2}}.$$

Die wesentliche Neuerung gegenüber den „eindimensionalen" reellen Zahlen ist die Multiplikationsregel. Für Zahlen, deren zweite Komponente Null ist, führt sie auf die gewohnte Regel, die von den reellen Zahlen bekannt ist:

$$(a_1, 0)(a_2, 0) = a_1 a_2 = \text{sign}(a_1)\, \text{sign}(a_2)|a_1|\,|a_2|;$$

mit $\text{sign}(a_1)$: Vorzeichen von a_1

$|a_1|$: Absolutwert von a_1.

Für das Produkt zweier Zahlen, deren erste Komponente Null ist, erhält man aus der Definition:

$$(0, b_1)(0, b_2) = -b_1 b_2 = -\text{sign}(b_1)\, \text{sign}(b_2)|b_1|\,|b_2|.$$

Das Produkt ist in beiden Fällen eine eindimensionale, reelle Zahl. Der zweite Fall ist dem ersten bis auf ein zusätzliches Vorzeichen gleich.

Die praktische Rechtfertigung für diese Regeln ergibt sich also aus ihren Folgerungen. Historisch ergibt sie sich insbesondere daraus, dass im Bereich der so definierten Zahlenpaare das Wurzelziehen mit rationalen Exponenten uneingeschränkt möglich ist. Wir betrachten das einfachste Beispiel – zu lösen ist die Gleichung $z^2 = -1$:

$$z^2 = -1; \text{ der Lösungsansatz: } z = (a, b) \text{ führt auf}$$

$$z^2 = (a, b) \times (a, b) = (a^2 - b^2, 2ab) = -1 = (-1, 0)$$

Komponentenvergleich liefert:

$$a^2 - b^2 = -1 \text{ und } 2ab = 0.$$

Die zweite Gleichung liefert $a = 0$ oder $b = 0$

letzteres fällt weg, weil $a^2 \neq -1$ sein muß

folglich $a = 0$ und damit $b = \pm 1$

somit $z_1 = (0, 1); z_2 = (0, -1)$.

Die reellen Zahlen sind eine eindimensionale Untermenge der zweidimensionalen komplexen Zahlen (a, b), nämlich diejenigen mit $b = 0$. Wieder sind also die reellen Zahlen lediglich seltene Ausnahmen unter den komplexen Zahlen.

Die komplexen Zahlen mit $a = 0$, also $(0, b)$, heißen „imaginäre" Zahlen. Ihr Quadrat ist negativ: $(0, b)(0, b) = -|b|^2 < 0$.

3.6.2 Normaldarstellung mit „imaginärer Einheit i"

Die übliche Schreibweise (*Normaldarstellung*) komplexer Zahlen unterscheidet die beiden Komponenten statt durch ihre Reihenfolge in der Klammer durch einen „Marker" vor der zweiten Komponente, für den seit *Leonhard Euler* (1707–1783) der Buchstabe i verwendet wird. (In der Elektrotechnik ist stattdessen der Buchstabe j üblich, zur Unterscheidung des Markers von der Stromstärke i.) Durch ein Pluszeichen wird angezeigt, dass beide Komponenten zusammengehören.

Unglücklicherweise hat sich für die zweite Komponente in dieser *Normaldarstellung* die Bezeichnung „imaginäre Zahl" eingebürgert, was geeignet ist, mystische Vorstellungen über ihren Charakter zu wecken. Tatsächlich gibt es keine Zahlenklasse der „imaginären Zahlen", sondern beide Komponenten des Duos, das eine komplexe Zahl bildet, sind reelle Zahlen. Die Schreibweise $5i$ bedeutet auch nicht eine „Multiplikation von 5 mit i", sondern, dass die zweite Komponente der komplexen Zahl gleich 5 ist.

Die suggestive Normaldarstellung $z = a + ib$ erleichtert allerdings das Rechnen, weil man in ihr die gewohnten Multiplikationsregeln für reelle Zahlen anwenden kann, wenn man die Festlegung $i^2 = -1$ beachtet. Entsprechend sollte man die unten aufgeführten Regeln der Normaldarstellung interpretieren. Zunächst ein Beispiel:

$$z_1 z_2 = (a_1 + ib_1)(a_2 + ib_2) = a_1 a_2 + i^2 b_1 b_2 + i(a_1 b_2 + a_2 b_1)$$

$$= a_1 a_2 - b_1 b_2 + i(a_1 b_2 + a_2 b_1)$$

komplexe Zahl: $z = (a, b)$

reelle Zahl: $a = (a, 0)$

Definition imaginäre Zahl: $ib = (0, b)$

Definition: $\qquad$ Realteil$(z) = \text{Re}(z) = a$

Definition: $\qquad$ Imaginärteil$(z) = \text{Im}(z) = b$

Definition imaginäre Einheit: $\qquad (0, 1) = i$

Definition: $\qquad z = \text{Re}(z) + i \,\text{Im}(z) = a + ib$

Definition konjugiert komplexe Zahl: $\qquad \bar{z} = \text{Re}(z) - i \,\text{Im}(z) = a - ib$

Folgerung: $\qquad z\bar{z} = a^2 + b^2$

Definition absoluter Betrag: $\qquad |z| = \sqrt{z\bar{z}} \geq 0$

Rechenregeln in Normaldarstellung

$$z_1 + z_2 = a_1 + a_2 + i(b_1 + b_2)$$

$$z_1 z_2 = (a_1 + ib_1)(a_2 + ib_2) = (a_1 a_2 - b_1 b_2) + i(a_1 b_2 + a_2 b_1)$$

$$\frac{z_1}{z_2} = \frac{z_1}{z_2}\frac{\overline{z_2}}{\overline{z_2}} = \frac{a_1 a_2 + b_1 b_2}{a_2^2 + b_2^2} - i\frac{a_1 b_2 - a_2 b_1}{a_2^2 + b_2^2}$$

$$= \frac{a_1 a_2 + b_1 b_2}{z\bar{z}} - i\frac{a_1 b_2 - a_2 b_1}{z\bar{z}}$$

$$i^2 = ii = (0, 1) \cdot (0, 1) = (-1, 0) = -1$$

in diesem spezifischen Sinn ist i die Quadratwurzel aus (-1).

Mit der *Normal-Darstellung* wird die Lösung des Quadratwurzelproblems übersichtlicher.

c reelle Zahl

$$z^2 = (a + ib)(a + ib) = a^2 - b^2 + i2ab = c$$

c reell $\rightarrow 2ab = 0$

ein Produkt ist dann und nur dann Null, wenn einer der Faktoren Null ist.

Deshalb: 1. Lösung $a = 0 \rightarrow -b^2 = c$

$$b = \pm\sqrt{-c} = \pm\sqrt{c}\sqrt{-1} = \pm ic \qquad z = 0 \pm i\sqrt{c}$$

zutreffend für $c < 0$

oder: 2. Lösung $b = 0 \rightarrow a^2 = c$

$$a = \pm\sqrt{c} \qquad z = \pm\sqrt{c} + i \cdot 0$$

zutreffend für $c \geq 0$.

Im Raum der komplexen Zahlen hat die Quadratwurzel aus einer reellen Zahl stets zwei Lösungen. Diese sind rein reell oder imaginär, je nach dem Vorzeichen der Zahl, aus der die Wurzel zu ziehen ist.

Die allgemeine Lösung des quadratischen Polynoms mit reellen Koeffizienten a, b, von dem wir ausgingen, lautet nun wie folgt:

$$z_{1,2} = -\frac{b}{2a} \pm \frac{\sqrt{b^2 - 4ac}}{2a} = \begin{cases} -\frac{b}{2a} \pm \frac{\sqrt{|b^2-4ac|}}{2a} & \text{für } b^2 > 4ac \\[2ex] -\frac{b}{2a} \pm i\,\frac{\sqrt{|b^2-4ac|}}{2a} & \text{für } b^2 < 4ac. \end{cases}$$

Wenn a und b selbst komplex sind, gilt die allgemeine Lösungsformel immer noch – nicht aber die Fallunterscheidung, da für komplexe Zahlen die Ordnungsbeziehungen $>$ und $<$ nicht mehr anwendbar sind.

Wie sieht es im komplexen Zahlenraum bei der kubischen (dritten) Wurzel aus (und wie allgemein mit ungeradzahligen Wurzelexponenten)? Hier gibt es ja im Raum der reellen Zahlen bei negativem Radikanden immer eine einzige reelle, negative Lösung ($\sqrt[3]{-c} = -\sqrt[3]{c}$). Im Raum der komplexen Zahlen ergibt sich aber Folgendes:

$$z^3 = c; \quad c \text{ reell}$$

$$(a + ib)(a + ib)(a + ib) = (a^2 - b^2 + i2ab)(a + ib)$$

$$= a^3 - 3ab^2 + i(3a^2b - b^3) = c$$

da c reell ist $\rightarrow b(3a^2 - b^2) = 0$

entweder ist also $b = 0$ oder $(3a^2 - b^2) = 0$

1. Lösung $b = 0 \rightarrow a^3 = c$

$$a = \sqrt[3]{c} \qquad z = a = \sqrt[3]{c}$$

stets vorhandene reelle Lösung

2. Lösung $3a^2 - b^2 = 0 \rightarrow b^2 = 3a^2$

$$a(a^2 - 3b^2) = c \rightarrow a(a^2 - 9a^2) = -8a^3 = c$$

$$a = \sqrt[3]{\frac{-c}{8}} = -\frac{1}{2}\sqrt[3]{c}$$

$$z_2 = -\frac{1}{2}\sqrt[3]{c} + i\frac{\sqrt{3}}{2}\sqrt[3]{c} = \sqrt[3]{c}\left(-\frac{1}{2} + i\frac{\sqrt{3}}{2}\right)$$

$$b^2 = \frac{3}{4}(\sqrt[3]{c})^2 \rightarrow b = \pm\frac{\sqrt{3}}{2}\sqrt[3]{c}$$

$$z_3 = -\frac{1}{2}\sqrt[3]{c} - i\frac{\sqrt{3}}{2}\sqrt[3]{c} = \sqrt[3]{c}\left(-\frac{1}{2} - i\frac{\sqrt{3}}{2}\right)$$

zwei konjugiert komplexe Lösungen

$$\frac{\sqrt{3}}{2} = \sin 120° = -\sin 240° \quad z_1 = \sqrt[3]{c} \cos 0°$$

$$z_2 = \sqrt[3]{c}\left(\cos 120° + i\,\frac{\sqrt{3}}{2} \sin 120° \right)$$

$$-\frac{1}{2} = \cos 120° = \cos 240° \quad z_3 = \sqrt[3]{c}\left(\cos 240° + i\,\frac{\sqrt{3}}{2} \sin 240° \right) = \overline{z_2},$$

$$\text{da } \sin 240° = -\sin 120°.$$

Es existieren also drei Wurzeln z_1, z_2, z_3 von $z^3 = c$, von denen eine reell und die beiden anderen zueinander konjugiert komplex sind.

3.6.3 Komplexe Ebene

Den komplexen Zahlen werden zur Veranschaulichung Punkte in einer Ebene zugeordnet. Dabei symbolisiert die Abszisse die mit reellen Zahlen unterteilte reelle Zahlengerade, und die Ordinate die mit reellen Zahlen unterteilte imaginäre Zahlengerade.

Die einfache kubische Gleichung $z^3 = c$ hat im Raum der komplexen Zahlen drei Lösungen, von denen eine reell ist und zwei komplex sind. Wie die folgende Abbildung für $c > 0$ zeigt, liegen die Wurzeln in der komplexen Ebene symmetrisch auf einem Kreis mit dem Radius $\sqrt[3]{c}$ (für $c = \pm 1$ auf dem Einheitskreis). Bei $c < 0$ sind die Punkte an der imaginären Achse gespiegelt. In dem Diagramm sind die kubischen Wurzeln als Rechtecke und zusätzlich die beiden quadratischen Wurzeln als Kreise eingezeichnet.

Das allgemeine Polynom n-ten Grades hat im Raum der komplexen Zahlen n Wurzeln (*Gaußscher* Fundamentalsatz der Algebra). Abbildung 3.6 zeigt dies für die zweiten und dritten Wurzeln aus 1.

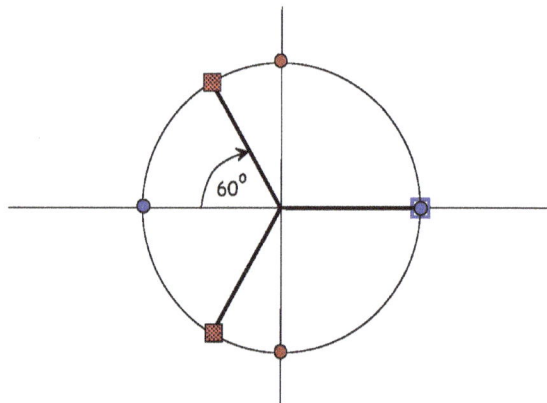

Abbildung 3.6. Wurzeln in der komplexen Ebene. Die runden Punkte zeigen blau $\pm \sqrt[2]{1}$, rot $\pm \sqrt[2]{-1}$. Die eckigen Punkte zeigen $\sqrt[3]{1}$.

Wenn wir die Additions- und die Multiplikationsregel beachten, können wir mit komplexen Zahlen alle arithmetischen Operationen ausführen, die wir von den reellen Zahlen gewohnt sind.

Die komplexen Zahlen füllen die komplexe Ebene dicht aus, wie ja auch die reellen Zahlen die Zahlengerade dicht ausfüllen. Im Gegensatz zu den reellen Zahlen sind die komplexen Zahlen aber *keine geordnete* Menge, da sie aus zwei reellen Zahlen bestehen, und also die Relation $z_1 > z_2$ nicht allgemein definiert ist. Ordnen lassen sich jedoch die Absolutbeträge $|z|$, die ja wieder reelle Zahlen sind.

Die reellen Zahlen sind eine Untermenge der komplexen Zahlen, vom Charakter $(a, 0)$, also mit Imaginärteil 0. Reelle Zahlen sind seltene Spezialfälle komplexer Zahlen.

Die Verwendung komplexer Zahlen (*komplexe Analysis, Funktionentheorie*) bringt der Physik und den Ingenieurwissenschaften wichtige Vorteile. Zunächst einmal hat im Bereich der komplexen Zahlen jede algebraische Gleichung Lösungen, wie wir am Beispiel der Parabel gesehen haben (Eigenschaft der *algebraischen Abgeschlossenheit*; *Gaußscher Fundamentalsatz*). Außerdem ist jede einmal komplex differenzierbare Funktion beliebig oft differenzierbar. Schließlich lassen sich mit komplexen Zahlen wichtige Zusammenhänge zwischen einzelnen Funktionen herstellen, die im Bereich reellen Zahlen noch unabhängig sind (Exponentialfunktion und Winkelfunktionen, siehe 7.3).

Funktionentheorie

3.6.4 Darstellung in Polarkoordinaten

In der Darstellung komplexer Zahlen durch Polarkoordinaten gibt der Absolutwert $|z|$ als reelle Zahl den Abstand r vom Nullpunkt an, das Verhältnis Imaginärteil/Realteil den Tangens des Winkels ϕ zur reellen Achse.

Es gilt folgende Definition der Polardarstellung in Abbildung 3.7:

$$z = r(\cos \phi + i \sin \phi).$$

Um aus z nun r und ϕ, bzw. aus r und ϕ die Zahl z auszurechnen, gelten die folgenden Beziehungen:

$$r = |z| = +\sqrt{z\bar{z}} = +\sqrt{\text{Re}^2(z) + \text{Im}^2(z)}$$

$$\tan \phi = \frac{\text{Im}(z)}{\text{Re}(z)}$$

$$z_1 z_2 = r_1 r_2 [(\cos \phi_1 \cos \phi_2 - \sin \phi_1 \sin \phi_2) + i (\cos \phi_1 \sin \phi_2 + \cos \phi_2 \sin \phi_1)]$$

$$z_1 z_2 = r_1 r_2 [\cos(\phi_1 + \phi_2) + i \sin(\phi_1 + \phi_2)]$$

$$\frac{z_1}{z_2} = \frac{r_1}{r_2} [\cos(\phi_1 - \phi_2) + i \sin(\phi_1 - \phi_2)].$$

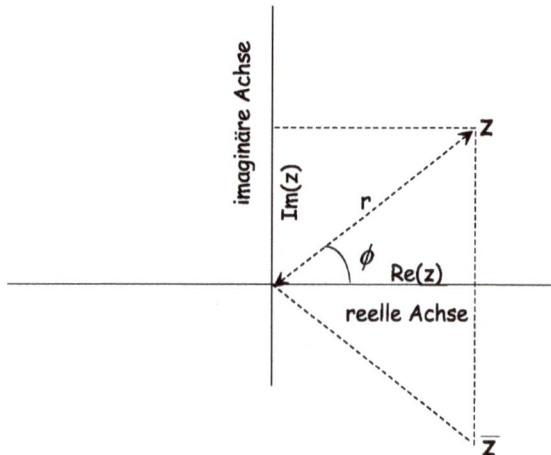

Abbildung 3.7. Komplexe Zahlen in Polarkoordinaten-Darstellung.

Die Polardarstellung weist eine Sonderstellung der Zahl Null im Bereich der komplexen Zahlen aus, die im Bereich der reellen Zahlen nicht sichtbar wird. Als einziger komplexer Zahl ist ihr keine Richtung zugeordnet. Dies sieht man in den obigen Formeln daran, dass aus $z = 0$ notwendig $r = 0$ folgt, unabhängig von ϕ. Damit verträglich ist, dass der Tangens als Quotient zweier Nullen unbestimmt bleibt.

Die Zahl z entspricht in Polardarstellung dem Endpunkt eines vom Nullpunkt ausgehenden Ortsvektors, der Länge r hat und mit der reellen Achse den Winkel ϕ einschließt.

3.6.5 Simulation von komplexer Addition und Subtraktion

Durch Drücken der Strg-Taste und Anklicken der nachfolgenden Bilder aktivieren Sie die interaktiven Java-Simulationen, welche die komplexen Operationen *Addition* und *Subtraktion* veranschaulichen.

Die Operationen werden in Abbildung 3.8 als Abbildung dargestellt: Links in der z-Ebene liegt ein rechteckiges Punktarray, das auf die u-Ebene rechts davon abgebildet wird. Die Punkte sind farbcodiert, so daß die punktweise Zuordnung gut zu erkennen ist. Für den rot gekennzeichneten linken unteren Eckpunkt des Arrays ist der Ortsvektor eingezeichnet. In der z-Ebene können Sie sowohl den roten Eckpunkt des Arrays wie auch die Pfeilspitze des grünen Einzelvektors, der damit verknüpft werden soll, durch Ziehen mit der Maus verändern. Die u-Ebene zeigt das Ergebnis der komplexen Operation. Durch Betätigen der Taste „initialisieren" können Sie den Ausgangszustand wieder herstellen. Der Punktabstand des Arrays wird mit dem Schieber eingestellt; insbesondere können Sie das Array auf einen einzigen Punkt zusammenziehen.

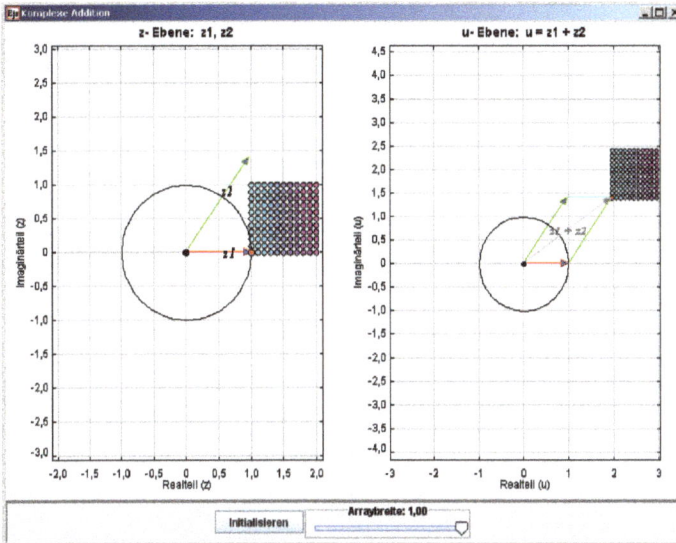

Abbildung 3.8. Simulation. Addition einer komplexen Zahl z_2 zu allen Zahlen z_1 eines Punktgitters. Dieses wird mit dem Endpunkt des roten Pfeils verschoben, der zum links unten liegenden Punkt des Array in der z-Ebene führt; analog verschiebt $z_1 + z_2$ für alle komplexen z_1 die ganze komplexe Ebene. Die ergänzenden Parallelogrammseiten der Vektor-Konstruktion sind rechts eingezeichnet.

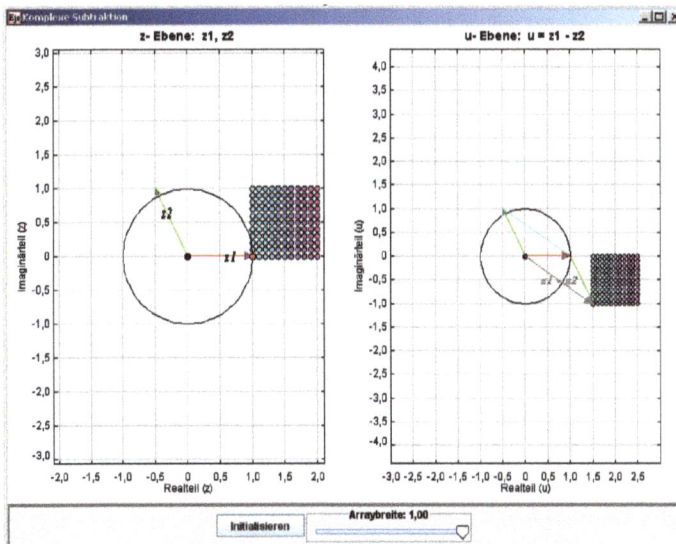

Abbildung 3.9. Simulation. Subtraktion einer komplexen Zahl z von allen Zellen eines Punktarrays. Im linken Fenster kann das Punktarray und der Endpunkt des zu subtrahierenden Vektors mit der Maus gezogen werden. Die ergänzenden Parallelogrammseiten der Vektor-Konstruktion sind rechts eingezeichnet.

Neben der Simulation erscheint ein Text mit mehreren Blättern. Er enthält eine Beschreibung der Simulation sowie Hinweise auf durchzuführende Experimente.

Die Fenster können mit den geläufigen Symbolen oben rechts ausgeblendet oder auf Bildschirmgröße aufgeblasen werden. Sinnvoller ist es, das Simulationsfenster durch Ziehen an einer Ecke zu verändern, damit die quadratische Struktur des Koordinatensystems erhalten bleibt.

Wenn Sie mit der Maus einen Punkt antasten, erscheinen in einem farbig unterlegten Feld seine Koordinaten. Mit der rechten Maustaste können Sie Kontextmenüs mit weiteren Optionen erscheinen lassen.

Die Addition zweier Zahlen entspricht in der komplexen Ebene der Addition ihrer beiden Vektoren (nach Betrag und Richtung). Die Subtraktion entspricht der Subtraktion der beiden Vektoren; dies wird in Abbildung 3.9 gezeigt. Als Abbildung der z-Ebene gesehen, bedeuten Addition und Subtraktion eine Translation der Ebene ohne Drehung oder Maßstabsveränderung.

3.6.6 Simulation von komplexer Multiplikation und Division

Die beiden nachfolgenden interaktiven Bilder führen zur Simulation von komplexer Multiplikation (Abbildung 3.10) und Division (Abbildung 3.11). Die Darstellung und

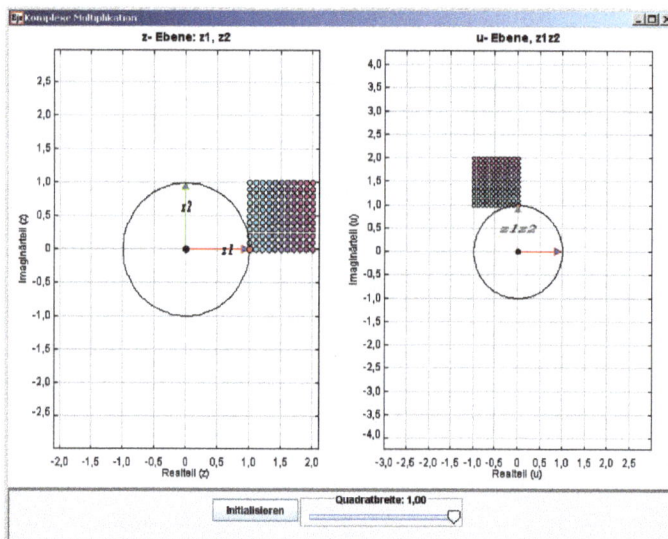

Abbildung 3.10. Simulation. Die Multiplikation von z_1 mit z_2 entspricht einer Drehung des Vektors von z_1 um den Winkel des Vektors z_2 im mathematisch positiven Sinn (entgegen dem Uhrzeigersinn), unter gleichzeitiger Dehnung um den Betrag von z_2 (Stauchung, wenn der Betrag kleiner 1 ist). Das Punktarray und damit die gesamte Ebene wird unter Dehnung aller Arrayradien um den Betrag von z_2, um den Winkel von z_2 gedreht.

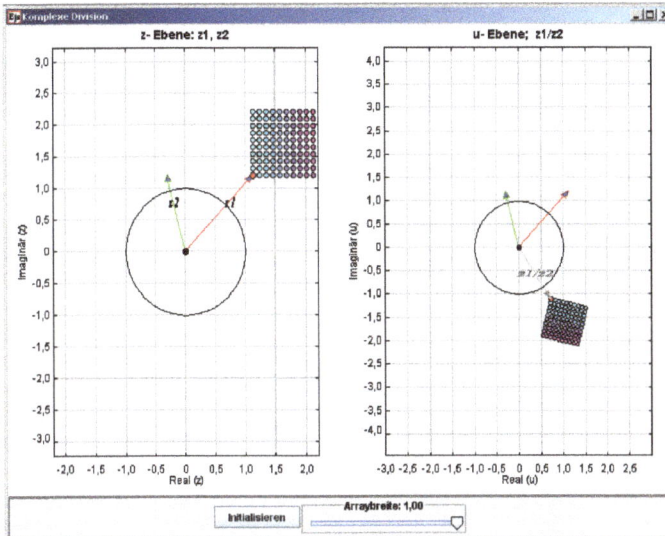

Abbildung 3.11. Simulation. Die Division entspricht einer Drehung von z_1 im mathematisch negativen Sinn (im Uhrzeigersinn) um den Winkel des Vektors z_2, unter gleichzeitiger Stauchung um seinen Betrag (Dehnung, wenn der Betrag kleiner 1 ist).

Bedienung ist identisch wie die für Addition und Subtraktion, die oben beschrieben wurden.

3.7 Erweiterungen der Arithmetik

Natürlich kann man die Erweiterung des Zahlbegriffs von Einzelzahlen auf Zahlenpaare noch weiter fortführen. Die nächste Stufe wäre die aus vier reellen Zahlen bestehenden *Quaternionen*. Quaternionen sind unter anderem für Rechnungen in vierdimensionalen Räumen geeignet. Es lassen sich z. B. relativistische physikalische Systeme mit Spin durch Quaternionen beschrieben. Für Einzelheiten verweisen wir auf die Fachliteratur.

Quater-
nionen

Bei der Definition geeigneter Rechenregeln wird darauf geachtet, dass die komplexen Zahlen eine Untermenge darstellen. Allerdings gelten für diese höherdimensionalen Zahlen möglicherweise nicht mehr alle Grundregeln, die am Beginn dieses Kapitels aufgeführt worden und bis zu den komplexen Zahlen uneingeschränkt galten (z. B. die Vertauschbarkeit der Reihenfolge von Operationen).

Die *Gruppentheorie* schließlich abstrahiert gänzlich vom Begriff der Zahl, und definiert Rechenregeln für Elemente, die Zahlen sein können, aber nicht müssen. Eine Gruppe (Menge) von Elementen ist dadurch definiert, dass für die Gruppe Rechenregeln definiert sind, deren Anwendung auf Gruppenelemente stets wieder zu einem Mitglied der Gruppe führen.

Gruppen-
Theorie

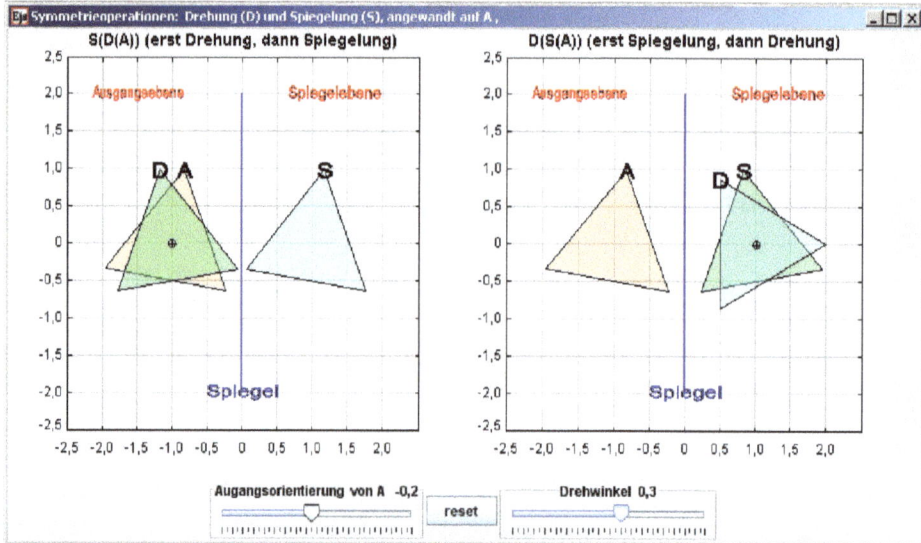

Abbildung 3.12. Simulation. Drehung und Spiegelung eines rosa gefärbten gleichseitigen Dreiecks A. Im linken Fenster wird erst gedreht (D), dann gespiegelt (S); im rechten Fenster erst gespiegelt, dann gedreht. Das Endergebnis der Operationen ist blau eingefärbt, das Zwischenergebnis grün. Die Ausgangsorientierung von A und der Drehwinkel von A nach D sind mit Schiebern wählbar.

Die Regeln, die für Gruppen gelten, sind analog zu denen, die wir am Beginn der Diskussion von Zahlen beschrieben hatten. Allerdings wird die Rolle der Einheit (des „neutralen" Elements), die dort als selbstverständlich angenommen wurde, hier explizit definiert. Wenn wir als Beispiel für die Verknüpfung in einer Gruppe die Multiplikation wählen, so sind die Regeln in der Gruppe wie folgt definiert:

1. Die Verknüpfung zweier Elemente a, b der Gruppe G ist wiederum ein Element derselben Gruppe (*Abgeschlossenheit*): $a \times b = c \in G$.

2. Die Aufeinanderfolge der Operationen ist unerheblich, solange die Reihenfolge gewahrt bleibt: $a \times (b \times c) = (a \times b) \times c$ (*Assoziativität*).

3. Es gibt ein *neutrales Element e* in der Gruppe G, für welches gilt: $a \times e = e \times a = a$.

4. Es gibt zu jedem Element a aus G ein *inverses Element* (Spiegelbild) a^* mit der Eigenschaft, beim Verknüpfen mit a das neutrale Element zu ergeben: $a \times a^* = a^* \times a = e$.

Eine Gruppe heißt *Abelsch* oder kommutativ, wenn man die Operanden vertauschen darf, also $a \times b = b \times a$ (*Kommutativität*) gilt.

Die Menge der ganzen Zahlen $\mathbb{Z}$ mit der Addition als Operationsvorschrift und der Null als neutralem Element ist eine Abelsche Gruppe. Etwas komplizierter ist es mit der Menge der rationalen Zahlen $\mathbb{Q}$ und der Multiplikation mit der 1 als neutralem Element; hier hätte die 0 kein inverses Element.

Die Definition der Gruppen-Regeln ermöglicht es, als Mitglieder einer Gruppe auch andere Objekte als nur Zahlen nach eindeutigen Rechenregeln zu behandeln – solange sie die geforderten Eigenschaften besitzen.

Hierzu gehört z. B. die Menge der Symmetrietransformationen *Drehung*, *Spiegelung*, *Inversion*, durch die ein topologisches Objekt, wie ein N-Eck, auf sich selbst abgebildet wird; Verknüpfungen sind dabei die hintereinander ausgeführten Transformationen. In diesem Beispiel handelt es sich um eine *nicht-Abelsche* Gruppe, denn wenn man erst eine Drehung und dann eine Spiegelung ausführt, so erhält man ein anderes Ergebnis als bei einer Spiegelung gefolgt von einer Drehung.

Dies veranschaulicht die nächste Simulation Abbildung 3.12. Sie zeigt die aufeinander folgenden Operationen *Drehung und Spiegelung*, bzw. *Spiegelung und Drehung*, angewandt auf ein gleichseitiges Dreieck, dessen Grundorientierung einstellbar ist.

Die Gruppentheorie ist eine der Grundlagen der Arithmetik, die in der Quantentheorie verwendet wird. Hierzu können Sie das Essay *Schopper*[10] lesen.

---

10 Physik im 21. Jahrhundert: „Essays zum Stand der Physik" Herausgeber Werner Martienssen und Dieter Röß, Springer Berlin 2010.

4 Zahlen-Folgen, Reihen und Grenzwerte

4.1 Folgen und Reihen

Durch fortgesetzte Anwendung der gleichen arithmetischen Operationen auf eine An- Folge fangszahl A erzeugt man eine logisch zusammengehörige **Folge** von Zahlen, die interessante Eigenschaften aufweisen kann. (Es ist ja ein beliebtes Rätsel, das Bildungsgesetz einer Folge zu erraten und so die Anfangszahlen einer vorgegebenen Folge fortzusetzen!)

Im Folgenden werden die Buchstaben m, n, i, j als Indizes für die Reihung der Glieder von Folgen verwendet. Sie können 0 und natürliche Zahlen darstellen.

Gibt es keine obere Grenze für die Zahl der Glieder einer Folge bzw. für die Summanden einer Reihe ($m \to \infty$), dann sprechen wir von einer *unendlichen* Folge oder Reihe.

4.1.1 Folge und Reihe der natürlichen Zahlen

Die besonders einfache *arithmetische Folge* der natürlichen Zahlen entsteht durch die fortgesetzte Addition der Einheit **1**. Die Einzelglieder der Folge werden durch den tiefgestellten Index $(1, 2, \dots)$ charakterisiert, der selbst eine fortlaufende natürliche Zahl ist.

$$A_1 = 1; \quad A_{n+1} = A_n + 1 \quad \text{für } n \geq 1 \to$$
$$A_n = 1, 2, 3, 4, 5, 6, \dots.$$

Für eine beliebige Folge wollen wir den *Differenzenquotienten* von zwei verschiedenen Gliedern definieren. Er ist ein Maß für die Veränderung zwischen zwei Gliedern mit verschiedenen Indizes i und j, und für den Zuwachs der Folge im Indexintervall:

$$\Delta A_{i,j} = A_i - A_j; \quad \Delta_{i,j} = i - j$$
$$\text{Differenzenquotient: } \left(\frac{\Delta A_{i,j}}{\Delta_{i,j}} \right) = \frac{A_i - A_j}{i - j}.$$

Für *aufeinanderfolgende* Glieder ist das Indexintervall gleich 1, und daher der Differenzenquotient gleich der Differenz der Glieder:

$$\Delta A_{i,i-1} = A_i - A_{i-1}; \quad \Delta_{i,i-1} = i - (i - 1) = 1$$
$$\text{Differenzenquotient: } \left(\frac{\Delta A_{i,i-1}}{\Delta_{i,i-1}} \right) = A_i - A_{i-1}.$$

Bei der Folge der natürlichen Zahlen ist die Differenz aufeinanderfolgender Glieder der Folge konstant und gleich 1. Damit ist auch der Differenzenquotient konstant und gleich 1:

$$\Delta A_{i,i-1} = A_i - A_{i-1} = 1 \rightarrow \text{Differenzenquotient} = 1.$$

Die arithmetische Folge hat konstanten Zuwachs aufeinanderfolgender Glieder.

Aus den Gliedern einer Folge kann man durch fortgesetzte Addition eine logisch zusammenhängende Reihe konstruieren, deren Teilsummen wieder Glieder einer Folge sind. Im obigen Beispiel bezeichnen wir die *Arithmetische Reihe* mit S und die Folgenglieder ihrer Teilsummen mit S_n:

$$S = 1 + 2 + 3 + 4 + 5 + 6 + \cdots$$

$$S_1 = 1; \; S_2 = 3; \; S_3 = 6; \; S_4 = 10; \; S_5 = 15; \; S_6 = 21; \; \ldots$$

$$S_n = \sum_{m=1}^{n} A_m = A_1 + A_2 + A_3 + \cdots + A_n.$$

In dem Summenzeichen $\sum$ (griechischer Großbuchstabe *Sigma* (S)) läuft der Index m der Folgenglieder A_m, die aufsummiert werden, von der Zahl, die unter dem Summenzeichen steht, bis zu der Zahl, die darüber steht.

Bei der arithmetischen Reihe kann man die Teilsummen sehr einfach aus den Indizes ausrechnen. Diese Regel soll Gauß entdeckt haben, als er als Schüler die Zahlen von 1 bis 100 zusammenzählen musste. Sie beruht auf der Symmetrie der Reihe: zwei Zahlen, die zur Mitte der Teilsumme symmetrisch angeordnet sind, addieren sich jeweils zu $(n + 1)$, und es gibt $n/2$ solcher Paare.

$$S_n = \frac{n}{2}(n + 1).$$

Die Folge der natürlichen Zahlen hat keine obere Grenze. Der Wert ihrer Teilmengen wird mit zunehmendem Index immer schneller größer, in quadratischer Abhängigkeit vom Index

$$n \gg 1 \rightarrow S_n \approx n^2/2.$$

4.1.2 Geometrische Reihe

Wir betrachten als weiteres Beispiel die Folge von Potenzen reeller Zahlen a und die *geometrische* Reihe, die daraus durch Addition gebildet wird:

$$A_0 = 1; \; A_1 = a; \; A_2 = a^2; \; A_3 = a^3; \; A_4 = a^4; \; \ldots$$

$$A_n = a^n \quad \text{für } n \geq 0$$

Definition: $\Delta A_{i,j} = A_i - A_j$; $\Delta_{i,j} = i - j$

$$\Delta A_{i,j} = a^i - a^j$$

$$\left(\frac{\Delta A}{\Delta}\right)_{i,j} = \frac{a^i - a^j}{i - j}; \quad \left(\frac{\Delta A}{\Delta}\right)_{i,i-1} = \frac{a^i - a^{(i-1)}}{1} = a^{(i-1)}(a - 1)$$

$$S_n = \sum_{m=0}^{n} a^m = 1 + a + a^2 + a^3 + \cdots + a^n.$$

Für den Spezialfall $a = 1$ wird die geometrische Folge wieder eine arithmetische Folge.

Für a ungleich 1 ist der Differenzenquotient hier abhängig vom Index. Mit $a < 1$ wird er immer kleiner; die Glieder der Folge nehmen immer schneller ab, entsprechend nehmen die Teilsummen immer langsamer zu. Mit $a > 1$ ist der Differenzenquotient positiv und wächst mit dem Index; die Glieder der Folge nehmen immer schneller zu, also wachsen auch die Teilsummen der Reihe immer schneller.

4.2 Grenzwert, Limes

Was geschieht, wenn der Index der Folge oder Reihe immer größer wird, also gegen unendlich strebt? Werden dann die Glieder der Folge größer als jede Schranke, in diesem Fall nennen wir die Folge *divergent* (auseinanderstrebend), oder streben sie einem Grenzwert, einem *Limes* zu, ist sie also *konvergent* (auf etwas hinstrebend)? Wächst der Wert der Reihe ins Unendliche, oder bleibt er begrenzt, hat also einen *Limes*, ist *konvergent*? `Grenzwert`

Die Folge der natürlichen Zahlen wächst offensichtlich unbegrenzt, ebenso der Wert der Reihe; beide sind divergent:

$$\lim_{n \to \infty} A_n = \lim_{n \to \infty} n = \infty$$

$$\lim_{n \to \infty} S_n = \lim_{n \to \infty} \sum_{m=1}^{n} m = \infty.$$

Wie sieht es bei der geometrischen Folge aus?

$$\lim_{n \to \infty} A_n = \lim_{n \to \infty} a^n \begin{cases} = 0 & \text{für } |a| < 0 \\ = 1 & \text{für } a = 1 \\ = \infty & \text{für } a > 1 \\ \text{kein limes} & \text{für } a \leq -1 \end{cases}$$

$$\lim_{n \to \infty} S_n = \lim_{n \to \infty} \sum_{m=0}^{n} a^m \begin{cases} = \frac{1}{1-a} & \text{für } |a| < 1 \\ \to \infty & \text{für } a \geq 1 \\ \text{kein limes} & \text{für } a \leq -1 \end{cases}.$$

Für $a > 1$ wachsen die Glieder der geometrischen Folge kontinuierlich an. Es gibt also weder für die Folge noch für die daraus resultierende Reihe einen endlichen Grenzwert. Für $a = 1$ sind die Glieder der Folge konstant; die Teilsummen der Reihe entsprechen der Folge der natürlichen Zahlen, die Reihe ist divergent.

Für $0 < a < 1$ werden die Glieder der Folge immer kleiner, ihr Grenzwert ist Null. Die Reihe strebt gegen den Grenzwert $1/(1-a)$, der größer als 1 ist.

Für $-1 < a < 0$ werden die Glieder der Folge bei wechselndem Vorzeichen immer kleiner und die Reihe ist konvergent mit dem Grenzwert $1/(1+|a|)$, der kleiner als 1 ist.

Für $a = -1$ besteht die Folge abwechselnd aus 1 und -1, die Teilsumme $(1-1+1-1\pm\cdots)$ ist entweder 1 oder 0, je nachdem bei welchem Index man sich befindet. Daher existiert kein Limes.

Für $a < -1$ haben die Glieder der Folge, wie auch die Teilsummen mit zunehmendem Index bei wachsendem Absolutwert alternierende Vorzeichen. Der Absolutwert strebt gegen Unendlich, Folge und Reihe selbst haben keinen Limes.

Die nachfolgende Simulation zeigt das Verhalten von geometrischer Folge und Reihe in Abhängigkeit vom Parameter a, der mit einem Schieberegler eingestellt werden kann.

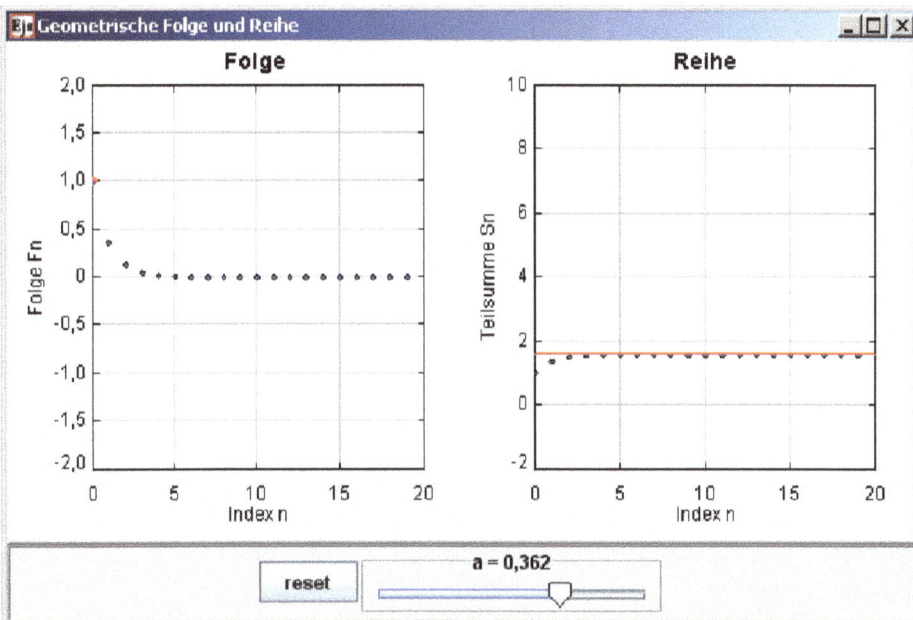

Abbildung 4.1a. Simulation. Das erste Fenster zeigt die Glieder der geometrischen Folge, das zweite die Teilsummen der geometrischen Reihe, in Abhängigkeit vom Index n, mit der roten Linie als Limes, wenn ein solcher im dargestellten Ordinatenbereich existiert.

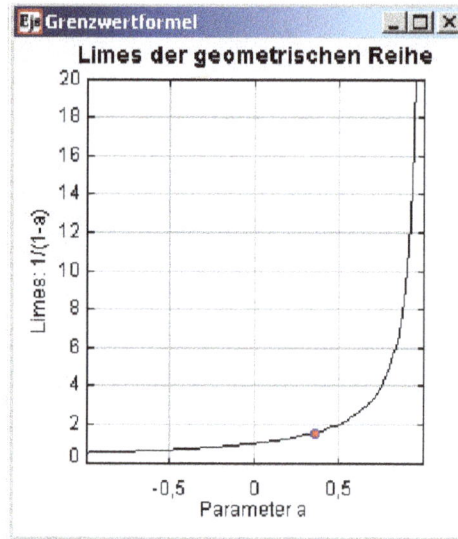

Abbildung 4.1b. Simulation. Das dritte Fenster zeigt für $|a| < 1$ den jeweiligen Limes der Reihe in Abhängigkeit von a. Der rote Punkt markiert den mit dem Schieberegler gewählten Wert des Parameters a.

Was sind die Kriterien dafür, dass eine Reihe einen Grenzwert hat? Offensichtlich müssen die Glieder der Folge gegen Null konvergieren. Das ist eine **notwendige**, aber noch keine **hinreichende** Bedingung. Ein Beispiel zur Illustration des Unterschieds ist die *harmonische* Reihe:

$$\text{harmonische Reihe} \quad A = 1, \frac{1}{2}, \frac{1}{3}, \frac{1}{4}, \frac{1}{5}, \frac{1}{6}, \cdots$$

$$A_1 = 1; \; A_n = \frac{1}{n}; \; \lim_{n \to \infty} A_n = \lim_{n \to \infty} \frac{1}{n} = 0$$

$$S_n = 1 + \frac{1}{2} + \frac{1}{3} + \frac{1}{4} + \frac{1}{5} + \frac{1}{6} + \cdots \to \infty.$$

Während die Glieder der Folge nach Null konvergieren, wächst die Reihe unbegrenzt an, hat also keinen Grenzwert. Man sieht das am einfachsten ein, wenn man sie mit einer Reihe vergleicht, die offensichtlich divergiert, und deren geschickt zusammengefasste Glieder kleiner als die der harmonischen Reihe sind:

$$S_{\text{harmonisch}} = 1 + \frac{1}{2} + \left(\frac{1}{3} + \frac{1}{4} \right) + \left(\frac{1}{5} + \frac{1}{6} + \frac{1}{7} + \frac{1}{8} \right)$$

$$+ \left(\frac{1}{9} + \frac{1}{10} + \frac{1}{11} + \frac{1}{12} + \frac{1}{13} + \frac{1}{14} + \frac{1}{15} + \frac{1}{16} \right) + \cdots$$

$$S_{\text{Vergleich}} = \frac{1}{2} + \frac{1}{2} + \left(\frac{1}{4} + \frac{1}{4}\right) + \left(\frac{1}{8} + \frac{1}{8} + \frac{1}{8} + \frac{1}{8}\right)$$

$$+ \left(\frac{1}{16} + \frac{1}{16} + \frac{1}{16} + \frac{1}{16} + \frac{1}{16} + \frac{1}{16} + \frac{1}{16} + \frac{1}{16}\right) + \cdots$$

$$S_{\text{Vergleich}} = \frac{1}{2} + \frac{1}{2} + \frac{1}{2} + \frac{1}{2} + \frac{1}{2} + \cdots \to \infty$$

$$S_{\text{harmonisch}} > S_{\text{Vergleich}} \Rightarrow S_{\text{harmonisch}} \to \infty.$$

Für eine Konvergenz der Reihe konvergieren die Glieder der harmonischen Folge **nicht genügend stark** gegen Null.

Ein hinreichendes Kriterium für Konvergenz ist, dass der Quotient aufeinanderfolgender Glieder der Folge für $n \to \infty$ kleiner als 1 ist (Quotientenkriterium nach *d'Alembert*). Für die beiden Reihen gilt:

harmonische Reihe $\quad \dfrac{A_{n+1}}{A_n} = \dfrac{n}{n+1}; \quad \lim\limits_{n \to \infty} \dfrac{n}{n+1} = 1$

geometrische Reihe $\quad \dfrac{A_{n+1}}{A_n} = \dfrac{a^{n+1}}{a^n} = a; \quad \lim\limits_{x \to \infty} a = a < 1$ für $a < 1$.

Während bei der geometrischen Reihe für $a < 1$ aufeinanderfolgende Glieder der Folge in einem konstanten Verhältnis abnehmen, werden bei der harmonischen Reihe die einzelnen Glieder zwar immer kleiner, im Grenzübergang aber werden aufeinanderfolgende Glieder schließlich „gleich groß".

4.3 Fibonacci-Folge

Eine besonders reizvolle Folge natürlicher Zahlen ist nach Ihrem frühen Endecker *Leonard Fibonacci* (ca. 1200) benannt. Sie entsteht dadurch, dass jedes Glied der Folge die Summe seiner beiden Vorgänger ist. Das Bildungsgesetz lautet also:

$$A_0 = 0; \; A_1 = 1$$
$$A_{n+2} = A_n + A_{n+1} \quad \text{für } n \geq 0.$$

Die ersten 25 Zahlen der Folge sind:

0; 1; 1; 2; 3; 5; 8; 13; 21; 34; 55; 89; 144; 233; 377; 610; 987;

1597; 2584; 4181; 6765; 10946; 17711; 28657; 46368; 75025.

Der Quotient A_n/A_{n-1} aufeinanderfolgender Glieder konvergiert sehr rasch gegen eine irrationale Zahl Φ, die *der goldene Schnitt* genannt wird. Der berühmte goldene Schnitt ist in der Kunst ein Kriterium für Ausgewogenheit von Proportionen; zwei

Abmessungen verhalten sich ihm entsprechend, wenn sich die größere zur kleineren verhält wie die Summe beider zur größeren.

$$A_n/A_{n-1} \to \Phi = 1{,}618033988\ldots.$$

Die ersten Werte (ganz leicht mit *Excel* zu berechnen) sind

> 1,0;   2,0;   1,5;   1,6666666667;   1,6;   1,625;   1,6153846154;
>
> 1,6190476190;   1,6176470588;   1,6181818182;   1,6179775281;
>
> 1,6180555556;   1,6180257511;   1,6180371353;   1,6180327869;
>
> 1,6180344478;   1,6180338134;   1,6180340557;   1,6180339632.

Man erkennt, dass aufeinanderfolgende Glieder abwechseln größer und kleiner als Φ sind; in diesem Sinn erfolgt die Annäherung an den goldenen Schnitt „oszillierend".

Dieser Quotient lässt sich auch als Kettenbruch darstellen, bei dem die Anzahl der Teilungen gleich $n-1$ ist. (Probieren Sie es für die ersten Glieder einmal aus!)

$$A_n/A_{n-1} = 1 + \cfrac{1}{1 + \cfrac{1}{1 + \cfrac{1}{1 + \cfrac{1}{1 + \cfrac{1}{1 + \cfrac{1}{1 + \cfrac{1}{1 + \cfrac{1}{1 + \cdots}}}}}}}} \to \Phi.$$

Hieraus kann man leicht berechnen, dass $\Phi = \frac{2}{\sqrt{5}-1}$ gilt; als positive Wurzel aus der Gleichung

$$\Phi = 1 + \frac{1}{\Phi} \to \Phi^2 - \Phi - 1 = 0.$$

Für die Exponentialreihe gilt vom ersten Glied an:

$$A_n/A_{n-1} = \frac{e^n}{e^{n-1}} = e = 2{,}718\ldots$$

Während die Quotienten der Exponentialreihe von Anfang an einen konstanten Wert haben, nähern sich die der Fibonacci-Folge erst mit $n \to \infty$ einem konstanten Wert an. Für große n sind beide Folgen offenbar analog. Aus der Analogie kann man schließen, dass die Fibonacci-Folge im Limes sich einer Exponentialreihe annähert. Dies ist ein Hinweis darauf, dass die Fibonacci-Folge analog zur Exponentialfunktion Wachstumsprozesse beschreiben kann.

Es existiert eine Fülle von arithmetischen Beziehungen zwischen Gliedern der Fibonacci-Folge. Ferner gibt es interessante Anwendungen auf Probleme der Symmetrie und des Wachstums – folgen Sie dazu dem Link vom Anfang dieses Abschnitts.

4.4 Komplexe Folgen und Reihen

Wir betrachten einige Beispiele von Folgen mit Gliedern z_n und Reihen komplexer Zahlen mit Teilsummen $S_n = \sum_{m=0}^{n} z_m$.

Ihre Simulation und Visualisierung in der komplexen Ebene gibt vertiefte Einblicke in die Rechenoperationen. Sie zeigt eine Fülle von überraschenden und auch ästhetisch reizvollen Phänomenen, deren Durchdenken zu einem besseren Verständnis der zugrundeliegenden mathematischen Fragestellungen führt. Die reellen Folgen, die wir bisher betrachtet haben, sind Sonderfälle analoger komplexer Folgen mit Imaginärteil Null.

Eine Folge ist dann konvergent, wenn sie einen und nur einen *Häufungspunkt* hat. Dabei ist ein Häufungspunkt so definiert, dass in einer beliebig kleinen Umgebung des Häufungspunktes, dem Häufungsintervall, im Limes fast alle Glieder der Folge liegen. Bei den bisher behandelten Folgen reeller Zahlen bezieht sich der Häufungspunkt auf den eindimensionalen Bereich der F_n oder S_n. Für die geometrische Folge und Reihe mit dem Parameter $|a| < 1$ ist Häufungspunkt der Folge die Null, und Häufungspunkt der Reihe ist die reelle Zahl $1/(1-a)$.

Der Begriff des Häufungspunktes wird für komplexe Zahlen besonders anschaulich, da der Häufungspunkt in der komplexen Ebene durch einen kleinen Kreis eingeschlossen wird.

In der folgenden Simulation benutzen wir wie bei der Darstellung der elementaren komplexen Operationen zwei Fenster, von denen das linke die Glieder z_n der Folge, das rechte die Teilsummen S_n der zugehörigen Reihe zeigt. Der Einheitskreis ist jeweils rot eingezeichnet. Im linken Fenster wird der dem Parameter a entsprechende Punkt z_1 (zweiter Punkt der Folge) vergrößert dargestellt. Er kann mit der Maus *gezogen* werden, so dass sich auf diese Weise der Parameter einfach variieren lässt.

Im rechten Fenster ist das erste Glied der Reihe als größerer Punkt gezeichnet. Ein vorhandener Häufungspunkt wird von einem kleinen grünen Kreis eingeschlossen.

Erinnern Sie sich daran, dass bei der komplexen Multiplikation, wenn der Imaginärteil ungleich Null ist, nicht nur der Absolutwert geändert wird, sondern auch der Winkel. Analoges geschieht bei der Addition der Glieder der Folge. Folge und Reihe entwickeln sich daher in der komplexen Ebene im Allgemeinen in spiralförmigen Verläufen.

In diesem Text kann die Beschreibung kurz gehalten werden, da zur Simulation ein Beschreibungsfenster mit mehreren Seiten gehört, von denen eines eine Anleitung zum systematischen Experimentieren ist.

Die Simulation berechnet 1000 Glieder der Folge. Bei starker Konvergenz überlagern sich zahlreiche Punkte in der Nähe des Häufungspunkts, so dass in diesem Fall auf dem Bildschirm nur wenige Punkte getrennt zu sehen sind.

4.4.1 Komplexe geometrische Folge und Reihe

Die Glieder der komplexen geometrischen Folge werden analog zum reellen Fall mit der folgenden Regel erzeugt:

$$z_0 = 1$$

$$z_{n+1} = z_n \cdot a;\ n \geq 0 \rightarrow z_n = a^n.$$

Dabei ist z_n das n-te Glied der Folge. Der Parameter a ist eine komplexe Zahl. Die Glieder haben also die Form: $1, a, a^2, a^3, a^4, \ldots$. Das erste Glied z_0 ist unabhängig von a stets gleich 1.

Die komplexe geometrische Reihe entsteht durch fortgesetzte Addition der Glieder der komplexen geometrischen Folge. Ihre Teilsummen S_n sind:

$$Sn = \sum_{m=0}^{n} a^m; \quad S_n = 1 + a^1 + a^2 + a^3 \cdots + a^n.$$

Die erste Teilsumme ($n = 0$) ist auch hier unabhängig von a stets gleich 1.

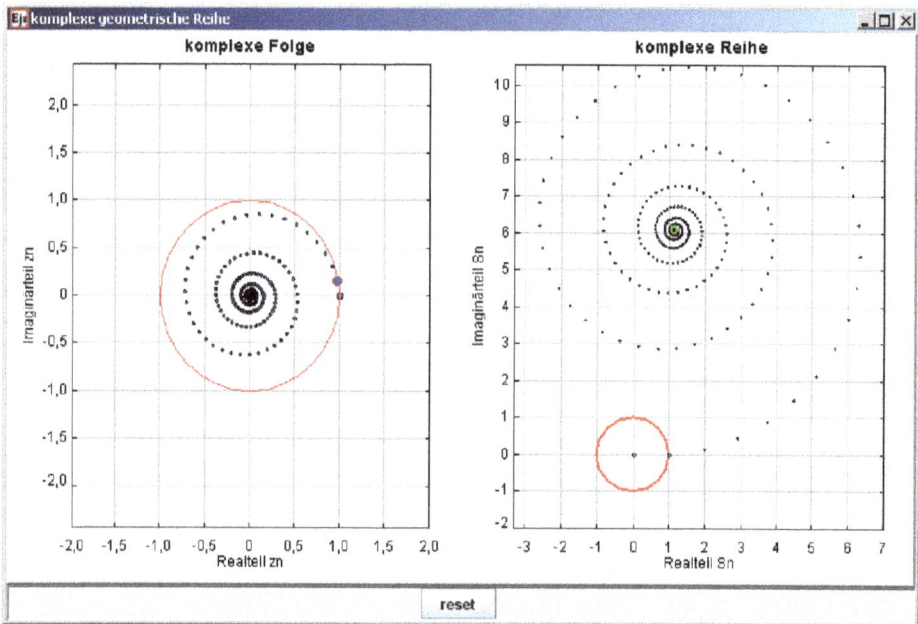

Abbildung 4.2. Simulation. Das linke Fenster zeigt die Glieder der geometrischen Folge, das zweite die Teilsummen der Reihe. Der erste Punkt ist jeweils gleich 1. Der zweite Punkt der Folge ist gleich a; er ist dick und rot umrandet eingezeichnet. Durch Ziehen des Punktes mit der Maus kann a geändert werden.

In der Simulation Abbildung 4.2 können Sie den Punkt a (den zweiten Punkt der Folge) in der linken komplexen Ebene mit der Maus verschieben, und dann in der linken Ebene die Auswirkung auf die Glieder der Folge und in der rechten Ebene die Auswirkung auf die Teilsummen der komplexen Reihe beobachten.

Sie rufen die Simulation durch Drücken der *Strg*-Taste und Anklicken des Diagramms von Abbildung 4.2 auf.

Die komplexe geometrische Reihe konvergiert, wenn der Absolutwert von a kleiner 1 ist, wenn also a innerhalb des Einheitskreises liegt. Dieser ist in der linken Ebene dünn rot eingezeichnet.

Im Konvergenzfall ist der Limes der Reihe:

$$\lim_{n \to \infty} S_n = \lim_{n \to \infty} \sum_{m=0}^{n} a^m = \frac{1}{1-a}.$$

Er liegt im Zentrum des Häufungskreises, der im rechten Fenster grün eingezeichnet ist.

Für $|a| \geq 1$ divergiert die Reihe. Der Einheitskreis erscheint im sich ausweitenden Koordinatenbereich immer kleiner, und die Reihe läuft spiralförmig von ihm ausgehend nach Unendlich.

Den Fall der reellen geometrischen Reihe erhalten Sie als Spezialfall der komplexen Reihe, wenn Sie den Punkt a längs der reellen Achse bewegen.

Für genauere Betrachtungen vergrößern Sie das Simulations-Fenster auf Bildschirmgröße.

Am inneren Rand des Einheitskreises kann die Konvergenz so langsam sein, dass die Zahl von 1000 berechneten Gliedern nicht ausreicht, um den Limes annähernd zu erreichen. Dabei können sich sehr reizvolle geometrische Muster ergeben.

4.4.2 Komplexe exponentielle Folge und Exponentialreihe

Die Glieder der komplexen exponentiellen Folge werden mit der folgenden Regel erzeugt:

$$\text{exponentielle Folge:} \qquad z_{n+1} = z_n \cdot \frac{a}{n}$$

$$\text{zum Vergleich geometrische Folge:} \quad z_{n+1} = z_n \cdot a.$$

Dabei ist z_n das n-te Glied der Folge. Der Parameter a kann eine komplexe Zahl sein. Wiederum ist $z_0 = 1$.

Die Glieder haben also die Form:

$$1, \frac{a}{1}, \frac{a^2}{1 \cdot 2}, \frac{a^3}{1 \cdot 2 \cdot 3}, \frac{a^4}{1 \cdot 2 \cdot 3 \cdot 4} \cdots z_n = \frac{a^n}{n!}$$

$$n\text{-Fakultät:} \quad n! = 1 \cdot 2 \cdot 3 \cdot 4 \cdots n; \quad 0! = 1; 1! = 1.$$

Die komplexe exponentielle Reihe entsteht durch fortgesetzte Addition der Glieder der komplexen exponentiellen Folge. Ihre Teilsummen S_n sind also:

$$S_n = \sum_{m=0}^{n} \frac{a^m}{m!}$$

$$S_n = \frac{1}{0!} + \frac{a}{1!} + \frac{a^2}{2!} + \cdots + \frac{a^n}{n!} = 1 + a + \frac{a^2}{2} + \cdots + \frac{a^n}{n!}$$

$$S_0 = 1.$$

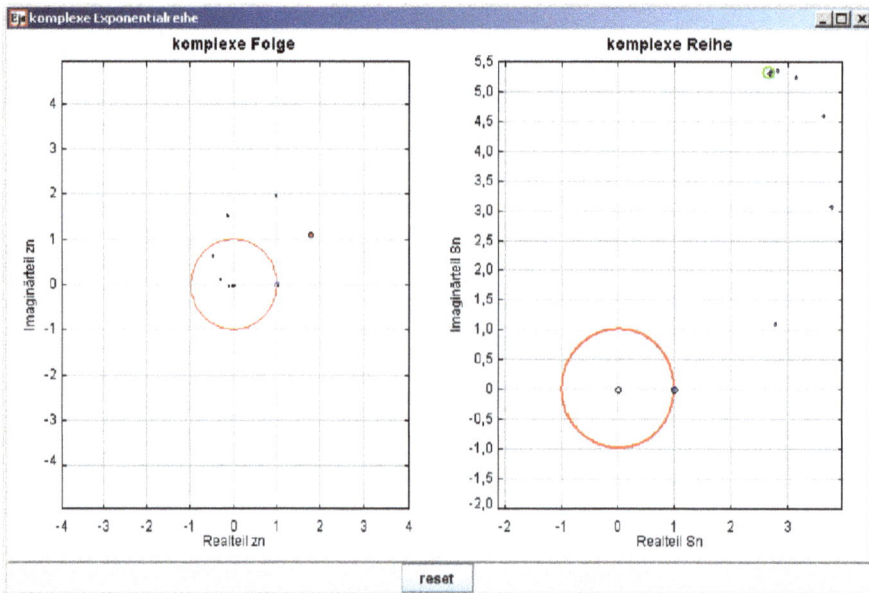

Abbildung 4.3. Simulation. In der Simulation der komplexen Exponentialreihe, die wieder 1000 Punkte berechnet, können Sie a (roter Punkt) im linken Fenster der komplexen Ebene mit der Maus verschieben und dort die Auswirkung auf die Glieder z_n der Folge, im rechten Fenster die auf die Teilsummen S_n der komplexen Reihe beobachten. Die nullten Glieder beider Folgen sind gleich 1 und liegen damit jeweils auf dem roten Einheitskreis.

Komplexe Folge und Reihe werden in Abbildung 4.3 dargestellt.

Den Fall der *reellen* exponentiellen Reihe erhalten Sie als Spezialfall der komplexen Reihe, wenn Sie den Punkt a auf der reellen Achse wählen.

Die Glieder der exponentiellen Folge konvergieren stets gegen Null. Die exponentielle Reihe konvergiert für jeden endlichen Wert von a. Die Konvergenz ist so schnell, dass in dem Simulationsfenster meist nur wenige Punkte der 1000 berechneten Glieder voneinander getrennt sichtbar sind.

Warum konvergiert die exponentielle Folge so schnell und so allgemein, im Vergleich zur geometrischen Folge? Dazu vergleichen wir noch einmal das Verhältnis aufeinanderfolgender Glieder beider komplexer Folgen:

$$\text{geometrische Folge} \quad \frac{z_{n+1}}{z_n} = a$$

$$\text{Exponentialreihe} \quad \frac{z_{n+1}}{z_n} = \frac{a}{n}.$$

Bei der geometrischen Reihe muss $a < 1$ sein, damit die Glieder der Folge kleiner werden, und dies gilt für alle Glieder. Bei der Exponentialfolge, bei der $a > 1$ sein darf, können die ersten Glieder der Folge sogar stark anwachsen! Ganz gleich aber, wie groß a ist, es gibt stets einen Index $n > a$, von dem ab die Glieder kleiner werden – und zwar zunehmend kleiner, weil n immer weiter wächst. Daher gilt $z_n \to 0$, unabhängig vom gewählten a-Wert.

Man kann die Aussage über die Konvergenz der Exponentialreihe leicht verallgemeinern: Es sei eine Folge von beschränkten Zahlen B_n gegeben, die jeweils als Koeffizienten mit den Gliedern der Exponentialreihe multipliziert werden. Die neue Reihe ist also:

$$S = \sum_{m=0}^{\infty} B_m \frac{a^m}{m!} = B_0 + B_1 a + B_2 \frac{a^2}{1 \cdot 2} + \cdots + B_m \frac{a^m}{m!} + \cdots$$

$|B_m| < q$ mit q reelle, positive Zahl $\to$

$$|S| < q \sum_{m=0}^{\infty} \frac{a^m}{m!}; \quad S \text{ ist konvergent, da } \sum_{m=0}^{\infty} \frac{a^m}{m!} \text{ konvergent ist.}$$

Wenn der Absolutwert der Koeffizienten B_m kleiner bleibt als eine beliebig hohe reelle Zahl q (die Folge B_m also nicht divergiert), dann ist die Reihe kleiner als die konvergente Exponentialfunktion multipliziert mit einer reellen Zahl, und daher konvergiert die Reihe. Dies zeigt, wie *stark* die Exponentialreihe selbst konvergiert. Wir werden das Ergebnis in Kapitel 5.10 auf die Konvergenz der Taylor-Entwicklung anwenden.

Für den Limes der Exponentialreihe gilt:

$$\lim_{n \to \infty} S_n = \lim_{n \to \infty} \sum_{m=0}^{n} \frac{a^m}{m!} = e^a; \quad e = 2{,}71828 \text{ Eulersche Zahl.}$$

Falls $a = 1$ ist, erhält man

$$e = \lim_{n \to \infty} \sum_{m=0}^{n} \frac{1}{m!} = 1 + \frac{1}{2} + \frac{1}{6} + \frac{1}{24} + \cdots.$$

Wenn man in der Simulation a parallel zur imaginären Achse verschiebt, dreht sich der Limes der Reihe auf einem Kreis um den Nullpunkt. Man erhält so quasi experimentell die berühmten Eulerschen Beziehungen:

Mit $a = x + iy$

$$e^a = e^x e^{iy} = e^x (\cos y + i \sin y).$$

Für $x = 0 \rightarrow e^{iy} = \cos y + i \sin y$

$$e^{iy} = 1 + iy - \frac{y^2}{2!} - i\frac{y^3}{3!} + \frac{y^4}{4!} + i\frac{y^5}{5!} \mp \cdots$$

$$= 1 - \frac{y^2}{2!} + \frac{y^4}{4!} \mp \cdots + i\left(y - \frac{y^3}{3!} + \frac{y^5}{5!} \mp \cdots\right)$$

$$\rightarrow \cos y = \sum_{n=0}^{\infty} (-1)^n \frac{y^{2n}}{(2n)!}; \quad \sin y = \sum_{n=0}^{\infty} (-1)^n \frac{y^{2n+1}}{(2n+1)!}.$$

Die beiden letzten Gleichungen sind Reihenentwicklungen für *cosinus* und *sinus*. In einfachen Rechnungen wird oft mit Näherungen durch die ersten beiden Glieder dieser Reihen gearbeitet.

Die Eulersche Formel ist nützlich für die einfache Ableitung von Beziehungen unter Winkelfunktionen. Zwei Beispiele:

gesucht seien: $\cos 2\varphi$, $\sin 2\varphi$

$$\cos 2\varphi + i \sin 2\varphi = e^{i2\varphi} = (e^{i\varphi})^2 \rightarrow$$

$$\cos 2\varphi + i \sin 2\varphi = (\cos \varphi + i \sin \varphi)(\cos \varphi + i \sin \varphi)$$

$$= (\cos \varphi)^2 - (\sin \varphi)^2 + i \, 2 \cos \varphi \sin \varphi$$

$$\rightarrow \cos 2\varphi = (\cos \varphi)^2 - (\sin \varphi)^2$$

$$\sin 2\varphi = 2 \cos \varphi \sin \varphi$$

gesucht seien: $\cos(\varphi_1 + \varphi_2)$, $\sin(\varphi_1 + \varphi_2)$

$$\cos(\varphi_1 + \varphi_2) + i \sin(\varphi_1 + \varphi_2) = e^{i(\varphi_1 + \varphi_2)} = e^{i\varphi_1} e^{i\varphi_2}$$

$$= (\cos \varphi_1 + i \sin \varphi_1)(\cos \varphi_2 + i \sin \varphi_2)$$

$$\rightarrow \cos(\varphi_1 + \varphi_2) = \cos \varphi_1 \cos \varphi_2 - \sin \varphi_1 \sin \varphi_2$$

$$\sin(\varphi_1 + \varphi_2) = \cos \varphi_1 \sin \varphi_2 + \sin \varphi_1 \cos \varphi_2.$$

Überall, wo mit Schwingungen, also mit Winkelfunktionen gerechnet wird, z. B. in der Optik oder in der Elektrotechnik, bietet das Arbeiten mit komplexen Zahlen große praktische Vorteile.

Aus der Eulerschen Formel erhalten wir, wie wir im Folgenden sehen, elegant eine Näherungsformel für π, indem wir $y = \pi$ einnsetzen. Überzeugen Sie sich in der Simulation, dass für $z = i\pi$ die Exponentialfunktion tatsächlich zum Wert -1 führt!

$$y = \pi \rightarrow e^{i\pi} = \cos\pi + i\sin\pi = -1 + i\cdot 0 = -1$$

$$e^{i\pi} = 1 + i\pi - \frac{\pi^2}{2!} - \frac{i\pi^3}{3!} + \frac{\pi^4}{4!} + i\frac{\pi^5}{5!} - \frac{\pi^6}{6!} - i\frac{\pi^7}{7!} \cdots = -1$$

Zerlegung in Real- und Imaginärteil $\rightarrow$

$$\text{Re} \rightarrow 2 = \frac{\pi^2}{2!} - \frac{\pi^4}{4!} + \frac{\pi^6}{6!} - \frac{\pi^8}{8!} + \frac{\pi^{10}}{10!} \mp \cdots$$

$$\text{Im} \rightarrow 0 = \pi - \frac{\pi^3}{3!} + \frac{\pi^5}{5!} - \frac{\pi^7}{7!} + \frac{\pi^9}{9!} - \frac{\pi^{11}}{11!} \pm \cdots$$

$$\pi \neq 0 \rightarrow 0 = 1 - \frac{\pi^2}{3!} + \frac{\pi^4}{5!} - \frac{\pi^6}{7!} + \frac{\pi^8}{9!} - \frac{\pi^{10}}{11!} \pm \cdots.$$

Die Gleichungen sind Polynome in π^2. Bei Vernachlässigung aller höheren Potenzen ergeben die beiden Reihen in nullter Ordnung die Lösungen $\sqrt[2]{4} = 2$; $\sqrt[2]{6} = 2,449\ldots$. Durch iterative Lösungsverfahren (etwa mit der *Zielwertrechnung* von *EXCEL*) erhält man schnell konvergierende Werte, die sich für die zweite Reihe mit den jeweils höchsten berücksichtigten Potenzen wie folgt ergeben:

Näherungen der letzten Gleichung (in Klammern die höchste berücksichtigte Potenz von π: $(\pi^2) \rightarrow \sqrt{6} = 2,4$; $(\pi^6) \rightarrow 3,078$; $(\pi^{10}) \rightarrow 3,1411$; $(\pi^{14}) \rightarrow 3,1415920$.

Subtraktion der beiden Gleichungen führt zu einer noch schneller konvergierenden Reihe, mit der nullten Lösung für die Ordnung π^4: $\sqrt[4]{60} = 2,78$.

4.5 Einfluss von begrenzter Messgenauigkeit und Nichtlinearität

4.5.1 Zahlen in Mathematik und Physik

Im Bereich der abstrakten Mathematik gilt exakt: $2 \cdot 2 = 4$. Exakt heißt: Wenn man alle Zahlen als Dezimalzahlen schreiben würde, stünde nach dem Komma jeweils eine unbegrenzte Zahl von Nullen.

Es gibt den alten Scherz vom Naturwissenschaftler, der die gleiche Aufgabe auf seinem Rechenschieber lösen soll – und der $2 \cdot 2 = 3,96$ erhält. Wo liegt der Unterschied?

In der Mathematik sind Zahlen und die Operationen, die sie verknüpfen, so definiert, dass bei einer Wiederholung des gleichen Vorgangs exakt das gleiche Ergebnis herauskommt. Bei der Übertragung der mathematischen Operationsregeln auf den Bereich der Naturwissenschaften wird oft stillschweigend angenommen, dass nicht nur die Operationen exakt und unveränderlich sind, sondern auch die Größen, die als Zahlen dargestellt und durch die Operationen verknüpft werden.

Das ist aber nicht der Fall. Bei der Wiederholung eines naturwissenschaftlichen Experiments kann man nicht davon ausgehen, dass die natürliche Situation, in der das Experiment stattfindet, exakt gleich bleibt.[11] Vor allem aber muss man berücksichtigen, dass es Grenzen der Messgenauigkeit gibt. Daher werden die Messwerte, die das Resultat des Experiments beschreiben, nicht identisch im mathematischen Sinn sein – selbst wenn man an der Fiktion exakt gleicher Bedingungen festhält.

Die erzielbaren relativen Messgenauigkeiten liegen meist im Bereich von 10^{-6} bis 10^{-2}, mit entsprechend großer Unsicherheit der Einzelmessung. Die höchste Messgenauigkeit wird heute bei laserspektroskopischen Frequenzmessungen erreicht, mit einem relativen Fehler von rund 10^{-16}. Bei zwei aufeinanderfolgenden Messungen unter gleichen Messbedingungen muss man also damit rechnen, dass die Zahlen, die das Messergebnis ausdrücken, einen Unterschied in dieser Größenordnung haben. Auch das einmalige Messergebnis ist nur mit dieser Unsicherheit bekannt.

Es ist ein wesentlicher Sinn mathematisch-physikalischer Modelle, aus Kenntnis eines momentanen Zustands Ereignisse in der Zukunft vorauszusagen, oder aus Kenntnis des jetzigen Zustands die Vergangenheit zu reproduzieren. Das ist der Inhalt jeder Formel, in der die Zeit t vorkommt. Die begrenzte Messgenauigkeit setzt diesem Ziel eine natürliche Grenze.

Die Voraussagbarkeit ist aber nicht nur von der Messgenauigkeit von Zahlenwerten abhängig, sondern auch von der Art der mathematischen Verknüpfung, in die diese Werte eingehen. Bei der Formel $a = (b + b \cdot F)^n$ beispielsweise, bei der b den „wahren", fehlerfreien Wert bedeutet, F den relativen Messfehler von b, hängt das Ergebnis außer vom Fehler auch von dem Parameter n ab, der die Verknüpfung zwischen a und b charakterisiert.

Für einen Fehler, der im Vergleich zum Messwert klein ist, können wir die Auswirkung von n leicht abschätzen:

$$a = (b + b \cdot F)^n = b^n(1 + F)^n = b^n \sum_0^n \binom{n}{k} F^n$$

$$n = 1 \rightarrow a = b(1 + F) \quad \text{linearer Zusammenhang}$$

$$1 < n \ll \left(\frac{1}{F}\right) \rightarrow a \approx b^n(1 + nF).$$

Bei **linearem** Zusammenhang ($n = 1$) ist bei 1% Messgenauigkeit das Ergebnis 1% unsicher. Im 18. Jahrhundert war das naturwissenschaftlich-philosophische Denken von der Überzeugung geprägt, dass man mit einem genügend genauen Wissen über

Laplace Dämon

---

11 Bereits der antike Philosoph Heraklit (um 500 v. Chr.) erkannte, dass man „nicht zweimal im *gleichen* Fluss baden kann"; *Panta rhei*; alles fließt; alle Zustände sind einmalig.

den gegenwärtigen Zustand die Zukunft unbegrenzt vorhersehen könnte (Laplacescher Dämon[12]). Dies entspricht einem **linearen Denken**.

Bei **nichtlinearen** Verknüpfungen ist die Abhängigkeit des Ergebnisses vom Messfehler ebenfalls nichtlinear. Für die als Beispiel benutzte Potenzfunktion $a = b^n(1 + F)^n$, mit $n > 1$ wird in Abbildung 4.4 die Abhängigkeit des Gesamtfehlers vom Messfehler für zunehmende Potenzen n gezeigt.

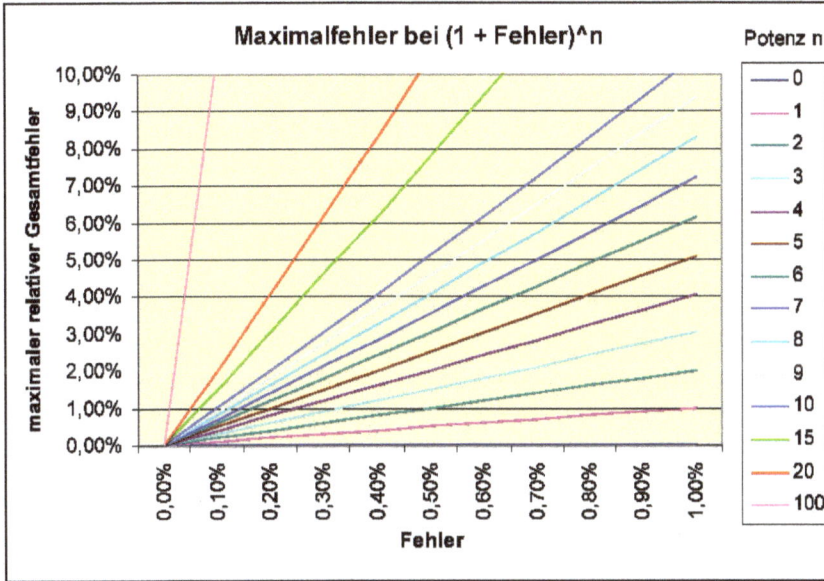

Abbildung 4.4. Messfehler und seine Auswirkung für Zusammenhang zwischen Messgröße und Ergebnis nach einer Potenzfunktion. Auf der Abszisse ist der Messfehler aufgetragen, auf der Ordinate der Fehler des Ergebnisses. Parameter ist die Potenz n.

Der relative maximale[13] Gesamtfehler wächst mit der Potenz n an. Für die hier gezeigten relativ geringen Fehler < 10% ist der Anstieg noch nahezu linear mit der Potenz. Ein Messfehler von 1% führt bei der zehnten Potenz zu einem Gesamtfehler von etwas mehr als 10%.

---

12 Marquis Pierre Simon de Laplace: „We may regard the present state of the universe as the effect of its past and the cause of its future. An intellect which at any given moment knew all of the forces that animate nature and the mutual positions of the beings that compose it, if this intellect were vast enough to submit the data to analysis, could condense into a single formula the movement of the greatest bodies of the universe and that of the lightest atom; for such an intellect nothing could be uncertain and the future just like the past would be present before its eyes."

13 Der Übersichtlichkeit halber diskutieren wir den maximalen Fehler und verzichten darauf, den statistisch relevanten mittleren Fehler zu betrachten – was zu keiner anderen Schlussfolgerung führen würde.

So what? Dann muss man halt genauer messen!

Allerdings sind viele wichtige und grundsätzliche Verknüpfungen der Physik, wie Winkelfunktionen, *e*-Funktion und $1/r$-Abstandsabhängigkeiten, hoch nichtlinear, sobald man sich nicht auf einen engen Variablenbereich begrenzt. Auch relativ schwache Nichtlinearitäten werden wichtig, wenn Folgen berechnet werden, bei denen das nächste Glied an das vorausgehende Glied mit seiner Genauigkeit anknüpft. Das ist z. B. der Fall, wenn Differentialgleichungen numerisch zu lösen sind, wobei leicht Hunderte von Einzel-Berechnungspunkten miteinander verkettet werden.

Man muss also allein aus Gründen der begrenzten Messgenauigkeit vorsichtig sein, über welche Horizonte man ausgehend von Messdaten mit mathematischen Modellen Voraussagen trifft. Dabei muss man Nichtlinearitäten im verwendeten Beschreibungsmodell berücksichtigen. Zusätzlich darf man nicht aus dem Auge verlieren, wie genau das verwendete Modell die Realität überhaupt beschreibt.

Beim Verwenden von Rechnermodellen geht diese Vorsicht leicht verloren, da die Maschine in den Grenzen ihrer Rechengenauigkeit Modelle und Zahlen so behandelt, als wären sie im mathematischen Sinn exakt. Auch werden bei wiederholten Rechnerläufen für Ausgangsdaten exakt identische Werte angesetzt.

4.5.2 Reelle Folge mit nichtlinearem Bildungsgesetz: Logistische Folge

Bei nichtlinearen Verknüpfungen treten selbst im abstrakten mathematischen Bereich unerwartete und teils bizarre Ergebnisse auf. Das hat nichts mit begrenzter Genauigkeit zu tun, sondern liegt in der Natur der Sache. Allerdings ergibt sich dabei eine extreme Abhängigkeit der rechnerischen Ergebnisse von den verwendeten Zahlen, was grundlegende Grenzen bei der Übertragung in Physik und Technik zur Folge hat. Eine ausführliche Diskussion der Zusammenhänge finden Sie im Essay von *Großmann*[14] Wir wollen zwei dieser Erscheinungen am Beispiel von Zahlenfolgen visualisieren: *Bifurkation* und *Fraktal*. Das erste Beispiel betrifft eine reelle Zahlenfolge, das zweite eine komplexe.

Bei den bisher betrachteten Folgen mit einem freien Parameter *a* war das Bildungsgesetz für die Glieder der Folge *linear* von dem Parameter abhängig:

$$\text{geometrische Folge } \frac{A_n}{A_{n-1}} = a; \quad \text{Exponentialfolge } \frac{z_n}{z_{n-1}} = \frac{a}{n}.$$

Das Verhalten der Folgen und der dazugehörigen Reihen war relativ einfach und übersichtlich. Bleibt das so, wenn das Bildungsgesetz nichtlinear ist? Als Beispiel dafür wählen wir die so genannte *logistische Folge*. Sie ist ein Modell dafür, wie sich eine Population von Pflanzen oder Tieren unter gleichbleibenden Lebensbedingungen von

Log-Folge

---

14 Physik im 21. Jahrhundert: „Essays zum Stand der Physik" Herausgeber Werner Martienssen und Dieter Röß, Springer Berlin 2010.

einem willkürlichen Anfangszustand x_0 aus für eine gegebene Fortpflanzungsrate r entwickeln kann. In Anpassung an die Nomenklatur, die in der Literatur üblich ist, wählen wir als Bezeichnung für die Glieder der Folge den Buchstaben x:

$$x_{n+1} = 4rx_n(1 - x_n) = 4r(x_n - x_n^2).$$

Der Faktor 4 skaliert die Folge so, dass sie für Parameterwerte im Bereich $0 < r \leq 1$ stets im Intervall $0 \leq x \leq 1$ liegt.

Die logistische Folge setzt zunächst die folgende Generation der Population linear proportional zur bereits vorhandenen Population an ($4rx$). Das allein würde zu unbegrenztem exponentiellem Wachstum führen. Gleichzeitig wird aber eine Aussterberate angesetzt, die quadratisch mit der vorhandenen Population verknüpft ist ($-4rx^2$). Beachten Sie, dass in der obigen Formulierung $x_n < 1$ ist, es gilt also stets $x_n^2 < x_n$.

Die Frage ist: Strebt die Population für gegebenen Wachstumsparameter – nach unbegrenzt vielen Generationen unter gleichen Bedingungen – einem stabilen Endwert (Limes) zu, und wie hängt dieser vom Ausgangswert x_0 und vom Wachstumsparameter r ab?

Wachstum der Population liegt nur vor, wenn $x_{n+1} > x_n$ gilt, also $r > 1/(4(1 - x_n))$ ist. Da $0 \leq x \leq 1$ ist, schrumpfen alle Populationen mit $r < 0{,}25$ gegen Null, unabhängig vom Ausgangswert. Für größere Wachstumsraten, d.h. für $r > 0{,}25$, würde man deshalb erwarten, dass die Population entweder bis zu einem asymptotischen Wert ungleich Null anwächst, oder, falls sie ursprünglich sehr groß ist, zu diesem asymptotischen Wert abfällt.

In der Simulation Abbildung 4.5 wird r nacheinander im Bereich $0{,}1 < r \leq 1$ jeweils um 0,001 erhöht. Nun werden in einer Rechenschleife für gleichbleibendes r je 2000 Glieder der Folge berechnet. Dann geht es in Schritten von 0,001 zum nächsten r, bis $r = 1$ erreicht ist. Die Rechnung geht dabei für jedes r von einem Zufallswert $0 < x_1 < 1$ für den Anfangswert aus. Die ersten Glieder der Folge sind noch abhängig vom Ausgangswert, deshalb werden beim Zeichnen der Graphik die ersten 1000 Iterationen unterdrückt. Den Iterationen 1000 bis 2000 sind jeweils Punkte der Graphik zugeordnet. Für $r < 0{,}75$ fallen diese Punkte so eng zusammen, dass sich eine „Limes"-Linie in Abhängigkeit von r andeutet (vergleichbar mit $1/(1 - a)$ für die geometrische Reihe). Unterschiedliche Anfangswerte führen bei den dargestellten Gliedern der Folge mit hohen Indizes nicht zu visuell erkennbaren Unterschieden.

Für Wachstumsraten $r > 0{,}75$ verzweigt sich die asymptotische Bahn (*Bifurkation*), was heißt, dass die Iteration zwei verschiedene Häufungspunkte erzeugt. Die Verzweigung wiederholt sich, bis schließlich keine Häufungspunkte mehr erkennbar sind. Da 1000 Iterationen dargestellt werden, könnten bis zu 1000 unterschiedliche Werte für ein gegebenes r vorliegen. In diesem Bereich kann also kein eindeutiger Limes existieren. Überraschend folgen dann einzelne r-Bereiche, in denen wieder wenige Häufungspunkte auftreten. Der bestimmende Faktor für die Wachstumsgrenze ist die Wachstumsrate r.

Für das Bifurkationsverhalten ist nicht maßgebend, dass der Begrenzungsfaktor genau $1 - x_n$ ist. Wesentlich ist die *Nichtlinearität* der Verknüpfung $x_n - x_n^2$. Um dies experimentell zugänglich zu machen, wurde für die nachfolgende Simulation ein verallgemeinerter Faktor $1 - x_n^k$ mit $k > 0$ gewählt:

$$x_{n+1} = 4r x_n (1 - x_n^k).$$

Im Simulationsbeispiel können Sie k <u>nach einem Reset</u> mit dem Schieberegler zwischen $0{,}1$ und 2 einstellen. Default-Wert ist $k = 1$, der zur geläufigen Darstellung mit quadratischer Verknüpfung führt.

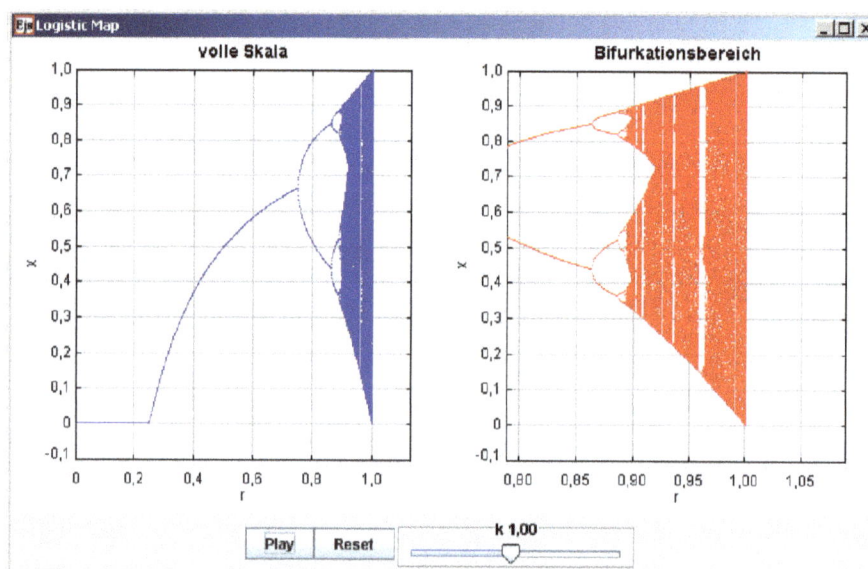

Abbildung 4.5. Simulation. Variierte logistische Folge, mit einstellbarer Potenz k (im Bild Standardfolge mit $k = 1$). Links wird der gesamte Abszissenbereich gezeigt, rechts ein gedehnter Bereich nach der ersten Bifurkation. Die Taste *Play* löst die animierte Berechnung aus, *Reset* stellt auf den Ausgangszustand zurück.

Das linke Fenster zeigt für den klassischen Fall ($k = 1$) den Gesamtverlauf in Abhängigkeit von r, das rechte zeigt mit höherer Auflösung den Bifurkationsbereich. Für $k \neq 1$ bleibt der allgemeine Charakter einer Bifurkation erhalten. Allerdings verlagern sich gegenüber der logistischen Folge die charakteristischen Parameterwerte; der Abszissenbereich wird daran angepasst. Zur genaueren Betrachtung können Sie das Simulationsfenster aufziehen.

In dem Gesamtbild der logistischen Reihe kommen verdichtete Strukturen von Häufungspunkten vor, die verdeckt bleiben, wenn die Zahl der gezeigten Iterationen so groß ist, dass die Pixelauflösung des Bildschirms keine Löcher mehr auflöst, und wenn die Auflösung längs der x-Achse gering ist. Die Simulation von Abbildung 4.6 zeigt daher den Aufbau der Graphik für den Bifurkationsbereich mit sehr hoher vertikaler Auflösung ($\sim$ 1000 Punkte im angezeigten r-Intervall), bei begrenzter Zahl der aufgezeichneten Iterationen (250). Ziehen Sie am Besten nach dem Öffnen der Simulation vor dem Start das Fenster auf Bildschirmgröße auf, damit Sie die Details erkennen können. Die untere und die obere Grenze des r-Bereichs ist mit Schiebereglern einstellbar.

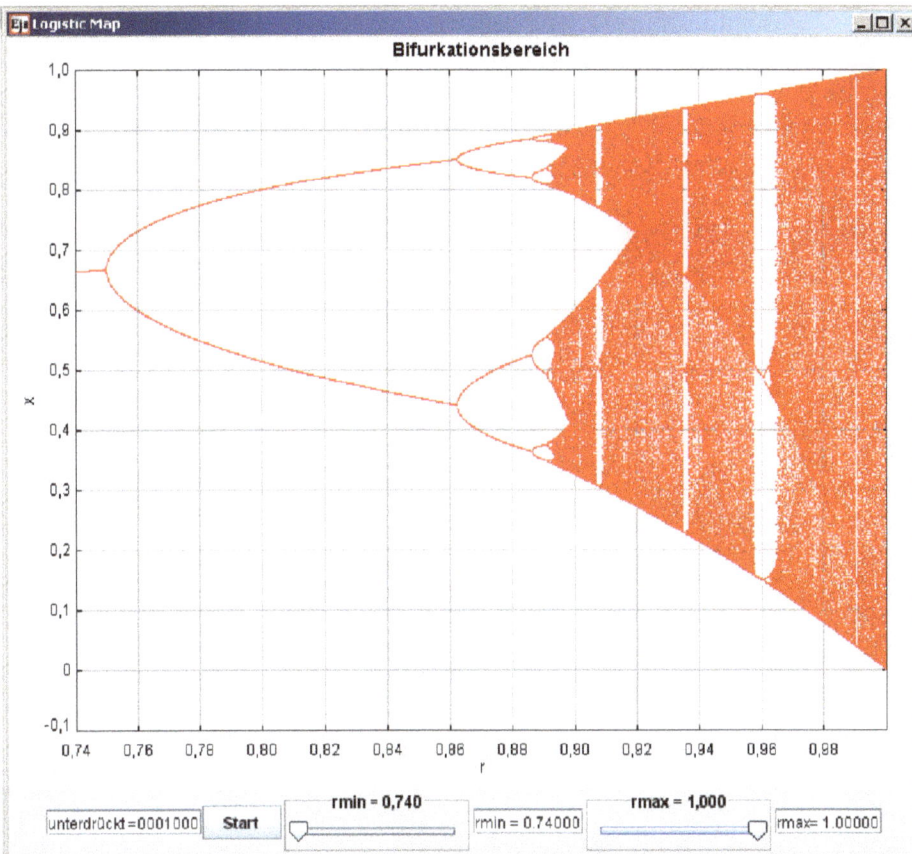

Abbildung 4.6. Simulation. Bifurkationsbereich der logistischen Folge mit hoher Auflösung. Mit dem linken Schieber kann der Beginn, mit dem rechten das Ende des dargestellten Abszissenbereichs eingestellt werden, so dass einzelne Bereiche stark gedehnt werden können. Sehr genau ist die Auswahl durch Zahleneingaben in die Felder rmin und rmax möglich.

Was führt zu dem eigenartigen, für große Wachstumsraten deterministisch chaotischen Verhalten? Man erkennt dies, wenn man die Simulation so erweitert, dass man die niedrigen Glieder der Folge zeigen kann, die in der obigen Darstellung unterdrückt sind, um den Grenzwert der Folge zu verdeutlichen.

Dabei kann man dann auch einzelne Glieder der Folge betrachten und untersuchen, wie sich die Bifurkation als Springen zwischen Gliedern unterschiedlichen Indexes entwickelt.

Die Simulation Abbildung 4.8 ist ein regelrechter *mathematischer Experimentier-baukasten*: Sie berechnet eine Zahl von Gliedern, die individuell eingegeben wird. Mit dem Schieberegler kann dabei der Anfangswert x_0 der Folge eingestellt werden, der hier für jeweils einen ganzen r-Scan konstant ist. In der Graphik wird eine einstellbare Zahl von Gliedern gezeigt. Man kann dabei auch die Zahl der in der Graphik unterdrückten (nicht gezeigten) Glieder vorgeben.

Sie können also zum Beispiel die ersten sechs Iterationen zeigen, wie im linken Fenster von Abbildung 4.7a gezeigt, oder Sie zeigen eine einzelne hohe Iteration wie in Abbildung 4.7b.

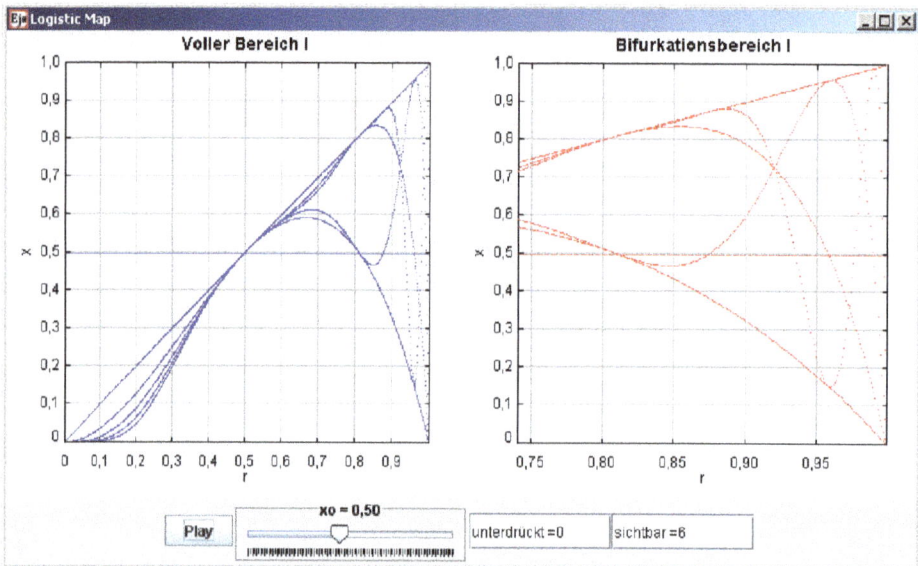

Abbildung 4.7a. Simulation. Einzelne Glieder der logistischen Folge. Dabei ist x_0 der Anfangswert, im ersten Textfeld steht die Zahl der nicht gezeigten Iterationen, und im zweiten Textfeld die Zahl der gezeigten Iterationen.

Zeigt man z. B. wie in Abbildung 4.7a die ersten sechs Glieder der Folge x_0 bis x_5 (nicht gezeigt = 0, gezeigt = 6), so erkennt man die verschiedenen Glieder an dem steigenden Grad des Polynoms, das sie darstellen (der Anfangswert wird als null-tes Glied eine waagerechte Linie, das erste Glied eine ansteigende Gerade). Wenn Sie verschiedene Anfangswerte wählen, sind die Bilder im Detail unterschiedlich. Im unteren Bereich erkennt man aber jeweils, wie sich bereits die niedrigen Iterationen einer Limeskurve annähern. Danach überlagern sich die höheren Iterationen so, dass nahezu zusammenfallende Punkte neben leeren Bereichen entstehen. Hier liegen bei hohen Indizes die Bifurkationen.

Für die höheren Iterationen wird der Einfluss unterschiedlicher Anfangswerte immer geringer.

Zeigt man bei hohen Ordnungen wie in Abbildung 4.7b nur ein einziges Glied x_n, so ist keine Bifurkation zu erkennen, sondern die Kurve zeigt an den „Bifurkationspunkten" Knicke. Wählt man den Index um eins höher, kippen die Knicke in die Gegenrichtung. Zeigt man zwei Glieder x_n, x_{n+1} mit aufeinanderfolgendem Index, sieht man die erste Bifurkation. Sie ist also die Überlagerung von zwei r-Scans mit aufeinanderfolgenden Indizes. Studiert man die Verhältnisse bei niedrigen Indizes, so erkennt man, dass das Auseinanderlaufen durch den Wechsel von geradzahligen zu ungeradzahligen Potenzen verursacht wird.

Die tiefere Ursache der eigenartigen Topologie liegt also darin, dass für geeignet definierte Polynome hoher Ordnung begrenzte Bereich existieren, in denen unterschiedliche Ordnungen und Anfangswerte zu praktisch identischen Zahlenwerten führen, während in anderen Bereichen die Werte auseinander fallen – ein *deterministisches Chaos* herrscht. In dem oben genannten Essay von *Siegfried Großmann* wird dies allgemein und eingehend analysiert, und wir schlagen vor, dass Sie an dieser Stelle seine Ausführungen studieren.

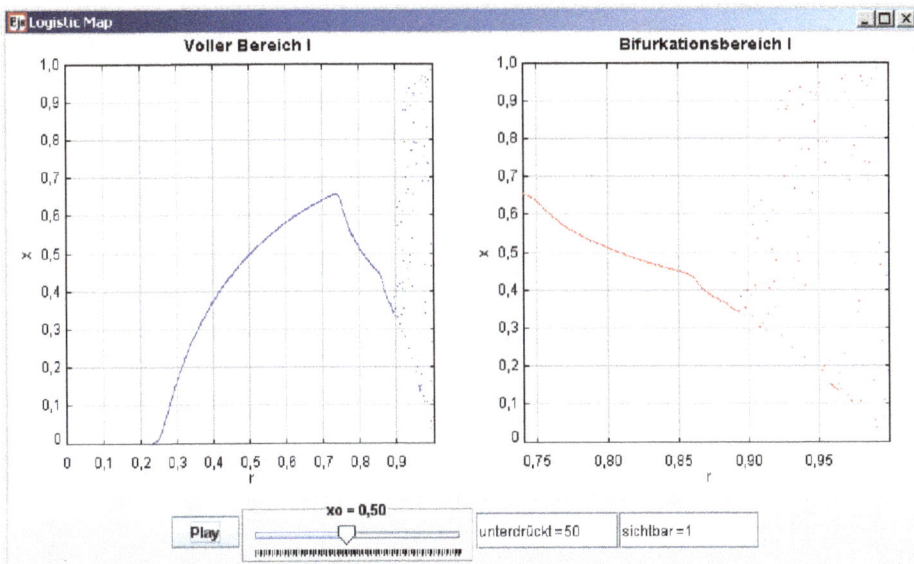

Abbildung 4.7b. Beispiel aus Simulation Bild 4.7a. Es wird die 51. Iteration der logistischen Folge gezeigt.

Erinnert man sich an den Ausgangspunkt der Überlegung, dass die logistische Kurve ein Modell für die Entwicklung von Populationen ist, so kann man z. B. diese Folgerungen ziehen: Bei geringen Wachstumsraten pendelt sich die Population auf einen konstanten Wert ein, bei dem Population und Ressourcen im Gleichgewicht sind. Bei höherer Wachstumsrate schießt in der nächsten Generation die Population über den Wert hinaus, der mit den Ressourcen verträglich wäre. Darum kippt die nächste Generation auf einen niedrigen Wert um, und dieses Hin- und Herspringen wiederholt sich: Das System oszilliert zwischen Extremen.

Als wesentliches praktisches Ergebnis wird bei nichtlinearen Systemen das Rechenergebnis in so empfindlicher Weise von Parametern und Rechenfortschritt (hier Iterationsschritt) abhängig, dass nur über eine begrenzte Zahl von Generationen eindeutige Aussagen möglich sind. Handelt es sich bei dem wesentlich bestimmenden Parameter um die Zeit, dann gilt dies für zeitliche Voraussagen.

Es gehört daher zur Ingenieurkunst, Bereiche und Zusammenhänge zu vermeiden, in denen Nichtlinearitäten zu nicht vorhersagbaren bzw. nicht eindeutigen Ergebnissen führen. Dies ist nicht selbstverständlich, da bei genauerem Hinsehen die meisten physikalischen Zusammenhänge zwar wohldeterminiert sind, aber nichtlinear.

4.5.3 Komplexe Folge mit nichtlinearem Bildungsgesetz: Fraktale

Wir wollen das Kapitel über Folgen und Reihen mit dem Beispiel einer komplexen Folge mit nichtlinearem Bildungsgesetz abschließen. Sie führen zu den ästhetisch besonders reizvollen Gebilden der Fraktale, von denen das *Mandelbrotsche Apfelmännchen* wohl am bekanntesten ist.

Fraktale

Das Bildungsgesetz des *Apfelmännchens* lautet folgendermaßen:

$$z_{n+1} = z_n^2 + c$$

$$z_0 = 0; \quad c\text{: komplexe Zahl.}$$

Für jeden Punkt c der komplexen Ebene innerhalb eines begrenzten, aber hinreichend groß gewählten Bereichs um den Nullpunkt, wird die Folge berechnet und geprüft, ob sie divergiert oder konvergiert. In der numerischen Rechnung wird angenommen, dass die Folge divergiert, sobald der Absolutwert > 4 ist. Die entsprechenden Punkte sind in der graphischen Darstellung blau eingezeichnet. Diejenigen Punkte, für welche die Folge konvergiert, sind rot eingezeichnet. Die *Mandelbrot-Menge* wird von den Punkten gebildet, die gegen endliche Werte konvergieren (der Rand der roten Fläche; innerhalb liegen die Punkte, die gegen Null konvergieren). Alle divergierenden Punkte werden je nach der Schnelligkeit der Divergenz ihrer Folge farblich abgestuft eingetragen.

Die interaktive Abbildung 4.8a gibt den Zugriff zu einem leicht modifizierten *Mandelbrot-Fraktal*, bei dem der Ausgangspunkt z_0 durch Ziehen des weißen Punktes

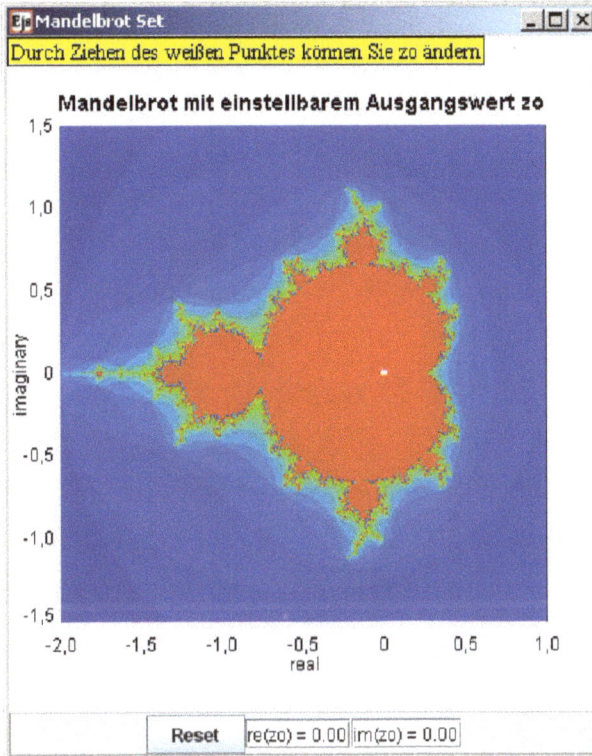

Abbildung 4.8a. Simulation. Variierte Mandelbrotmenge mit einstellbarem Ausgangswert z_0 (weißer Punkt) der Iteration (im Bild Standardmenge: $z_0 = 0$). Die Koordinaten von z_0 werden in den beiden Ausgabefeldern angezeigt und können durch Ziehen des weißen Punktes oder durch Zahleneingabe geändert werden.

mit der Maus wählbar ist. Hierbei gibt $z_0 = 0$ das bekannte Apfelmännchen, und $-2 < z_0 < 2$ überdeckt den Bereich, in dem überhaupt Konvergenz auftritt. Ein Reset führt zum Ausgangszustand.

Der Berechnungsbereich kann durch Ziehen eines Begrenzungsrahmens mit der Maus eingeengt werden. Durch mehrfaches Einengen kann man in sehr tiefe Bereiche der fraktalen Verästelung vordringen (siehe als Beispiel Abbildung 4.11b).

Abbildung 4.8b zeigt die modifizierte Mandelbrotmenge für $z_0 = i$.

Das topologisch Neuartige der Fraktalstruktur liegt darin, dass die Berandung einer endlich großen Fläche unendlich verzweigt ist, wobei sie beim immer feineren Eindringen *Selbstähnlichkeit* zeigt, d.h. auf allen Skalen treten ähnliche Strukturen auf. Sie erkennen dies beim Wählen immer kleinerer Ausschnitte.

Es ist nicht trivial zu überlegen, welcher mathematische Zusammenhang zu der speziellen Form und Symmetrie der Figur führt. Um das zu erleichtern, schauen wir uns eine weitere Verallgemeinerung an, bei welcher anstelle der quadratischen

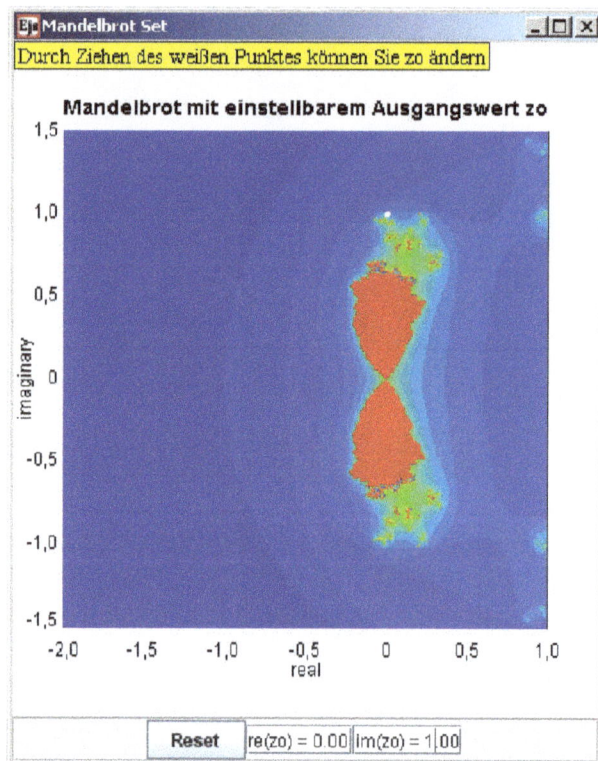

Abbildung 4.8b. *Simulation.* Modifizierte Mandelbrotmenge aus der Simulation Abbildung 4.8a für $z_0 = i$.

Bildungsregel eine beliebige Potenz gewählt werden kann:

$$z_{n+1} = z_n^k + c$$
$$z_0 = 0; \quad c : \text{komplexe Zahl}$$
$$k \geq 1.$$

Für $k = 2$ finden wir für die Menge der c-Werte, für die z_n nicht divergiert, das Apfelmännchen.

In der Simulation von Abbildung 4.11a kann die Potenz k mit dem Schieberegler als Rationalzahl zwischen 1 und 10 variiert werden. Im Textkästchen können nach oben unbeschränkte Werte eingegeben werden (drücken Sie nach Eingabe die *ENTER*-Taste und warten sie, bis das Eingabefeld sich wieder entfärbt). Bei dieser Simulation müssen mit erheblichem Aufwand viele Winkelfunktionen berechnet werden. Haben sie also Geduld nach dem ersten Aufruf oder nach einer Neueingabe! Je nach Ausstattung Ihres Rechners kann die Berechnung mehrere Sekunden bis Minuten dauern.

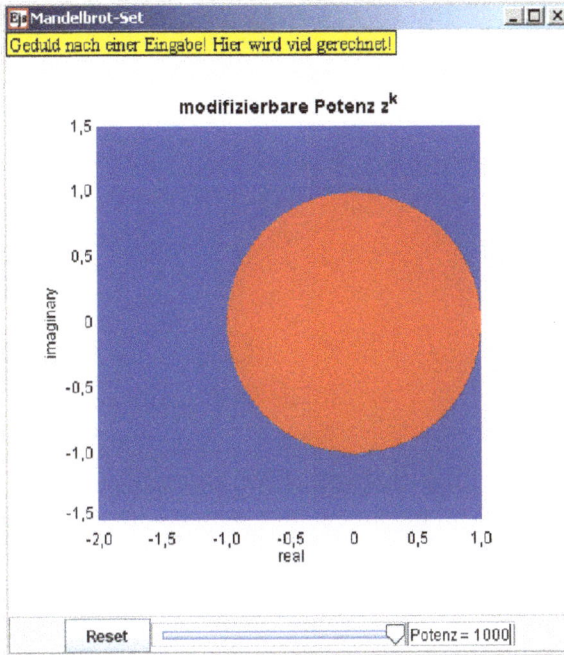

Abbildung 4.9a. Simulation. Variierte Mandelbrotmenge mit einstellbarer Potenz (im Bild 1000). Die rote Fläche erfüllt nahezu den Einheitskreis; nur am Rand ist eine gewisse Ausfransung zu erkennen. Sie können auch rationale Zahlen für die Potenz wählen. Um das Apfelmännchen genau zu bekommen, tragen Sie im Zahlenfeld die Ganzzahl 2 ein.

Abbildung 4.9a zeigt für $k = 1000$ die modifizierte Mandelbrotmenge der c-Werte, für welche die komplexe Punktfolge z_n konvergiert. Der Konvergenzbereich entspricht nahezu dem Einheitskreis (wie man es von der geometrischen Reihe erwartet), ist aber am Rand weiterhin fraktal verzweigt, wie das Abbildung 4.9b mit entsprechender Auflösung zeigt.

Eine ästhetisch besonders interessante Variante eines komplexen Fraktals ist die *Julia-Menge*. Man erhält sie, wenn man in der komplexen Ebene den Punkt c festhält und fragt, welche Punkte z der Ebene zu einer divergenten oder konvergenten Folge führen. Für das Apfelmännchen und den ihm zugordneten Julia-Mengen gilt also:

Bildungsgesetz der Folge $\quad z_{n+1} = z_n^2 + c$

Apfelmännchen:

$z_0 = \text{konstant} = 0.$ Für welche Punkte c konvergiert oder divergiert die Folge?

zugehörige Julia-Mengen:

$c = \text{konstant};$ Für welche Punkte z konvergiert oder divergiert die Folge?

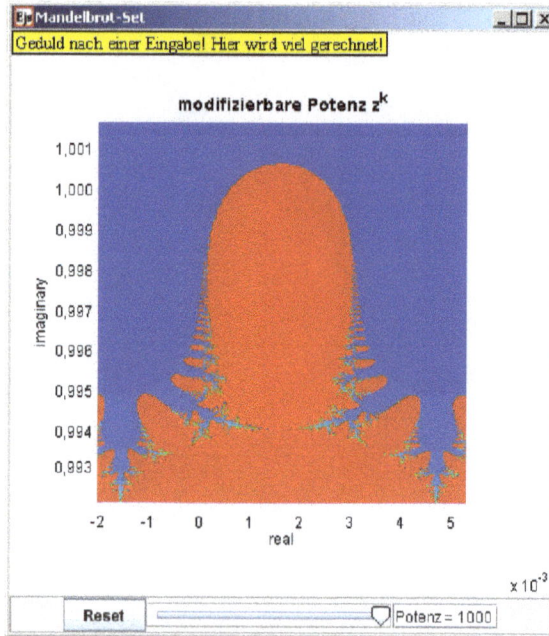

Abbildung 4.9b. Fraktale Auffächerung des Rands von Abbildung 4.9a, gezeigt bei entsprechend hoher Auflösung (zweifaches Ziehen eines kleinen Begrenzungsvierecks mit der Maus).

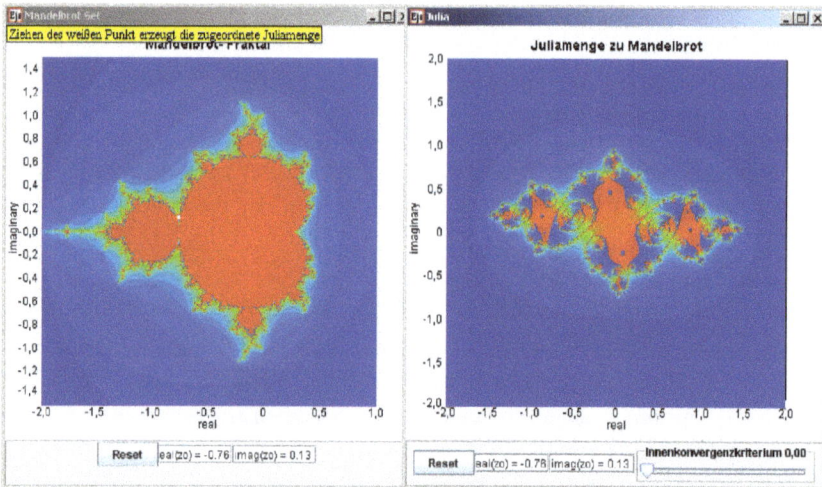

Abbildung 4.10. Simulation. Apfelmännchen und zugehörige Julia-Menge. Der Parameter c der Julia-Menge wird durch Ziehen des weißen Punktes verändert (im Bild links nahe dem oberen Einschnitt zwischen „Kopf" und „Körper"). Durch Ziehen von Begrenzungsrahmen mit der Maus kann wieder in beiden Feldern der Berechnungsbereich eingeengt werden. Mit dem Schieber kann für die Graphik der Julia-Menge die Farbcodierung des Grads der Konvergenz verändert werden, der so in einer Vielfalt von Farbmustern symbolisiert wird.

Man kann also jedem Punkt c des Apfelmännchens seine Julia-Menge zuordnen. Das geschieht in der Simulation von Abbildung 4.10 in der Weise, dass im Bildfeld mit dem Mandelbrot-Fraktal ein kleiner weißer Punkt angeordnet ist, der mit der Maus gezogen werden kann. Das Programm berechnet die dazugehörige Julia-Menge, die im zweiten Bildfeld gezeigt wird. Ihr Aussehen und ihre Symmetrie ändern sich in charakteristischer Weise, wenn man c um das Apfelmännchen herumführt. Mit dem Schieber kann die Farbschattierung für die divergierenden Werte geändert werden.

Setzt man $c = 0$, so führt dies zur Folge $z, z^2, z^4, \ldots$ die wie die geometrische Folge innerhalb des Einheitskreises konvergiert und außerhalb divergiert. Die Julia-Menge ist jetzt also identisch mit dem Einheitskreis.

5 Funktionen und ihre infinitesimalen[15] Eigenschaften

5.1 Definition von Funktionen

Traditionell sprechen wir von einer Funktion f, wenn in einem Bereich von Zahlen $x_1 < x < x_2$ jeder Zahl x eine andere Zahl y eindeutig zugeordnet ist. Dies geschieht durch eine Zuordnungsvorschrift $y = f(x)$. Beispiele sind $y = \sin(x)$ für reelle Zahlen x, y, oder $u = z^n$ für komplexe Zahlen z, u und eine reelle Zahl n. Abgekürzt schreibt man auch $y(x)$ statt $y = f(x)$.

`Funktion`

Allgemeiner kann man den Funktionsbegriff so definieren, dass den Elementen a einer Menge A eindeutig jeweils ein Element b einer Menge B zugeordnet ist: *die Menge A wird durch die Funktion auf die Menge B abgebildet.*

$$B = f(A).$$

Die $a \in A$ heißen auch „Urbild", die $b \in B$ nennt man Bild oder Bildpunkte. *Funktion* und *Abbildung* sind synonyme Begriffe.

Im Begriff der Abbildung und Funktion ist die Eindeutigkeit der Zuordnung enthalten. Nicht notwendig jedoch ist es umgekehrt: Ein Bildpunkt b kann mehrere Urbilder $a, a', \dots$ haben. Für die Sinusfunktion gibt es für jedes x einen eindeutigen Wert $y = \sin(x)$. Jedes y kann aber wegen der Periodizität der Sinusfunktion *modulo*(2π) unbegrenzt vielen x zugeordnet werden; nur innerhalb einer Periode ist der Zusammenhang eindeutig.

Die in Kapitel 4 besprochenen Folgen und Reihen sind Beispiele für die Abbildung *diskreter* Zahlen – also von Funktionen, deren Definitionsbereich für x aus diskreten Werten n besteht.

Im Allgemeinen kann der Definitionsbereich der Variablen a einer Funktion eine *dichte* (kontinuierliche) Menge sein, etwa die Menge der reellen oder der komplexen Zahlen, oder ein begrenzter Bereich daraus.

Eine Funktion ist im Definitionsbereich A des Urbilds *stetig*, wenn die Menge der Variablen $a \in A$ dicht ist, und außerdem eine beliebig kleine Umgebung einer Variablen a_0 auf eine dichte Umgebung ihres Bildpunkts b_0 abgebildet wird. Anschaulich bedeutet das, dass in einer darstellenden Kurve $b(a)$ keine Sprünge oder Lücken auftreten.

---

15 infinitesimal: variabel, mit Null als Limes des Variabilitätsbereichs

Den *Limes* der geometrischen Reihe können wir als Abbildung des kontinuierlichen komplexen Zahlenbereichs a innerhalb des Einheitskreises auf die komplexe Ebene außerhalb des Einheitskreises verstehen:

$$|a| < 1$$

$$z = f(a) = \lim_{n \to \infty} \sum_{m=0}^{n} a^m = \frac{1}{1-a} \to 1 \leq z < \infty.$$

Die Funktion ist im Definitionsbereich $|a| < 1$ stetig.

5.2 Differenzenquotient und Differentialquotient

Bei einer stetigen Funktion kann die Variable x jeden beliebigen Wert innerhalb ihres Definitionsbereichs X annehmen. Für sie kann wie bei Folgen ein **Differenzenquotient** als Unterschied zweier Funktionswerte y_2 und y_1 mit unterschiedlichen Variablenwerten x_2 und x_1 definiert werden. Während sich bei den Folgen der Differenzenquotient mit kleinstem Abstand auf einen Indexunterschied von 1 bezog (z. B. auf Glieder $A_{n+1} - A_n$), kann sich bei stetigen Funktionen $y = f(x)$ die Differenz $y_2 - y_2 = f(x_2) - f(x_1)$ auf einen beliebig kleinen Abstand $\Delta x = x_2 - x_1$ beziehen.

Zusätzlich kann ein **Differentialquotient** als Limes für einen verschwindend kleinen Abstand der Variablen Δx definiert werden. Er wird damit zu einer *lokalen* Eigenschaft der Funktion in jedem Punkt x, in dem ein eindeutiger solcher Wert existiert, in dem die Funktion also *differenzierbar* ist.

Differenzenquotient:
$$\frac{\Delta f}{\Delta x} = \frac{f(x_2) - f(x_1)}{x_2 - x_1} = \frac{f(x_1 + \Delta x) - f(x_1)}{\Delta x};$$

Differentialquotient:
$$\left(\frac{df}{dx}\right)_{x_1} = \lim_{\Delta x \to 0} \left(\frac{\Delta f}{\Delta x}\right)_{x_1} = \lim_{\Delta x \to 0} \frac{f(x_1 + \Delta x) - f(x_1)}{\Delta x}.$$

Mit $\Delta x > 0$ sprechen wir vom rechtsseitigen Differenzen- bzw. Differentialquotienten, mit $\Delta x < 0$ vom linksseitigen. Existieren beide Differentialquotienten und sind sie gleich, dann ist die Funktion in diesem Punkt *eindeutig* differenzierbar.

Ist die Funktion in jedem Punkt des Definitionsbereichs eindeutig differenzierbar – sie ist dann auch stetig – dann ist ihr Differentialquotient eine stetige Funktion der Variablen x, die *erste Ableitung* der Funktion.

$$y'(x) = f'(x) = \frac{df}{dx}(x) = \lim_{\Delta x \to 0} \frac{f(x + \Delta x) - f(x)}{\Delta x}.$$

Verkürzend schreibt man die erste Ableitung als y' (gesprochen „*y-Strich*"), bzw. $f'(x)$.

Wenn der Differentialquotient existiert, ist er ein echter Quotient zweier Zahlen als jeweiligem Limes. Man kann daher auch Zähler und Nenner also solche behandeln:

$$df = f'(x)dx.$$

Ist die erste Ableitung in jedem Punkt des Definitionsbereichs eindeutig differenzierbar, dann kann man die zweite Ableitung definieren, etc.

$$y''(x) = f''(x) = \frac{df'}{dx}(x), \quad \ldots, \quad y^{(n)}(x) = f^{(n)}(x) = \frac{dy^{(n-1)}}{dx}(x).$$

Von besonderer praktischer Bedeutung sind beliebig oft stetig differenzierbare oder „glatte" Funktionen, wie die Winkelfunktionen.

In der Physik ist die unabhängige Variable oft die Zeit t. Für die Ableitung nach der Zeit hat sich in Handschrift und Druck die Bezeichnung $\dot{y}$ (gesprochen „y-Punkt") eingebürgert. Das ist etwas unglücklich, da dieses Format auf der PC-Tastatur nicht direkt eingegeben werden kann, und von einem Programm nicht als Zeichen mit zwei Bedeutungen (y und Ableitung nach t) verstanden wird. In diesem Text bleiben wir daher im Allgemeinen bei der Bezeichnung y', auch wenn die unabhängige Variable die Zeit t ist.

5.3 Ableitungen einiger Grundfunktionen

5.3.1 Potenzen und Polynome

Üblicherweise findet man Ableitungen der wichtigsten Funktionen in Tabellen, bzw. hat sie schon in der Schule auswendig gelernt. Sie sind aber auch sehr einfach zu berechnen, wenn man daran denkt, dass der Grenzübergang $\Delta x \to 0$ erfolgt, und dass damit erst recht alle höheren Potenzen von Δx gleich Null gesetzt werden können.

Wir zeigen dies ausführlich am Beispiel der Potenzfunktion zweiten Grades:

$$y(x) = x^2$$

$$y(x + \Delta x) = (x + \Delta x)^2 = x^2 + 2x\Delta x + \Delta x^2$$

$$y(x + \Delta x) - y(x) = 2x\Delta x + \Delta x^2$$

$$\frac{y(x + \Delta x) - y(x)}{\Delta x} = 2x + \Delta x$$

$$y' = \lim_{\Delta x \to 0} \frac{y(x + \Delta x) - y(x)}{\Delta x} = \lim_{\Delta x \to 0} (2x + \Delta x) = 2x.$$

Das kann nun ganz einfach auf Potenzen beliebigen Grades erweitert werden, wenn man daran denkt, dass das Polynom $(x + \Delta x)^n = x^n + nx^{n-1}\Delta x + ax^{n-2}\Delta x^2 + bx^{n-3}\Delta x^3 + \cdots$ im zweiten Glied $nx^{n-1}\Delta x$ lautet. Die Koeffizienten der weiteren

Glieder $a, b, c, \ldots$ braucht man gar nicht explizit anzugeben, da alle diese Glieder im Limes verschwinden, weil sie mindestens den Faktor Δx^2 enthalten.

$$y(x) = x^n$$

$$y(x + \Delta x) = (x + \Delta x)^n = x^n + nx^{n-1}\Delta x + ax^{n-2}\Delta x^2 + cx^{n-3}\Delta x^3 + \cdots$$

$$y(x + \Delta x) - y(x) = nx^{n-1}\Delta x + ax^{n-2}\Delta x^2 + bx^{n-3}\Delta x^3 + \cdots$$

$$\frac{y(x + \Delta x) - y(x)}{\Delta x} = nx^{n-1} + \Delta x(ax^{n-2} + \cdots)$$

$$y' = \lim_{\Delta x \to 0} \frac{y(x + \Delta x) - y(x)}{\Delta x} = \lim_{\Delta x \to 0} (nx^{n-1} + \Delta x(\ldots)) = nx^{n-1}.$$

Damit ist auch die Regel für höhere Ableitungen von Potenzen klar:

$$y(x) = x^n, \quad y' = nx^{n-1}, \quad y'' = n(n-1)x^{n-2}, \quad \ldots$$

$$y^{(n)} = n(n-1)(n-2)\ldots\ldots(1) = \text{const}$$

$$y^{(n+1)} = 0.$$

Die Ableitung einer Konstanten c, die definitionsgemäß für alle Werte der Variablen den gleichen Wert hat, ist gleich Null.

Die gewonnenen Regeln gelten auch, wenn die Exponenten negativ oder gebrochen sind:

$$y = x^{-n} = \frac{1}{x^n} \to y' = -nx^{-n-1} = -nx^{-(n+1)} = -\frac{n}{x^{n+1}}$$

$$y = \sqrt[3]{x} = x^{1/3} \to y' = \frac{1}{3}x^{1/3-1} = \frac{1}{3}x^{-2/3} = \frac{1}{3\sqrt[3]{x^2}}.$$

Mit diesem Ergebnis ist auch sofort ersichtlich, wie die Ableitungen von Polynomen aussehen. Hier ist ein Beispiel:

$$y = 3x^5 + 4x^4 + 3x - 1$$

$$y' = 15x^4 + 16x^3 + 3$$

$$y'' = 60x^3 + 48x^2; \quad y''' = 180x^2 + 96x;$$

$$y^{(4)} = 360x + 96; \quad y^{(5)} = 360; \quad y^{(6)} = 0.$$

Wir haben die formale Ableitung von Potenzen so ausführlich gezeigt, weil damit auch alle Funktionen behandelt werden können, für die eine Reihenentwicklung in Form von Potenzen bekannt ist.

5.3.2 Exponentialfunktion

Analog zur Exponentialreihe können wir die Exponentialfunktion für einen kontinuierlichen Bereich der Variablen x definieren. Da ihre Reihenentwicklung sich aus
Potenzen zusammensetzt, können wir ihre Ableitung sofort durch Ableiten ihrer einzelnen Glieder nach der eben hergeleiteten Regel gewinnen:

$$e = 2{,}71828\ldots$$

$$y = e^x = \lim_{n \to \infty} \left(S_n = \sum_{m=0}^{n} \frac{x^m}{m!} \right) = 1 + x + \frac{x^2}{1 \cdot 2} + \frac{x^3}{1 \cdot 2 \cdot 3} + \frac{x^4}{1 \cdot 2 \cdot 3 \cdot 4} + \cdots$$

$$y' = 0 + 1 + \frac{2x}{1 \cdot 2} + \frac{3x^2}{1 \cdot 2 \cdot 3} + \frac{4x^3}{1 \cdot 2 \cdot 3 \cdot 4} + \cdots = 1 + x + \frac{x^2}{1 \cdot 2} + \frac{x^3}{1 \cdot 2 \cdot 3} + \cdots$$

$$y' = y$$

$$y'' = y' = y.$$

Die Exponentialfunktion hat also die Eigenschaft, dass ihre Ableitungen mit der Funktion identisch sind. Aus der Ableitung wird auch klar, dass der Koeffizient des n-ten
Gliedes der Exponentialreihe $\frac{1}{n!}$ nichts anderes ist als die reziproke n-te Ableitung
ihrer Potenz:

$$y = \frac{x^n}{n!}; \quad y' = \frac{n \cdot x^{n-1}}{n!} = \frac{x^{n-1}}{(n-1)!}; \quad y^{(n)} = \frac{x^0}{0!} = 1; \quad y^{(n+1)} = 0.$$

Beim Differenzieren nimmt jedes Glied die Form des ursprünglich vorhergehenden
Glieds an; das konstante Glied verschwindet. Diese Eigenschaft führt dazu, dass
Funktion und Ableitung der Exponentialfunktion identisch werden.

5.3.3 Winkelfunktionen

In analoger Weise können wir die Ableitungen der Winkelfunktionen aus ihrer Reihenentwicklung gewinnen. Wir gehen von den Darstellungen aus, die wir aus der
komplexen Exponentialfunktion gefolgert hatten:

$$y = \sin x = x - \frac{x^3}{3!} + \frac{x^5}{5!} \mp \cdots = \sum_{0}^{\infty} (-1)^n \frac{x^{2n+1}}{(2n+1)!}$$

$$\to y' = 1 - \frac{3x^2}{3!} + \frac{5x^4}{5!} \mp \cdots = 1 - \frac{x^2}{2!} + \frac{x^4}{4!} \mp \cdots = \sum_{0}^{\infty} (-1)^n \frac{x^{2n}}{(2n)!} = \cos x$$

$$y = \cos x = 1 - \frac{x^2}{2!} + \frac{x^4}{4!} \mp \cdots = \sum_{0}^{\infty} (-1)^n \frac{x^{2n}}{(2n)!}$$

$$\to y' = -\frac{2x}{2!} + \frac{4x^3}{4!} \mp \cdots = -\left(x - \frac{x^3}{3!} + \frac{x^5}{5!} \mp \cdots \right)$$

$$= -\sum_{0}^{\infty} (-1)^n \frac{x^{2n+1}}{(2n+1)!} = -\sin x.$$

Damit können aber unter Berücksichtigung der Vorzeichen auch alle weiteren Ableitungen angegeben werden:

$$y = \sin x \to y' = \cos x; \quad y'' = -\sin x; \quad y''' = -\cos x; \quad y'''' = \sin x$$
$$y = \cos x \to y' = -\sin x; \quad y'' = -\cos x; \quad y''' = \sin x; \quad y'''' = \cos x.$$

Mit diesen Ergebnissen können wir nun auch alle solchen Funktionen leicht differenzieren, die sich als Reihenentwicklung mit Winkelfunktionen darstellen lassen. Das sind im Wesentlichen Funktionen, die periodische Vorgänge beschreiben.

5.3.4 Regeln zum Differenzieren zusammengesetzter Funktionen

Zusammengesetzte Funktionen sind einfach zu differenzieren, wenn man die Ableitungen ihrer Grundfunktionen kennt. Es gelten die folgenden unmittelbar einleuchtenden Regeln:

Multiplikative Konstante C

$$y = c \cdot f(x) \to y' = c \cdot f'(x)$$

Additive Verknüpfung

$$y = f(x) + g(x) \to y' = f'(x) + g'(x)$$

Produktregel

$$y = f(x) \cdot g(x) \to y' = f'(x) \cdot g(x) + f(x) \cdot g'(x)$$

Quotientenregel

$$y = \frac{f(x)}{g(x)} \to y' = \frac{f'(x) \cdot g(x) - f(x) \cdot g'(x)}{(g(x))^2}$$

Kettenregel

$$y = f(g(x)) \to y' = f'(g(x)) \cdot g'(x)$$

Beispiel $y = \sin(x^3 + x) \to y' = \cos(x^3 + x) \cdot (3x^2 + 1)$.

5.3.5 Weitere Ableitungen von Grundfunktionen

Um alle „gängigen" Funktionen formal differenzieren zu können, braucht man noch eine Sammlung der Ableitungen weiterer Grundfunktionen. Wir führen sie hier ohne Kommentar tabellarisch an, gemeinsam mit den oben gewonnenen. Die am Schluss stehenden Ableitungen der Hyperbelfunktionen leitet man einfach aus ihrer Zusammensetzung aus Exponentialfunktionen ab.

$$y = x^n \to y' = nx^{n-1}$$
$$y = e^x \to y' = e^x; \; y = e^{ax} \to y' = ae^{ax}; \; y = a^x \to y' = a^x \ln a$$

$$y = \sin x \rightarrow y' = \cos x; \qquad\qquad y = \cos x \rightarrow y' = -\sin x$$

$$y = \tan x \rightarrow y' = \frac{1}{\cos^2 x}; \qquad\qquad y = \cot x \rightarrow y' = -\frac{1}{\sin^2 x}$$

$$y = \arcsin x \rightarrow y' = \frac{1}{\sqrt{1 - \sin^2 x}}; \quad y = \arccos x \rightarrow y' = -\frac{1}{\sqrt{1 - \sin^2 x}}$$

$$y = \arctan x \rightarrow y' = \frac{1}{1 + x^2}; \qquad y = \text{arccot}\, x \rightarrow y' = -\frac{1}{1 + x^2}$$

$$y = \ln x \rightarrow y' = \frac{1}{x}; \qquad\qquad y = {}^a\log x \rightarrow y' = \frac{1}{x \ln a}$$

$$y = \sinh(x) = \frac{e^x - e^{-x}}{2} \quad\rightarrow\quad y' = \frac{e^x + e^{-x}}{2} = \cosh(x)$$

$$y = \cosh(x) = \frac{e^x + e^{-x}}{2} \rightarrow \quad y' = \frac{e^x - e^{-x}}{2} = \sinh(x).$$

Im Gegensatz zu den Winkelfunktionen $\sin(x)$, $\cos(x)$ gibt es bei den Ableitungen der hyperbolischen Funktionen $\sinh(x)$, $\cosh(x)$ keinen zusätzlichen Vorzeichenwechsel.

Wir benutzen hier für die Umkehrfunktionen der Winkelfunktionen die in Texten üblichen Bezeichnungen wie $\arccos(x)$; in einem Java-Code steht stattdessen einfach $acos(x)$, etc.

5.4 Reihenentwicklung (1), Taylorreihe

5.4.1 Koeffizienten der Taylorreihe

In vielen Fällen ist es nützlich, anstelle einer Funktion f selbst eine sie annähern-de Reihe zu analysieren, die leichter zu behandeln ist. Das gilt ganz besonders dann, wenn die Reihe ohne Einschränkungen gegen die Funktion konvergiert. Dann können die Teilsummen der Reihe als Näherungen mit zunehmender Genauigkeit der Repräsentation betrachtet werden.

Für die Glieder der Folge, die die Reihe bildet, möchte man bevorzugt solche verwenden, die sich leicht differenzieren und integrieren lassen. Ganz besonders geeignet sind dafür Reihen, deren Glieder Potenzen oder Winkelfunktionen der Variablen sind. Die erste Version führt zur **Taylorreihe**, deren Koeffizienten durch Differenzieren gewonnen werden, und die wir nachfolgend genauer darstellen wollen. Die zweite Version führt zur **Fourierreihe**, die wir nach der Behandlung des Integrals veranschaulichen, da ihre Koeffizienten durch Integration bestimmt werden.

Ein anderes Argument für die Wahl einer besonderen Reihenentwicklung kann sein, dass wir solche Funktionen für die Glieder der Reihe verwenden wollen, die in besonderem Maß an die Symmetrie des Problems, das durch die Funktion beschrieben werden soll, angepasst sind. Beispiele sind hier die Besselfunktionen bei Zylindersymmetrie oder Kugelfunktionen bei Punktsymmetrie.

Die Taylorreihe ist eine unendliche Reihe, deren Teilsummen eine Näherung für eine Funktion $y = f(x)$ sind, die in einem Aufpunkt x_0 genau und in seiner Umgebung $\Delta x = (x - x_0)$ näherungsweise gelten, wobei der Variablenbereich einer akzeptablen Näherung mit zunehmendem Index der Teilsummen immer größer werden soll. Die Glieder der Folge, die der Reihe zugrundeliegt, sind dabei Potenzen des Abstands vom Aufpunkt $(x - x_0)$. Die Funktion wird also durch eine Potenzreihe angenähert. Daraus ergibt sich die Aufgabe, die Koeffizienten der einzelnen Glieder der Potenzreihe zu bestimmen.

Dazu setzen wir die Funktion zunächst formal einer Potenzreihe in Potenzen $a_n(x - x_0)^n$ mit Parametern a_n gleich. Dann differenzieren wir beide Seiten fortlaufend. Nach jedem Schritt setzen wir $x = x_0$. Damit entfallen in der Potenzreihe der Ableitungen alle Glieder, die $x - x_0$ enthalten, und der Koeffizient des einzigen übrigbleibenden Glieds kann ganz einfach bestimmt werden:

$$\text{Ansatz: } f(x) = \sum_0^\infty a_n(x - x_0)^n$$

$$= a_0 + a_1(x - x_0) + a_2(x - x_0)^2 + a_3(x - x_0)^3 + \cdots$$

$$(x - x_0) = 0 \rightarrow a_0 = f(x_0)$$

$$f'(x) = a_1 + 2a_2(x - x_0) + 3a_3(x - x_0)^2 + 4a_4(x - x_0)^3 + \cdots$$

$$(x - x_0) = 0 \rightarrow a_1 = \frac{f'(x_0)}{1}$$

$$f''(x) = 1 \cdot 2a_2 + 2 \cdot 3a_3(x - x_0) + 3 \cdot 4a_4(x - x_0)^2 + \cdots$$

$$(x - x_0) = 0 \rightarrow a_2 = \frac{f''(x_0)}{1 \cdot 2}$$

$$f'''(x) = 2 \cdot 3a_3 + 3 \cdot 4 \cdot 2a_4(x - x_0)^1 + \cdots$$

$$(x - x_0) = 0 \rightarrow a_3 = \frac{f'''(x_0)}{1 \cdot 2 \cdot 3}$$

$$f^{(n)} = n!a_n + \cdots + \frac{n!}{2}(x - x_0) + \cdots \rightarrow a_n = \frac{f^{(n)}}{n!}.$$

Der Koeffizient des n-ten Potenzglieds ist also proportional zur n-ten Ableitung der Funktion im Aufpunkt, und die Fakultät als Faktor ergibt sich einfach aus der Differentiation der n-ten Potenz. Mit $0! = 1$ sowie $1! = 1$ und $f^{(0)}(x_0) = f(x_0)$ hat die Taylorreihe der Funktion nun folgende Gestalt:

$$f(x) = \frac{f(x_0)}{0!} + \frac{f'(x_0)}{1!}(x - x_0) + \frac{f''(x_0)}{2!}(x - x_0)^2 + \frac{f'''(x_0)}{3!}(x - x_0)^3 + \cdots$$

$$\text{Taylorreihe: } f(x) = \sum_{n=0}^\infty f^{(n)}(x_0)\frac{(x - x_0)^n}{n!}$$

nullte Näherung: $f(x) = f(x_0)$

erste (in x lineare) Näherung: $f(x) = f(x_0) + f'(x_0)(x - x_0)$

zweite (in x quadratische) Näherung:

$$f(x) = f(x_0) + f'(x_0)(x - x_0) + \frac{f''(x_0)}{2}(x - x_0)^2.$$

Während $f'(x) = df/dx(x)$ die Steigung der differenzierbaren Funktion $f(x)$ an jeder Stelle x im Definitionsbereich beschreibt, beschreibt $f''(x)$, also $df'/dx(x)$, die Steigung der Steigung, bzw. die Änderung der Steigung von $f(x)$. Die Steigung ändert sich dann und nur dann, wenn die Kurve $f(x)$ gekrümmt ist. Daher ist $f''(x)$ ein Maß für die Krümmung von $f(x)$. Interpretiert man x mit der Zeit t und $y = f(t)$ mit dem Weg, den ein Objekt in der Zeit t zurücklegt, dann wird die erste Ableitung als Geschwindigkeit, die zweite als die Beschleunigung des Objektes bezeichnet, das sich zum Zeitpunkt t am Ort x befindet.

Die erste Näherung der Taylorentwicklung berücksichtigt die Steigung der Funktion im Aufpunkt, die zweite zusätzlich ihre Krümmung. Die höheren Näherungen verwenden entsprechend höhere Ableitungen und es ist sinnvoll, sich auch deren Bedeutung zu veranschaulichen.

In der Simulation von Abbildung 5.1 werden für einen Funktionstyp, der aus neun vorgegebenen Optionen ausgewählt werden kann, die Ableitungen bis zur neunten Ordnung berechnet und in einem ihr zugeordneten Abszissenbereich als farbige Kurven dargestellt, zum Teil mit verschobenem Nullpunkt. Mit den Auswahlkästchen oben kann festgelegt werden, welche Ableitungen neben der Basisfunktion aufgezeichnet werden (im Bild alle neun). Für den roten, mit der Maus ziehbaren Punkt werden die Werte der lokalen Ableitungen in den linken Zahlenfeldern jeweils neu berechnet.

Die Ableitungen sind numerisch als Differenzenquotienten unter Verwendung der beiden Nachbarpunkte angenähert:

$$y'(x) \approx \frac{y(x + \Delta x) - y(x - \Delta x)}{2\Delta x}$$

$$y''(x) \approx \frac{y'(x + \Delta x) - y'(x - \Delta x)}{2\Delta x} \approx \frac{y(x + 2\Delta x) - 2y(x) - y(x - 2\Delta x)}{4(\Delta x)^2}$$

$$\vdots$$

Nähere Einzelheiten dazu finden sie in den Beschreibungsseiten der Simulation.

In vielen der Simulationen dieses Werks ist es möglich, Formeln für Funktionen direkt in mathematischer Schreibweise einzugeben. Für das Rechnerprogramm sind diese zunächst bedeutungslose Zeichenfolgen, die durch ein Zusatzprogramm – einen *Parser* – interpretiert und in Java-Code umgesetzt werden. Dies ist ein relativ komplexer Prozess. Wenn für eine Simulation die Funktion nur einmal umgesetzt wird, stört

Parser

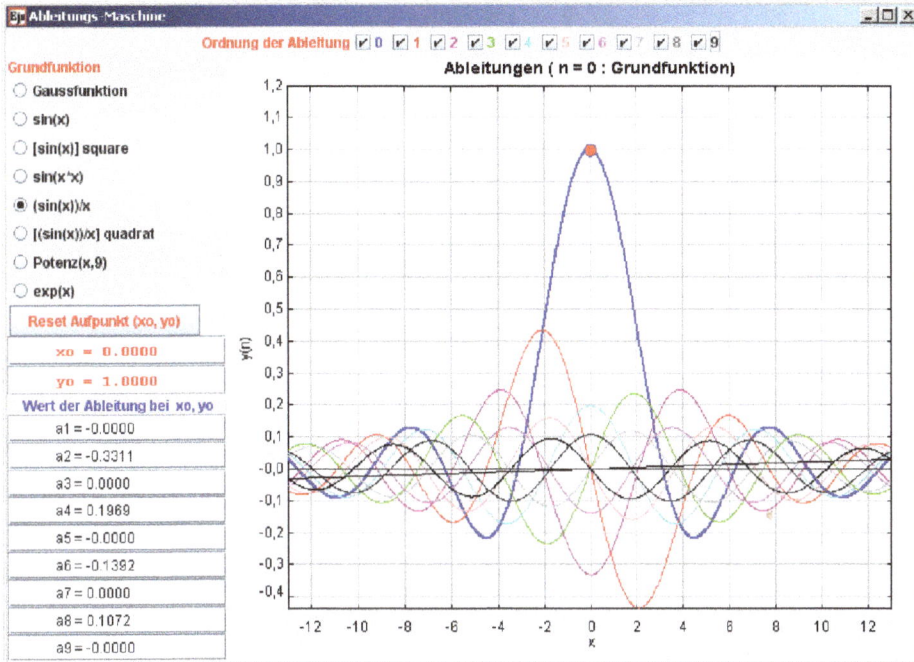

Abbildung 5.1. Simulation. Ableitungen einer vorgegebenen Basisfunktion (blau, Auswahl links) bis zur neunten Ordnung, gezeichnet in den Farben der oben stehenden Auswahlkästchen. Für den roten, mit der Maus ziehbaren Aufpunkt werden die Werte der lokalen Ableitungen in den linken Zahlenfeldern gezeigt. Das Bild zeigt zehn Ableitungen von $(\sin(x))/x$.

der damit verbundene Zeitaufwand nicht, und man hat bei Verwendung des Parsers für EJS den Vorteil, eine Funktion abändern oder neu eingeben zu können, ohne das Programm selbst öffnen zu müssen.

Die Bestimmung der höheren Ableitungen mit hinreichender Genauigkeit benötigt erheblichen Rechenaufwand. Im Beispiel von Abbildung 5.1 muss die Umsetzung der Funktionsformel ca. 10.000-mal in einem Rechengang erfolgen, und das strapaziert die Rechengeschwindigkeit einfacher Computer doch. Die Funktionen sind deshalb in unserem Beispiel fest vorgegeben. Wenn Sie andere Funktionen analysieren wollen, können Sie die Simulation mit der EJS-Console öffnen und den einfachen Java-Code der voreingestellten Funktionen ändern.

In den späteren Simulationen von Abbildung 5.2 und Abbildung 5.3 werden die Taylor-Näherungen einmal ohne, einmal mit Parser-Verwendung berechnet. Sie werden an diesen Beispielen den Unterschied der Berechnungsgeschwindigkeit erkennen.

Konvergenz der Taylorreihe

Es ist nicht selbstverständlich, dass diese Potenzreihe auch für Werte außerhalb des Aufpunkts x_0 der Funktion nahe kommt. Wir hatten aber bei der Diskussion der Exponentialfunktion, die ja als Potenzreihe große Ähnlichkeit mit der Taylorreihe hat, bereits festgestellt, dass die Reihe auch dann konvergieren muss, wenn wir Faktoren an ihre Glieder anfügen, die nicht divergieren. Bei der Taylorreihe sind diese Faktoren die Ableitungen im Aufpunkt. Wenn die Funktion unbegrenzt oft differenzierbar ist, dann konvergiert die Taylorreihe für alle Werte der Variablen. Die Bedingung schließt ein, dass die Ableitungen am Aufpunkt x_0 beschränkt sind: Die n-ten Ableitungen in x_0 wachsen schwächer als $n!$.

Für viele physikalisch wichtige Funktionen, wie z. B. *Polynome, e-Funktion, Sinus und Cosinus* ist der Konvergenzbereich unbeschränkt. Mit zunehmender Ordnung (Zahl der Glieder) schmiegt sich dann die jeweilige Taylorreihe über zunehmend größere Bereiche an die Originalfunktion an – entsprechend größer wird der Bereich geringer Abweichungen. In der Praxis beschränkt man sich meistens auf Teilsummen begrenzter Ordnung. Dann ist die Teilsumme im Aufpunkt identisch mit der Funktion und weicht mit zunehmendem Abstand immer stärker davon ab.

Witzig ist es, nach der Taylorreihe der Exponentialfunktion zu fragen. Da deren Ableitungen alle gleich sind, ist ihre Taylorreihe gerade die Exponentialreihe selbst.

Die Potenzfunktion n-ten Grades hat nur bis zur Ordnung $(n+1)$ von Null verschiedene Ableitungen. In diesem Fall bricht die Taylorentwicklung nach dem $(n+1)$-ten Glied ab. Ihre Taylorentwicklung ist somit identisch mit der Originalfunktion.

Die Winkelfunktionen haben dagegen unbegrenzt viele Ableitungen, die sich periodisch wiederholen, z. B. $\sin x, \cos x, -\sin x, -\cos x, \sin x, \ldots$. Hier wird die Annäherung umso besser, je mehr Glieder der Reihenentwicklung berücksichtigt werden.

Unter den denkbaren Approximationsfunktionen zeichnet sich die Taylorreihe dadurch aus, dass die Koeffizienten allein aus Daten des Aufpunktes x_0 zu bestimmen sind (den Ableitungen der Funktion in diesem Punkt). Sie hat den großen praktischen Vorteil, dass ihre Glieder als Potenzen leicht addierbar, multiplizierbar, integrierbar und differenzierbar sind (die Ableitungen der Funktion im Aufpunkt, die in den Koeffizienten stehen, sind ja für diese Operationen Konstanten). Deshalb werden in der physikalischen Analyse komplexere Funktionen sehr oft durch eine Taylorreihe approximiert, wobei dann für die Rechnung nur eine begrenzte Zahl von Gliedern berücksichtigt wird (*lineare Näherung* mit zwei Gliedern, *quadratische Näherung* mit drei Gliedern).

5.4.2 Näherungsformeln für einfache Funktionen

Bereits mit dem linearen Glied der Taylorreihe ergeben sich in der Praxis vielfach verwendete Näherungen. Wir wollen hier die Ableitung für drei Grundfunktionen zeigen. Andere Fälle können Sie leicht selbst ausführen (setzen Sie z. B. allgemeiner für den Aufpunkt $x = x_0$ an oder bestimmen Sie die nächsthöhere Näherung).

Entwicklung um den Aufpunkt $x = 0$, anwendbar für $|x| \ll 1$

1.) $y = \sqrt{1 + x} = (1 + x)^{\frac{1}{2}}$

$y' = \dfrac{1}{2}(1 + x)^{-\frac{1}{2}}$ $\qquad \rightarrow y \approx \sqrt{1+0} + \dfrac{1}{1!} \cdot \dfrac{1}{2}(1 + 0)^{-\frac{1}{2}} x = 1 + \dfrac{1}{2}x$

2.) $y = \dfrac{1}{1 - x} = (1 - x)^{-1}$

$y' = (1 - x)^{-2}$ $\qquad \rightarrow y \approx 1 + x$

3.) $y = \sin x;\ y' = \cos x;$ $\qquad \rightarrow y \approx 0 + 1 \cdot x = x$

4.) $y = \cos x;\ y' = -\sin x:$ $\quad \rightarrow y \approx 1 - 0 \cdot x = 1.$

5.4.3 Ableitung von Formeln und Fehlergrenzen bei der numerischen Differentiation

Aus der Taylorreihe kann man schnell Formeln für die Berechnung der ersten Ableitung y' gewinnen. Man gewinnt dabei auch ein Maß für die jeweils erzielte Genauigkeit. Wir zeigen dies für die lineare Näherung; das Verfahren lässt sich leicht auf höhere Näherungen ausweiten.

Neben $y(x)$ sei auch $y(x + \Delta x)$ bekannt.

$$\text{Taylorreihe } y(x + \Delta x) = y(x) + \frac{y'(x)\Delta x}{1} + \frac{y''(x)\Delta x^2}{2}$$

$$+ \frac{y'''(x)\Delta x^3}{6} + \frac{y^{(4)}(x)\Delta x^4}{24} + \cdots \rightarrow$$

$$y'(x) = \frac{y(x + \Delta x) - y(x)}{\Delta x} - \left[\frac{y''(x)\Delta x}{2} + \frac{y'''(x)\Delta x^2}{6} + \cdots \right]$$

$$y'(x) = \frac{y(x + \Delta x) - y(x)}{\Delta x} - O(\Delta x);$$

$$\text{mit } O(\Delta x) = \frac{y''(x)\Delta x}{2} + \frac{y'''(x)\Delta x^2}{6} + \cdots \approx \frac{y''(x)\Delta x}{2}.$$

Die vorletzte Zeile zeigt die geläufige Definitionsformel für den Differenzenquotienten, ergänzt um das Glied $O(\Delta x)$ (es handelt sich um den Buchstaben O), das seine Abweichung vom Differentialquotienten durch die Vernachlässigung der höheren Glieder der Taylorreihe angibt. Die Abweichung verschwindet für den Grenzübergang $\Delta x \rightarrow 0$, weil alle in O enthaltenen Glieder mindestens linear von Δx abhängen. Für hinreichend kleine Intervalle sind die in O enthaltenen Glieder mit höheren Potenzen von Δx gegen das lineare Glied vernachlässigbar. So erhält man die wichtige Feststellung, dass das Verfahren der Differentiation nach der angegebenen Formel *linear* mit Δx genauer wird: Wenn man die Intervallbreite halbiert, wird die Genauigkeit doppelt so groß.

Mit der Taylorreihe kann man leicht ein Verfahren mit besserer Konvergenz für die Berechnung der Ableitung ableiten. Wir bilden die Taylorreihe einmal für einen rechts um $|\Delta x|$ vom Aufpunkt x gelegenen Punkt, dann für einen um den gleichen Abstand $|\Delta x|$ links gelegenen. Zieht man die beiden Reihen voneinander ab, fallen in der Differenz die Glieder mit geradzahligen Potenzen heraus.

$$[1]\ y(x + |\Delta x|) = y(x) + y'(x)|\Delta x| + \frac{y''(x)|\Delta x|^2}{2}$$
$$+ \frac{y'''(x)|\Delta x|^3}{6} + \frac{y''''(x)|\Delta x|^4}{24} + \cdots$$

$$[2]\ y(x - |\Delta x|) = y(x) - y'(x)|\Delta x| + \frac{y''(x)|\Delta x|^2}{2} - \frac{y'''(x)|\Delta x|^3}{6} \pm \cdots$$

$$[1] - [2] \rightarrow y(x + |\Delta x|) - y(x - |\Delta x|) = 2y'(x)|\Delta x| + 2\frac{y'''(x)|\Delta x|^3}{6} + \cdots$$

$$y' = \frac{y(x + |\Delta x|) - y(x - |\Delta x|)}{2|\Delta x|} - O\left(\frac{y'''(x)|\Delta x|^2}{6} + \cdots\right).$$

Die so gewonnene Formel für die Bildung des Differenzenquotienten konvergiert quadratisch mit der Intervallbreite: Eine Halbierung des Intervalls $|\Delta x|$ erhöht hier die Genauigkeit um den Faktor 4.

Anschaulich gesprochen ersetzt die zunächst besprochene Formel die Funktion im Intervall durch den Wert am Anfang des Intervalls (Treppen-Näherung). Die zuletzt besprochene Formel ersetzt die Funktion im Intervall durch die Verbindungslinie der Funktionswerte vom Anfang des vorherigen Intervalls zum Ende des nächsten Intervalls (Sehnen-Näherung). Man benötigt zur Anwendung allerdings jetzt die Funktion an zwei Nachbarstellen (links und rechts).

Man kann die Prozedur fortsetzen und so noch schneller konvergierende Näherungsformeln gewinnen. Allerdings braucht man dazu zunehmend mehr Ausgangspunkte für die Bestimmung des Differentialquotienten in einem Punkt, so dass man sich oft mit obiger Näherung begnügt.

5.4.4 Interaktive Visualisierung von Taylorentwicklungen

Es folgen zwei Simulationen zur Visualisierung von Taylorentwicklungen. Die erste von Abbildung 5.2 verwendet das Grundschema, das in Abbildung 5.1 für die Berechnungen der Ableitungen bis zur neunten Ordnung eingesetzt wurde. Die Formeln der voreingestellten Funktionen sind nicht editierbar. Die Rechengeschwindigkeit ist so hoch, dass beim Ziehen des blauen Aufpunktes der Taylorentwicklung das jeweils neu berechnete Näherungspolynom auch für die neunte Ordnung quasi in *real time* mitläuft.

Das Bild zeigt die neunte Näherung für die Gaußfunktion (auswählbar mit den Optionskästchen links oben). In den Zahlenfeldern stehen jetzt die Koeffizienten der Elemente der Taylorreihe. Sie unterscheiden sich von den Werten der Ableitungen in Abbildung 5.1 lediglich durch den Quotienten $n!$, mit n als der gewählten Ordnung.

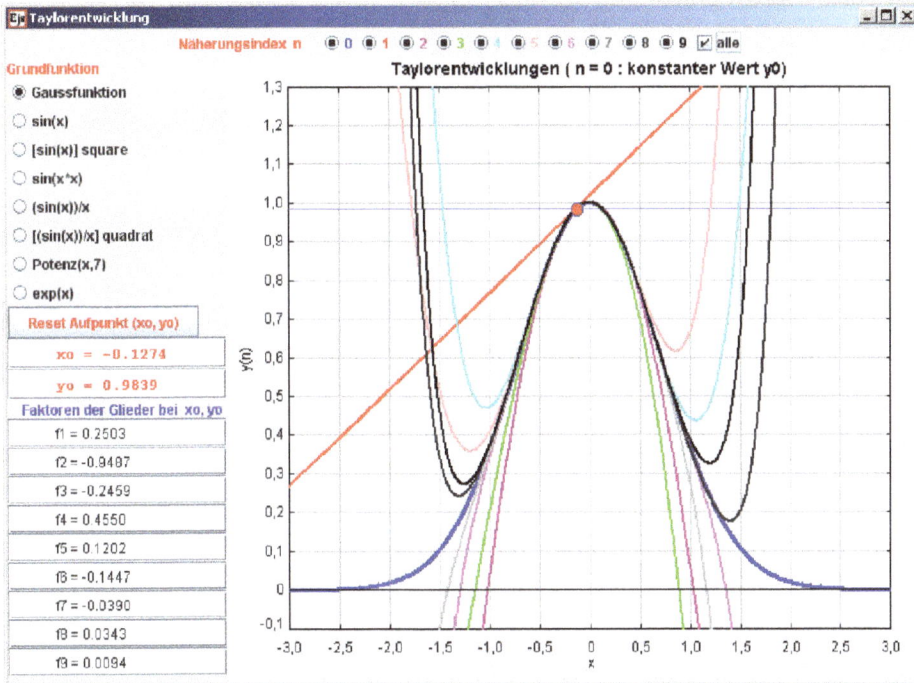

Abbildung 5.2. Simulation. Taylorentwicklungen der Gaußfunktion (blau, Auswahl links) von nullter bis neunter Ordnung um den ziehbaren roten Aufpunkt. Die Taylorkoeffizienten fn sind links ablesbar.

In der nachfolgenden Simulation von Abbildung 5.3 wird ein *Parser* zum Umsetzen der angezeigten Funktion eingesetzt. Diese ist nun editierbar, mit ihr können Sie also die Taylorentwicklung für beliebige Funktionen studieren, bei reduzierter Geschwindigkeit der Berechnung. Die höchste Ordnung ist hier auf 7 begrenzt.

Die Taylornäherung der roten Funktion wird blau angezeigt, die Abweichung grün.

Abbildung 5.3 zeigt eine Gaußfunktion $y = f(x) = e^{-\frac{x^2}{b^2}}$ mit ihrer dritten Näherung in der Umgebung des blau gezeichneten Aufpunkts, der mit der Maus entlang der Funktion „gezogen" werden kann. Mit den Tasten $+1$ und -1 wird zwischen Näherungen verschiedener Ordnung umgeschaltet.

Die Simulation bietet viele Möglichkeiten des Experimentierens. In dem Funktions-Auswahlfeld kann aus einer Reihe von Standardfunktionen ausgewählt werden (*Sinusfunktion, Exponentialfunktion, Potenzfunktionen, Gaußfunktion, Hyperbelfunktionen,*

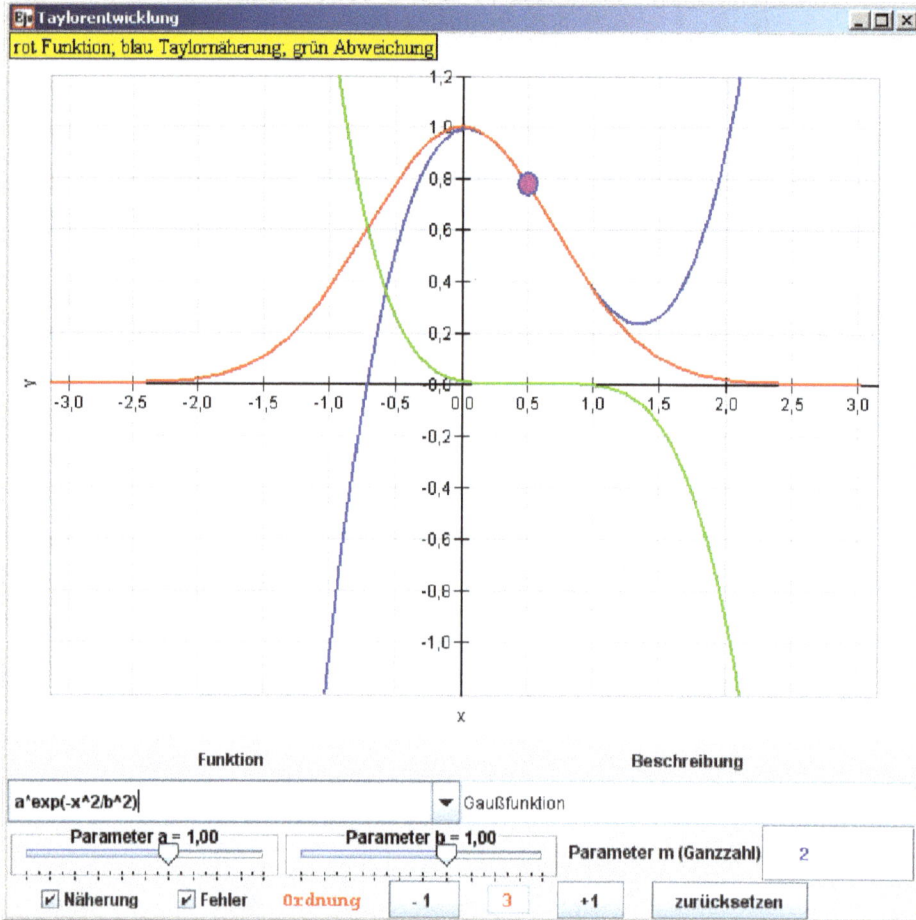

Abbildung 5.3. Simulation. Approximation einer Funktion in der Umgebung eines wählbaren Aufpunkts durch Teilsummen der Taylorreihe. Im Bild rot gezeigt ist die Gaußfunktion, mit der dritten Näherung in blau und der Abweichung in grün. Der magentafarbene Aufpunkt kann mit der Maus gezogen, der Grad der Näherung mit den Tasten um jeweils 1 herauf- oder heruntergeschaltet werden. Zwei freie Parameter a und b können kontinuierlich mit Schiebern, ein dritter, ganzzahliger Parameter m im Zahlenfeld geändert werden. Im Funktionsfeld kann die Formel beliebig editiert werden.

$\sin(x^2)$). Sie sind mit bis zu drei variablen Parametern versehen und editierbar. Es kann von Ihnen auch eine beliebige andere analytische Funktion zur Berechnung eingetragen werden.

Die Verwendung eines Parsers zum Umsetzen der editierbaren Funktionsbezeichnung verlangsamt den Rechenablauf erheblich. Je nach Ausstattung Ihres Rechners kann es für die siebte Näherung bis zu Minuten dauern, bis das Resultat erscheint.

Nach dem Öffnen der Simulation rufen Sie zuerst aus der Auswahlliste eine Funktion auf, für die dann als Anfangseinstellung die dritte Näherung mit einem Aufpunkt bei $x = 0,5$ berechnet wird. Anschließend können Sie den Aufpunkt verschieben und Parameter ändern, wobei für diese Näherung das Berechnungsergebnis praktisch in *real time* angezeigt wird.

Die Beschreibungsseiten der Simulation enthalten weitere Angaben und Vorschläge für Experimente.

5.5 Graphische Darstellung von Funktionen

Wir werden in Kapitel 6 eine Reihe von interaktiven Simulationen zeigen, in denen Funktionen in der Ebene, Raumkurven, Raumflächen und zeitabhängige Raumflächen veranschaulicht werden. An dieser Stelle geben wir einen kurzen Überblick über die grundsätzlichen Möglichkeiten.

5.5.1 Funktionen mit ein bis drei Variablen

Funktionen einer Variablen

Funktionen $y = f(x)$ stellt man graphisch in einem zweidimensionalen Koordinatensystem (Achsenkreuz) dar, bei dem üblicherweise die Abszisse die *unabhängige Variable x* und die Ordinate die davon *abhängige Größe $y = f(x)$* zeigt. Ein Intervall der x-Achse wird in ein Intervall der y-Achse abgebildet. Die Abbildung ist nur dann eindeutig, wenn es für eine bestimmte Variable x_1 nur einen Funktionswert $y_1 = f(x_1)$ gibt. Will man z. B. einen Kreis um den Ursprung darstellen, so muss man für die oberhalb und unterhalb der Abszisse liegenden beiden Teile des Kreises jeweils eindeutige Funktionen y_1, y_2 setzen:

$$x^2 + y^2 = r^2 \rightarrow y_1 = +\sqrt{r^2 - x^2}; \ y_2 = -\sqrt{r^2 - x^2}.$$

$y = f(x)$ mit linearer oder logarithmischer Achsenskalierung

Der spezielle Charakter einer Funktion kann hervorgehoben werden, wenn man eine oder beide Achsen logarithmisch unterteilt. Bei einfach-logarithmischer Darstellung erscheinen Exponentialfunktionen als Gerade, und bei doppelt-logarithmischer erscheinen Potenzfunktionen als Gerade. Außerdem kann man durch die logarithmische Dehnung (Stauchung) die Abszissen- oder Ordinatenbereiche hervorheben, die einen besonders interessieren. Darüber hinaus verwendet man logarithmische Teilungen gerne dann, wenn eine oder beide der Variablen einen sehr großen Wertebereich überstreichen.

Abbildung 5.4 führt zu einer Simulation, welche eine Reihe von voreingestellten Funktionen nebeneinander in linear-linearem, linear-logarithmischem und in doppelt-logarithmischem Maßstab zeigt. Das Formelfeld ist editierbar, so dass Sie beliebige Funktionen vergleichen können.

Nähere Angaben und Anregungen für Experimente finden Sie in den Beschreibungsblättern.

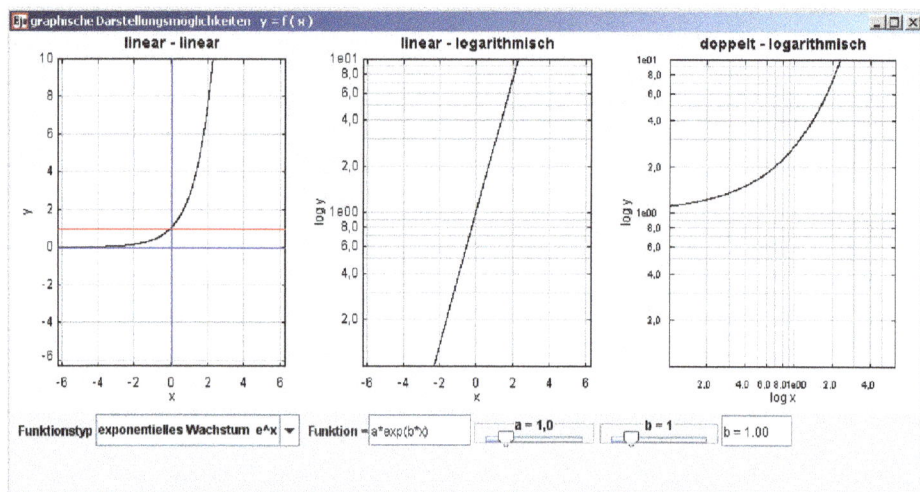

Abbildung 5.4. Simulation. Wählbare Funktion in linearen und logarithmischen Koordinatennetzen. Das Bild zeigt die Exponentialfunktion; a und b sind wählbare Parameter.

Parameterdarstellung von Kurven in Ebene und Raum

Um in der Ebene Kurven darzustellen, die in Bezug auf die Abbildung von x auf y nicht eindeutig sind, wählt man die **Parameterdarstellung**. Bei dieser sind sowohl x als auch y eindeutige Funktionen einer dritten, unabhängigen Veränderlichen, des *Parameters p*.

$$x = f(p); \quad y = g(p)$$
$$p_1 \leq p \leq p_2.$$

Für den Kreis um den Nullpunkt mit Radius r wäre das z. B.

$$x = r \cos \varphi; \quad y = r \sin \varphi$$
$$\rightarrow x^2 + y^2 = r^2(\sin^2 \varphi + \cos^2 \varphi) = r^2 \cdot 1 = r^2$$

wobei der Parameter φ der Winkel des Radialstrahls zum Aufpunkt x, y zur x-Achse ist.

Mit der Parameterdarstellung kann man eindeutige ebene Funktionen darstellen, welche die Koordinatenbereiche x und y vielfach überstreichen, wie z. B. Spiralen.

Erweitert man die Parameterdarstellung auf die drei Koordinaten des Raums, lassen sich auf diese Weise **Raumkurven** veranschaulichen:

$$x = f(p); \quad y = g(p); \quad z = h(p).$$

Die Zahlengerade p wird hier auf eine Linie in der Fläche oder im Raum abgebildet.

Eindeutige Flächen im Raum

Mit $z = f(x, y)$ kann man Flächen in einem dreidimensionalen Raum darstellen. Die Fläche ist dann eine Abbildung der xy-Ebene mit xy-abhängigem Höhenprofil. Auf dem Papier lassen sich davon nur zweidimensionale Projektionen zeigen. Die Simulationstechnik erweitert die Anschauung hier ganz außerordentlich, weil sie gestattet, diese Projektionen interaktiv oder automatisch so zu verändern, dass man tatsächlich den Eindruck einer Dreidimensionalität gewinnt; dies werden wir in Kapitel 6 intensiv nutzen.

Parameterdarstellung von Flächen im dreidimensionalen Raum

Durch Parameterdarstellung mit zwei Parametern lassen sich Raumflächen darstellen, die gegenüber einer Bezugsebene mehrdeutig sind, wie etwa eine Kugel- oder Torusoberfläche bezüglich einer Koordinatenebene xy. Man benötigt in diesen Beispielen $f_1(x, y)$ und $f_2(x, y)$. In Parameterdarstellung schreibt man:

$$x = f(p, q); \quad y = g(p, q); \quad z = h(p, q).$$

Hier werden zwei Zahlengerade p und q in eine im Raum liegende Fläche abgebildet.

Funktionen mit drei Variablen

Eine Dichteverteilung (z. B. von Ladung oder Masse) im Raum wird durch eine Funktion D der drei räumlichen Koordinaten x, y und z, also $D(x, y, z)$ beschrieben. Wie kann man solche Funktionen von drei Variablen veranschaulichen? Man braucht dazu offensichtlich über die drei Raumkoordinaten hinausgehend eine weitere Gestaltungsvariable.

Eine qualitative Möglichkeit besteht darin, mit einem Raumraster von regelmäßig angeordneten Punkten zu beginnen, diesem eine Farbcodierung für $D(x, y, z)$ zuzuordnen und die Punkte so locker anzuordnen, dass der Raum „durchsichtig" bleibt. Das Raster wird dann auf eine Fläche projiziert, wobei eine Veränderung der Projektion, die zeitlich nacheinander erfolgt, wieder den räumlichen Eindruck verstärkt.

Eine zweite Möglichkeit bilden Parameterflächen im Raum, auf denen $D(x, y, z)$ konstant ist. Dann kann man halbtransparente Flächen ineinander stapeln, aber auch die Konstante einer einzelnen Fläche zeitlich nacheinander einen bestimmten Bereich durchfahren lassen.

In der bewegten Projektion ergeben beide Möglichkeiten ein quantitatives Bild. Im ersten Fall verwendet man die Semitransparenz, im zweiten die Zeit als zusätzlichen Gestaltungsparameter.

5.5.2 Funktionen von vier Variablen: Weltlinie in der speziellen Relativitätstheorie

Physikalische Ereignisse, z. B. das Ticken der Uhr an meinem Handgelenk, spielen [Weltlinie] sich in einem dreidimensionalen Raum (x, y, z) und in Abhängigkeit von der Zeit t ab, was man als vierdimensionale Funktion E auffassen kann:

$$E = f(x, y, z, t).$$

In einer Simulation kann man dieses z. B. so darstellen, dass man eine Schar dreidimensionaler Funktionen $E(x, y, z, t_i)$ zu diskret gewählten Zeitpunkten t_i in zweidimensionaler Projektion berechnet und diese dann nacheinander ablaufen lässt. In allgemeiner Form ist das natürlich nur sehr begrenzt möglich. Es ist relativ einfach, wenn es sich um eine Ereigniskette handelt, die eine geringere Dimensionalität besitzt – wie etwa im Fall der sich ausbreitenden Raumfläche einer Explosionsgrenzfläche. Im Allgemeinen wird man sich von vornherein auf eine niedrigdimensionale Projektion beschränken.

Das ist insbesondere für die Beschreibung von Phänomenen der Speziellen Relativitätstheorie üblich. In ihr tritt die Zeit t gleichberechtigt zu den drei Raumdimensionen als „vierte Dimension" auf. Damit sie als Variable ebenfalls die Dimension einer Abmessung (Länge) hat, normiert man t üblicherweise durch Multiplikation mit der Lichtgeschwindigkeit $c = 3 \cdot 10^8$ m/sec:

$$E = f(x, y, z, ct) \quad \text{oder} \quad E = f(x_1, x_2, x_3, x_4).$$

Eine vierdimensionale Ereigniskette – Beispiel wäre eine explodierende Supernova – ist nur schwer visuell als *Ganzes* vorstellbar. Um seine Ganzheitlichkeit zu erfassen, würde man sich den *gesamten* Explosionsvorgang in einem einzigen Moment vorstellen wollen. Tatsächlich haben schon *Homer* und die vorsokratischen griechischen Philosophen um 500 v. Chr. über die *gottähnliche* Möglichkeit spekuliert, Raum und Zeit im Sinn von Vergangenheit, Gegenwart und Zukunft als *Eines* zu erkennen. Um 520 n. Chr. formulierte *Boethius* solche Gedanken in seinem Werk *Trost der Philosophie*.

Man umgeht die Schwierigkeit dadurch, dass man bei Visualisierungen in der Relativitätstheorie von vornherein auf zwei der Raumrichtungen verzichtet und die Ereigniskette in einem ebenen Diagramm aufträgt, z. B. trägt man auf der Ordinate die zeitliche Richtung ct auf, und auf der Abszisse die Raumrichtung x, in der sich das Ereignis ausschließlich abspielt. Die Ereigniskette eines sich in x-Richtung bewegenden Körpers ist dann eine *Weltlinie*.

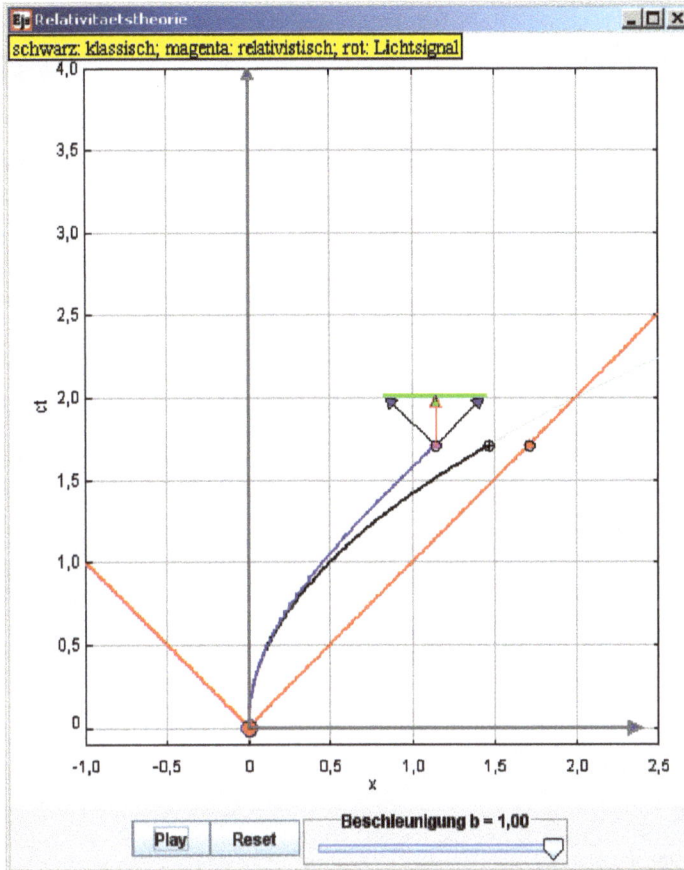

Abbildung 5.5. Simulation. Weltlinie (blau) eines konstant eindimensional beschleunigten Punktobjekts (magenta). Die schwarze Linie zeigt die klassisch „mögliche" Bahn, die blaue Linie die nach der Relativitätstheorie tatsächlich realisierbare Bahn. Die roten Linien begrenzen den Lichtkegel eines gleichzeitig abgesendeten Lichtsignals. Die vom Objekt ausgehenden Pfeile begrenzen seinen Lichtkegel. Die konstante Beschleunigung kann mit dem Schieber eingestellt werden.

Dies soll an einem Beispiel in Abbildung 5.5 veranschaulicht werden, wo sich ein Punktobjekt mit konstanter Beschleunigung in x-Richtung bewegt. Gezeigt wird rot die Geschwindigkeitsgrenze der Lichtgeschwindigkeit (die *Weltlinie* eines Lichtblitzes $x = ct$), schwarz die gemäß klassischer, nichtrelativistischer Mechanik immer schneller werdende Ereigniskette, bei der beliebig große Geschwindigkeiten erreicht werden könnten, und magentafarben die nach der Relativitätstheorie tatsächlich mögliche Ereigniskette, bei der die Geschwindigkeit sich zwar der Lichtgeschwindigkeit annähert, sie aber nicht übersteigen kann. Die Pfeile zeigen den jeweiligen *Lichtkegel* entlang der Ereigniskette, in dem alle vom Objekt verursachten Ereignisse ablaufen – alles gesehen von einem sich im ruhenden Startpunkt befindenden Beobachter.

In dieser Simulation wird die Bewegung der Objekte in ihrem Zeitablauf darge-stellt. Weitere Einzelheiten finden Sie in der Beschreibung der interaktiven Simulati-on.

In Texten zur *Speziellen Relativitätstheo*rie wird üblicherweise wie hier die Zeitach-se als Ordinate und eine der Raumachsen als Abszisse aufgetragen, so dass der Licht-kegel nach oben geöffnet erscheint. Die klassische Beschleunigungsparabel $x = \frac{b}{2}t^2$ ist demgemäß nach rechts geöffnet.

5.5.3 Allgemeine Eigenschaften von Funktionen $y = f(x)$

Wichtige Eigenschaften von Funktionen $y = f(x)$ in einer Variablen:

beschränkt	im Definitionsintervall D gibt es einen Höchstwert (Supremum) und einen Niedrigstwert (Infimum),
einseitig stetig (unstetig) in x_0	$f(x)$ setzt sich in eine x-Richtung kontinuierlich fort
stetig in x_0	$f(x)$ setzt sich in beide x-Richtungen kontinuierlich fort
stetig im Definitionsgebiet D	$f(x)$ ist für alle Punkte im Definitionsgebiet stetig, es gibt keinen Sprung,
einseitig differenzierbar in x_0	$f(x)$ hat in x_0 nach einer Richtung einen eindeutigen Differentialquotienten,
differenzierbar in x_0	$f(x)$ hat in x_0 nach beiden Richtungen den gleichen Differentialquotienten,
differenzierbar in D	$f(x)$ ist in jedem Punkt von D differenzierbar.

Die Graphik Abbildung 5.6 zeigt entsprechende Beispiele.

Die Steigung der Kurve in einem Punkt wird durch die Richtung der Tangente in diesem Punkt, und somit durch ihren Differentialquotienten $f'(x)$ gekennzeichnet. Im Maximum und Minimum (in den Extrema) ist die Tangente parallel zur x-Achse, der Tangens des Anstiegswinkels ist gleich Null. Im Wendepunkt erreicht die Steigung ihren größten oder kleinsten Wert, bezogen auf die Umgebung; im Beispiel liegt ein Wendepunkt mit positiver Steigung vor.

Die Bezeichnung der Krümmung des Funktionsgraphen ist für ein Teilintervall so definiert:

Konkaver Funktionsgraph (negative Krümmung): Alle Punkte der Funktion liegen über der Sehne durch die Endpunkte des Intervalls; die Steigung nimmt mit zuneh-mendem x ab.

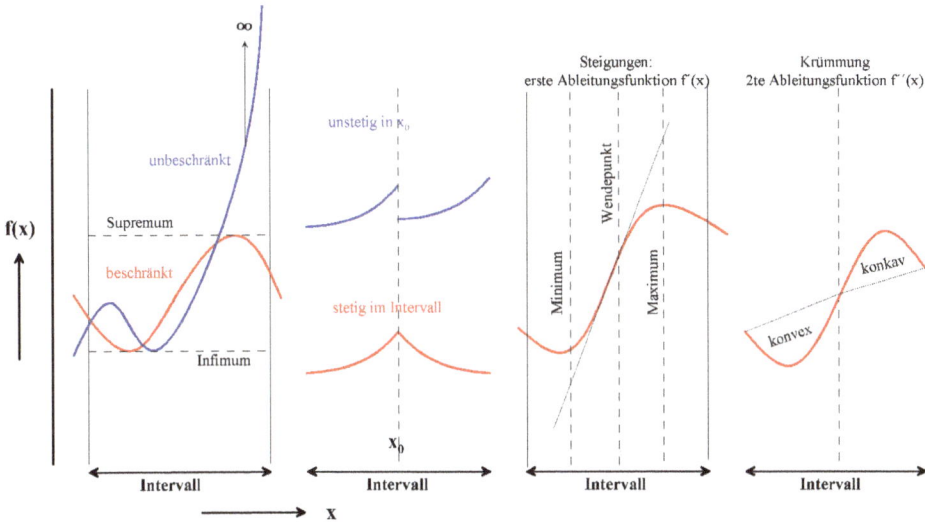

Abbildung 5.6. Eigenschaften von Funktionsgraphen f(x) in einem Intervall der Variablen x. Im Krümmungsbeispiel werden die Bezeichnungen konkav und konvex für ein endliches Intervall gezeigt.

Konvexer Funktionsgraph (positive Krümmung): Alle Punkte der Funktion liegen unter der Sehne durch die Endpunkte des Intervalls; die Steigung nimmt mit zunehmendem x zu.

Die Krümmung in einem Punkt xy (betrachtet als infinitesimal kleines Intervall) erhält man als Grenzwert für verschwindende Intervallbreite. Sie beschreibt die Änderung der Steigung und ist damit gleich dem zweiten Differentialquotienten $f''(x)$. Wie dieser ist bei einer kontinuierlichen Funktion die Krümmung eine lokale Größe, und für zweifach differenzierbare Funktionen selbst eine Funktion von x.

Im Wendepunkt schlägt das Vorzeichen der Krümmung um; die Krümmung und damit die zweite Ableitung hat dort ein Maximum oder Minimum, was dazu führt, dass die dritte Ableitung $f'''(x)$ gleich Null wird.

Die rote Kurve im zweiten Beispiel hat eine Spitze, in der keine eindeutige Steigung definiert ist, sondern nur eine rechtsseitige und eine linksseitige Steigung. Sie ist in diesem Punkt also nur jeweils *einseitig differenzierbar*; ihre Ableitung ist in x_0 unstetig.

Die blaue Kurve im ersten Beispiel divergiert am Ende des Intervalls. Sie ist nicht beschränkt, hat also kein Supremum.

5.5.4 „Exotische" Funktionen

Die funktionalen Zuordnungen können sehr unterschiedlich sein. Eine in Lehrbüchern gern zitierte, einfache, exotische, die Vorstellungskraft anregende, aber durchaus wohldefinierte Funktion ist z. B.:

$$f(x) = \begin{cases} 1 & \text{für } x \text{ irrational,} \\ 0 & \text{für } x \text{ rational} \end{cases}$$

Definitionsgebiet $0 \geq x \geq 1$.

Diese Funktion kann man graphisch offensichtlich gar nicht veranschaulichen, da es in dem Definitionsbereich unbegrenzt viele rationale und irrationale Zahlen gibt, so dass auf der Abszisse die Ordinatenwerte 1 und 0 unauflösbar ineinander geschachtelt sind. Sie ist in keinem Punkt stetig, und nirgends differenzierbar.

Eine graphisch attraktive exotische Funktion ist die fraktale *Kochkurve*, die sich als Limes aus der Verkettung von Dreieckslinien ergibt. Sie ist im Gegensatz zu der vorher genannten Funktion stetig, hat aber in keinem Punkt eine definierte Steigung, also keinen Differentialquotienten, und damit keine Ableitungsfunktion.

Die für die Physik wichtigen Funktionen verhalten sich im Gegensatz dazu in aller Regel gutartig, gelegentlich mit Ausnahme einzelner Punkte. Der folgende Abschnitt 5.6 illustriert einige typische Merkmale.

5.6 Grenzübergang zum Differentialquotienten

Nach diesen Vorüberlegungen wollen wir am Beispiel der Sinusfunktion den Prozess des Grenzübergangs beim Differenzieren in einer Simulation veranschaulichen. Abbildung 5.7 zeigt die *Sinusfunktion* $y = \sin(x)$, dargestellt über etwas mehr als eine volle Periode. Ihre erste (analytische) Ableitung, die *Cosinusfunktion* $d(\sin x)/dx = \cos(x)$, ist gelb eingezeichnet. Auf der Sinusfunktion kann ein blau eingezeichneter Punkt eingestellt werden, in dem dann der Grenzübergang beobachtet werden soll. Der dicke rote Punkt kann mit der Maus auf der Sinuskurve gezogen werden. Die Verbindungslinie beider Punkte wird grün verlängert.

Der rote und der blaue Pfeil zeigen die Differenz der Ordinaten Δy und Abszissen Δx zwischen dem beweglichen roten und dem fest gewählten blauen Punkt an. Der magenta gefärbte Punkt zeigt den Wert des Differenzenquotienten $\Delta y / \Delta x$ an. Wenn Sie den roten Punkt zum blauen ziehen, wird die Verbindungslinie zur Tangente, und der Punkt des Differenzenquotienten wandert zur Linie der ersten Ableitung. Das ist der Grenzübergang $\Delta x \to 0$ des Differenzenquotienten. Sie können die Linie der ersten Ableitung experimentell konstruieren, indem Sie den blauen Aufpunkt entlang der Sinuskurve variieren. In der Beschreibung finden Sie Hinweise auf weitere sinnvolle Experimente.

Der Differenzenquotient ist offensichtlich unabhängig davon, ob die Kurve der Funktion, die in der Abbildung symmetrisch zu der roten x-Achse eingezeichnet ist, ihr gegenüber nach unten oder oben um den konstanten Betrag c verschoben wäre; entsprechendes gilt für den Differentialquotienten. Das entspricht der Regel, dass die

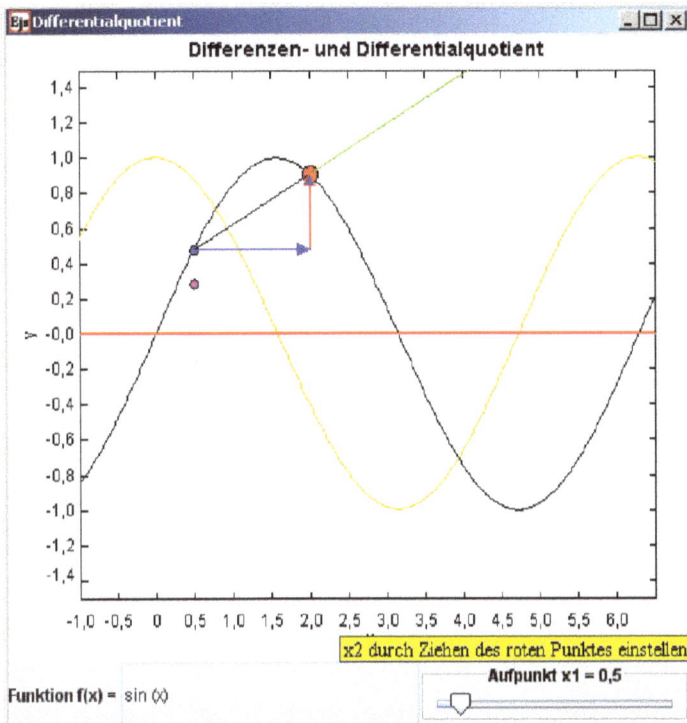

Abbildung 5.7. Simulation. Grenzübergang vom Differenzenquotienten zum Differential-quotienten, gezeigt am Beispiel der Sinusfunktion (schwarz) und ihrer ersten Ableitung (gelb). Die Lage des blauen Aufpunkts kann mit dem Schieber verändert, der rote Punkt mit der Maus gezogen werden. Der kleine magentafarbene Punkt ist der Wert des jeweiligen Differenzen-quotienten. Er nähert sich mit abnehmendem Abszissenintervall dem Wert des analytischen Differentialquotienten an.

Ableitung einer Konstanten gleich Null ist. Alle lediglich um einen konstanten Betrag in der y-Richtung differierenden Funktionen haben die gleiche Ableitung:

$$\frac{d}{dx}(f(x) + c)) = \frac{d}{dx}f(x).$$

Die obige Graphik gilt natürlich auch, wenn man die schwarze Kurve als die erste Ableitung interpretiert und die gelbe als zweite. Wendet man nun die Überlegung zu konstanten Verschiebungen auf die Bildung der zweiten Ableitung an, dann folgt

$$\frac{d^2}{dx^2}(f(x) + c_1 + c_2x) = \frac{d^2}{dx^2}f(x).$$

Die zweite Ableitung (die Krümmung der Ausgangsfunktion) ist also für all die Funk-tionen gleich, die sich nur um eine Konstante c_1 und um einen linearen Anstieg c_2x unterscheiden.

Die Simulation von Abbildung 5.8 veranschaulicht das. Hier ist in blau zusätzlich die zweite Ableitung $(-\sin x)$ eingetragen. Außerdem ist rechts ein Rechteck vorhanden, durch dessen Ziehen ein linearer Term $c_2 x$ zur Sinusfunktion addiert wird. Dabei verlagert sich die erste Ableitung um den Betrag c_2 in y-Richtung. Der Grenzübergang führt den magentafarbenen Punkt des Differenzenquotienten wieder auf diese Kurve. Die zweite Ableitung bleibt von der Veränderung von c_2 unberührt.

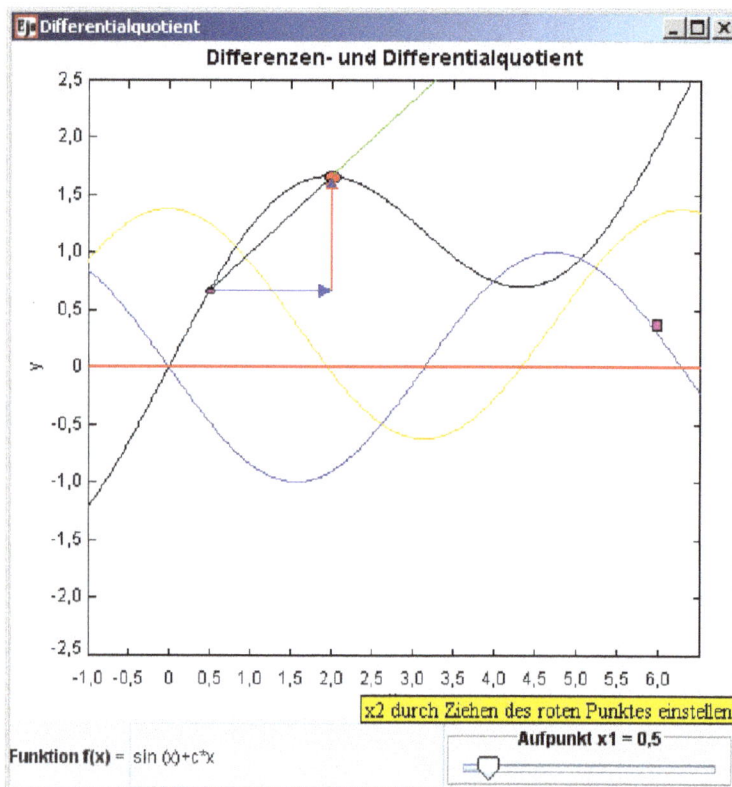

Abbildung 5.8. Simulation. Grenzübergang bei der Bildung der zweiten Ableitung (blau) für eine um einen linearen Term ergänzte Sinusfunktion (schwarz). Aufpunkt und Intervallbreite können durch den Schieber und durch Ziehen des roten Punktes definiert werden, und der lineare Term kann durch Ziehen des rechteckigen Punktes geändert werden. Die gelb gezeichnete erste Ableitung wird dabei in Ordinatenrichtung verschoben.

Die zweite Ableitung charakterisiert die Funktion bis auf zwei Konstanten, welche *Anfangswerte* der Funktion sind, nämlich der für die Funktion selbst, und der für die erste Ableitung. Aus der Schar aller Funktionen, welche die gleiche zweite Ableitung haben, konkretisieren erst die Anfangswerte eine bestimmte, eindeutige Funktion.

Diese Überlegung lässt sich auf höhere Ableitungen fortsetzen. Die *n-te* Ableitung charakterisiert eine Kurvenschar mit n Parametern.

5.7   Ableitung und Differentialgleichungen

Bei der Sinusfunktion besteht eine einfache Beziehung zwischen der Funktion selbst und ihrer zweiten Ableitung; diese ist gleich der *negativen* Sinusfunktion. Dieselbe Beziehung gilt auch für die Cosinusfunktion:

$$y = \sin(x) \to y' = \cos(x) \to y'' = -\sin(x) \Rightarrow y'' = -y$$
$$y = \cos(x) \to y' = -\sin(x) \to y'' = -\cos(x) \Rightarrow y'' = -y.$$

Die funktionale Beziehung zwischen der Funktion und ihren Ableitungen wird als *Differentialgleichung* bezeichnet.

Bei der Winkelfunktion sagt die Differentialgleichung aus, dass die zweite Ableitung der absoluten Größe nach gleich dem Funktionswert ist, *bei umgekehrtem Vorzeichen*. Was bedeutet das anschaulich?

Ist der Funktionswert y positiv und groß, dann ist die Krümmung y'' negativ und groß, führt also schnell zu kleiner werdenden Funktionswerten. Ist der Funktionswert negativ und im Absolutwert groß, führt die große positive Krümmung schnell zu weniger negativen Werten. Ist der Funktionswert klein, so ist auch die Krümmung klein, d h. ein Wachstum in der einen oder anderen Richtung setzt sich zunächst einmal nahezu linear fort (wie im Wendepunkt).

Die negative Beziehung zwischen Funktion und ihrer Krümmung führt also zu einem oszillierenden Verhalten. Kontrollieren Sie diese Aussagen an den beiden letzten Graphiken!

Dass beide Winkelfunktionen $\sin(x)$ und $\cos(x)$ die gleiche Differentialgleichung haben, zeigt ihre enge Verwandtschaft als oszillierende Funktionen. Es folgt sofort, dass auch die Summe aus Sinus- und Cosinusfunktion die gleiche Differentialgleichung erfüllt. (Prüfen Sie nach, dass die Summe nach den Additionsregeln für Winkelfunktionen identisch mit *einer phasenverschobenen Funktion* ist.)

Als zweites Beispiel sei die **Exponentialfunktion** betrachtet, und zwar sowohl für positive wie für negative Exponenten:

$$y = e^x \to y' = e^x; \qquad y'' = e^x \to y' = y \quad \text{und} \quad y'' = y$$
$$y = e^{-x} \to y' = -e^{-x}; \quad y'' = e^x \to y' = -y \quad \text{und} \quad y'' = y.$$

Die zweite Ableitung ist hier *auch im Vorzeichen* identisch mit der Originalfunktion. Was bedeuten diese Beziehungen anschaulich?

Die Krümmung ist gleich dem Funktionswert. Je höher der Funktionswert, umso größer die Krümmung. Eine einmal vorhandene Krümmung setzt sich mit größer werdender Variabler y gleichsinnig fort, unter fortwährender Zunahme. Wenn dabei die Steigung (erste Ableitung) gleiches Vorzeichen hat wie die Funktion, wächst die Funktion immer schneller über alle Grenzen – sie *divergiert*. Wenn die Steigung das entgegengesetzte Vorzeichen hat wie die Funktion, schrumpft die Funktion immer schneller gegen Null, sie *konvergiert* auf den Wert 0. Die Differentialgleichung $y'' = y$ beschreibt beide Verhaltensweisen.

Wie bei der Winkelfunktion dargestellt, gilt die Differentialgleichung dann auch für die Summe von zwei Exponentialfunktionen. Nimmt man für die beiden Summanden Exponenten mit umgekehrten Vorzeichen, so werden damit die Hyperbelfunktionen erfasst:

$$\sinh(x) = \frac{e^x - e^{-x}}{2}; \quad \cosh(x) = \frac{e^x + e^{-x}}{2}.$$

Die Differentialgleichung $y'' = y$ beschreibt also Exponential- und Hyperbelfunktionen, und aus dieser Gemeinsamkeit erkennt man ihre enge Verwandtschaft.

Differentialgleichungen beschreiben die lokalen, *inneren* Strukturen von Funktionen, ihren *Charakter*. Sie sind gewissermaßen die „Generatoren" von Scharen von verwandten Funktionen.

5.8 Phasenraum-Diagramme

Die sämtlichen Variablen eines Systems bilden seinen *Phasenraum*. Ein auf einige Variable begrenzter Ausschnitt daraus wird als *Phasenraum-Projektion* bezeichnet.

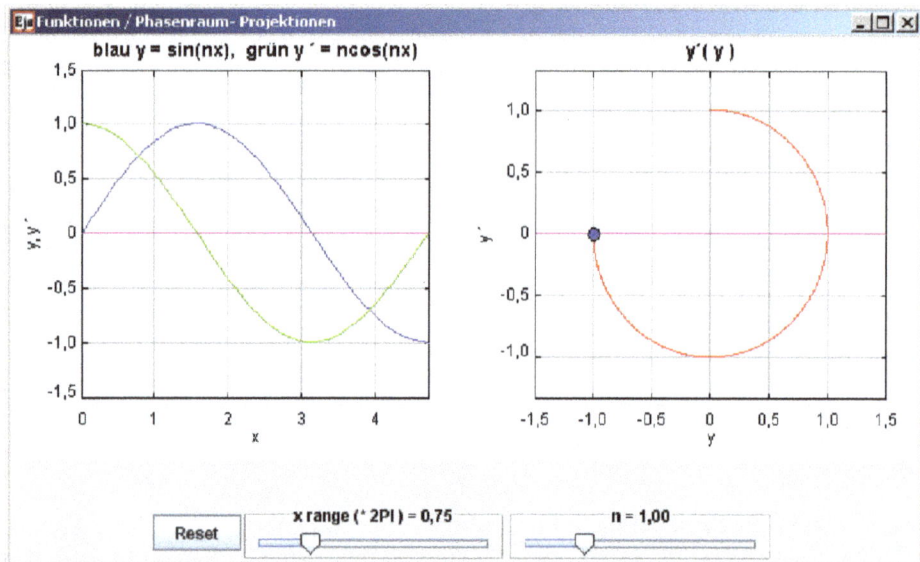

Abbildung 5.9. Simulation. Phasenraumprojektionen für $y = \sin(nx)$ (im Bild $n = 1$). Das linke Fenster zeigt $y(x)$ (blau) und $y'(x)$ (grün). Die Nulllinie ist magentafarben markiert. Das rechte Fenster zeigt $y'(y)$. Der Parameter *xrange* bestimmt die Intervallgröße, der Parameter n die Zahl der Perioden im gezeigten Intervall. Der blaue Punkt im Phasenraum ist der Schlusspunkt des Intervalls.

Bei einer Differentialgleichung $y' = y'(y, x)$ sind $y(x)$, $y'(x)$ und $y'(y)$ drei aussagekräftige Projektionen des Phasenraums.

Die allgemein anzutreffenden Charakteristika *divergent/konvergent/oszillierend* einer Differentialgleichung kann man gut in einem Diagramm veranschaulichen, das neben der Funktion $y(x)$ und seiner Ableitung $y'(x)$ auch die Projektion $y'(y)$ *zeigt*.

In Abbildung 5.9 ist im rechten Fenster diese Phasenraum-Projektion für das System $y(x) = \sin(nx)$ mit der Differentialgleichung $y' = dy/dx = n \cos nx = n\sqrt{1 - \sin^2 nx} = n\sqrt{1 - y^2}$ aufgezeichnet. Die einstellbare Konstante n bestimmt die Zahl der Perioden im Intervall $0 \le x \le 2\pi$.

Für die Winkelfunktion ist $y'(y)$ für $n = 1$ ein Kreis, der periodisch durchlaufen wird; bei $n < 1$ wird die Kurve wegen des Faktors n eine Ellipse und ist nicht geschlossen (warum?). Bei $n > 1$ wird sie mehrfach durchlaufen.

Hier handelt es sich um eine besonders einfache Differentialgleichung. Komplexere Differentialgleichungen (Ordnung n) definieren Familien von entsprechend differenzierteren Funktionen. Immer aber kann man unterscheiden zwischen Lösungen, die mit zunehmender Variablen konvergieren, divergieren oder oszillieren, und die Phasenraum-Projektion $y^{(n)}(y)$ zeigt den Unterschied jeweils besonders anschaulich.

Wir werden in den Kapiteln 9 und 10 Lösungen von Differentialgleichungen eingehend veranschaulichen.

5.9 Integral

5.9.1 Definition der Stammfunktion durch ihre Differentialgleichung

Die erste Ableitung, der Differentialquotient, beschreibt die Änderung einer gegebenen Funktion $y = f(x)$ in Abhängigkeit von der Variablen x. Wir können nun umgekehrt fragen: Gibt es eine Funktion $F(x)$, deren Änderung durch $f(x)$ beschrieben wird, und welche Eigenschaften hat sie? Wenn eine solche Funktion existiert, wird sie als *Stammfunktion* von $f(x)$ bezeichnet, oder als ihr *unbestimmtes Integral*. Sie wird durch die sehr einfache Differentialgleichung beschrieben:

$$F'(x) = f(x), \quad f \text{ vorgegeben, } F \text{ gesucht}$$

$$F(x) = \text{Integral von } f(x) = \int f(x)\,dx$$

$$\rightarrow \frac{d}{dx} \int f(x)\,dx = f(x).$$

Das Integralzeichen erinnert daran, dass die Berechnung durch eine **S**ummenbildung erfolgt, die Formulierung $f(x)\,dx$ daran, dass bei der Berechnung ein Grenzübergang stattfindet, bei dem das betrachtete Variablenintervall infinitesimal klein wird, also $\Delta x \rightarrow dx$. Wir werden dies gleich veranschaulichen.

Mit dieser Differentialgleichung wird offensichtlich eine ganze Schar von Funktionen definiert, die sich jeweils um einen konstanten Wert unterscheiden können, ist doch die Ableitung (Veränderung) einer Konstanten gleich Null. Das unbestimmte Integral einer gegebenen Funktion ist also bis auf eine Konstante bestimmt.

$$\frac{d}{dx}(F(x) + C) = \frac{d}{dx}F(x) = f(x).$$

Wenn die Differentialgleichung eine sinnvolle Lösung hat, die Funktion also *integrierbar* ist, ist das unbestimmte Integral analog zum Differentialquotienten in jedem Punkt x eine Funktion, die bis auf eine Konstante eine *lokale* Eigenschaft der integrierten Funktion $f(x)$ beschreibt.

5.9.2 Bestimmtes Integral und Anfangswert

Was bedeutet die *Integrationskonstante*? Solange wir keine Festlegung über den Bereich der Variablen treffen, ist sie einfach eine beliebige Zahl.

Wenn wir andererseits von einer bestimmten *Anfangsvariablen* x_1 ausgehen und daran denken, dass $f(x)$ die *Änderung* $F'(x)$ der Stammfunktion ist, dann beschreibt die Stammfunktion ab dem Variablenwert x_1 das fortschreitende Ergebnis der Änderungen von $F(x_1)$, die durch $f(x)$ vorgegeben sind.

Dies sei an einem einfachen physikalischen Beispiel veranschaulicht: $f(t)$ sei die zeitlich variable Geschwindigkeit $v(t)$ eines Objektes. Das Ergebnis dieser zeitabhängigen Geschwindigkeit – die auch negative Werte haben kann – ist der zurückgelegte Weg $F(t)$, also $x(t)$. Das heißt, $v(t)$ bestimmt die Abweichung vom Startpunkt in Abhängigkeit von der Zeit.

Die Konstante C ist der *Anfangswert* $F(x_1)$ des Integrals für die Variable x_1 (in unserem Beispiel der Ort, von dem ausgegangen wird).

Solange der Bereich der Variablen nach oben offen ist, $x > x_1$, bleibt das so definierte *bestimmte Integral* eine Funktion der Variablen x.

Interessiert uns die Entwicklung der Stammfunktion in einem *abgeschlossenen Intervall* $x_1 \leq x \leq x_2$, dann wird aus dem bestimmten Integral ein fester *Zahlenwert*. Der Wert am Ende des Integrationsbereichs ist das Ergebnis aus Anfangswert und allen Änderungen bis zum Endwert und wird durch den Wert der Stammfunktion $F(x_2)$ wiedergegeben. Die Entwicklung innerhalb des Intervalls ergibt sich aus der Differenz zum Anfangswert. Bei dieser Differenzbildung verschwindet auch eine nicht festgelegte Integrationskonstante, wenn wir die gleiche Überlegung für Anfangs- und Endwert mit einem beliebigen Ursprungswert außerhalb des Intervalls wiederholen:

$$\int_{x_1}^{x_2} f(x)dx = F(x_2) + C - (F(x_1) + C) = F(x_2) - F(x_1).$$

Diese Beziehung wird als Hauptsatz der Differential- und Integralrechnung bezeichnet.

Zur Berechnung des bestimmten Integrals müssen wir also „nur" seine Stammfunktion kennen. Sie für eine beliebige analytisch vorgegebene Funktion $f(x)$ zu bestimmen, ist im Allgemeinen nicht so einfach möglich wie bei der Ableitung. Grundfunktionen kann man leicht selbst aus der Umkehrung der geläufigen Beziehungen für ihre Ableitungen gewinnen, und für viele kompliziertere Funktionen gibt es Tabellen. Es gibt auch einige nützliche allgemeine Regeln, die helfen können, die Stammfunktion zu finden, etwa die „partielle Integration". Aber es gibt leider keine *immer* zielführenden Regeln.

Insofern spielen numerische Verfahren für die Integration eine besonders wichtige Rolle (siehe 5.9.7).

5.9.3 Integral als Grenzwert einer Summe

In Analogie zur Bildung der Teilsummen einer Reihe kann man für integrierbare Funktionen das Integral als *Flächenmaß* der Funktionswerte in einem Intervall der Variablen definieren. Es ist einleuchtend, dass man dazu nicht einfach eine Summe von Funktionswerten bilden kann, da deren Zahl ja unbegrenzt groß wäre. Der dabei anzuwendende Faktor steht in Analogie zur Indexdifferenz bei Reihen, und ist gleich der Größe des betrachteten Intervalls. Multipliziert man ihn mit einem passend gewählten Funktionswert aus dem Intervall, dann folgt das Maß für den *Flächeninhalt* des Intervalls.

Da sich Funktionen im Allgemeinen in Abhängigkeit von der Variablen ändern, kann die Annahme eines *willkürlichen* Funktionswerts aus dem Intervall (z. B. am Anfang, in der Mitte oder am Ende) nur zu einer Näherung führen. Man zerlegt in diesem Fall ein größeres Intervall $x_2 - x_1$ in n Teilintervalle, die man zweckmäßigerweise alle mit einheitlicher Breite $\Delta x = (x_2 - x_1)/n$ wählt, und summiert über die genäherten Maße der Teilintervalle. Das Integral wird dann als Grenzübergang dieser Summe bei verschwindend kleinem Teilintervall definiert.

Maß des Teilintervalls Δx: $f(x_i)\Delta x$; x_i aus Δx

Summen-Maß des Bereichs $x_2 > x > x_1$: $\displaystyle\sum_{x_i=x_1}^{x_2} f(x_i)\Delta x$

Integral: $\displaystyle\int_{x_1}^{x_2} f(x)dx = \lim_{\Delta x \to 0} \sum_{x_i=x_1}^{x_2} f(x_i)\Delta x.$

Das bestimmte Integral beschreibt die von der Funktion $f(x)$ und der x-Achse im Integrationsbereich umschlossene Fläche.

In der interaktiven Abbildung 5.10 wird der Grenzübergang dargestellt. Die zu integrierende Sinusfunktion ist blau eingezeichnet, ihre *analytische* Integralfunktion rot. Der kleine blaue Punkt, der mit dem Schieberegler verändert werden kann, kennzeichnet den Anfangswert der Integration, und damit zugleich den Nullpunkt des formalen

Integrals. Der dicke magentafarbene Endpunkt des Integrationsbereichs kann mit der Maus gezogen werden. Der zweite Schieberegler legt die Zahl der Teilintervalle fest.

Die grünen Rechtecke stellen den Beitrag des einzelnen Intervalls dar, wenn der Anfangswert des Intervalls als konstant im Intervall angesetzt wird. Die Summe aller Intervalle ergibt den dicken grünen Punkt. Mit abnehmender Intervallbreite nähert er sich dem analytisch berechneten Integral. Bei genügend großer Intervallzahl durchläuft er beim Ziehen des Endpunktes die Integralkurve.

Weitere Anleitungen zum Experimentieren finden Sie in der Beschreibung der Simulation.

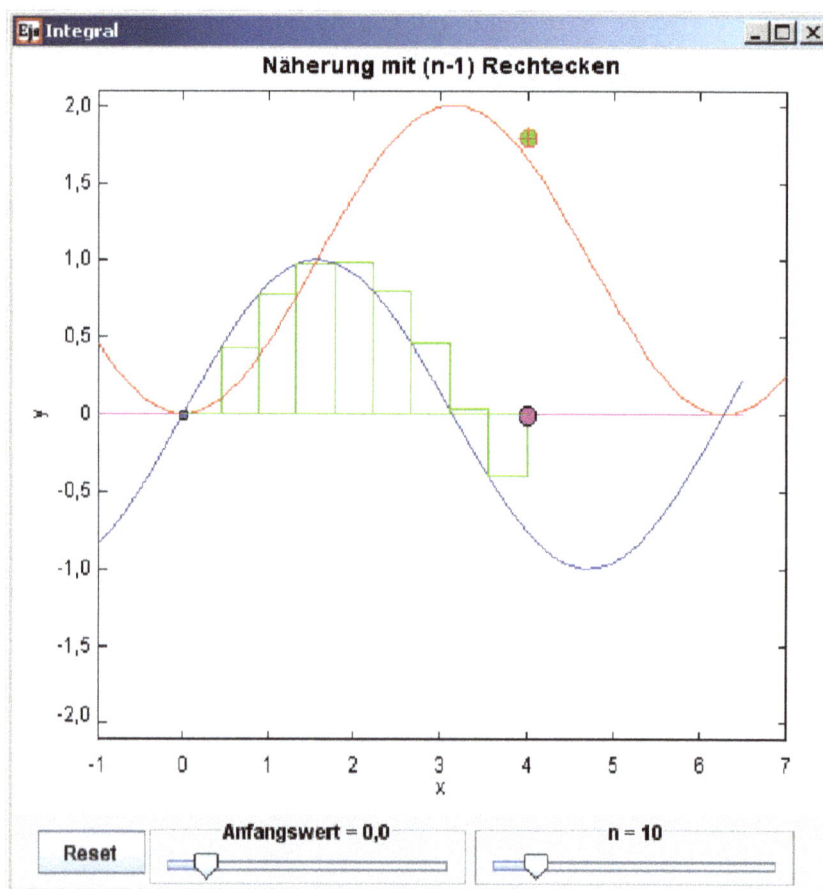

Abbildung 5.10. Simulation. Grenzübergang bei der Integration mit Treppenapproximation (grün), gezeigt am Beispiel der Sinusfunktion (blau). Für jedes Intervall wird der Anfangswert als durchgehend gültig angesetzt. Die rote Kurve ist die Stammfunktion, der grün gefüllte Punkt der Näherungswert für das bestimmte Integral im Integrationsbereich, dessen Anfangswert und Endwert einstellbar sind. Die Intervallteilung wird mit dem Schieber n gewählt (im Bild $n = 10$).

5.9.4 Riemannsche Integraldefinition

Bisher fehlt uns eine Aussage darüber, ob eine Funktion in einem gegebenen Bereich überhaupt *integrierbar* ist. Dies leistet *im klassischen Sinn* die **Riemannsche** Integraldefinition. Wir betrachten die Variablen $x_0 < \cdots < x_i < \cdots < x_n$ mit $x_i - x_{i-1} = \Delta x_i$ und definieren für die Teilintervalle Δx_i zwei Teilsummen, die *Obersumme* und die *Untersumme*. Für die Obersumme wird jeweils der größte Funktionswert im Teilintervall (das Supremum) gewählt, und für die Untersumme jeweils der kleinste (das Infimum). **Wenn beide Teilsummen auf den gleichen Wert konvergieren** – einmal von oben, einmal von unten – ist die Funktion **im Riemannschen Sinn** *integrierbar* (auch: *integrabel*).

Erstes Maß des Teilintervalls $\Delta_i x$: $\Delta_i x \cdot$ *Supremum* von $f(x)$ in $(\Delta_i x)$

Zweites Maß des Teilintervalls $\Delta_i x$: $\Delta_i x \cdot$ *Infimum* von $f(x)$ in $(\Delta_i x)$

Erstes Summen-Maß des Bereichs $x_2 > x > x_1$:

$$\sum_{i=1}^{n} \Delta_i x \cdot \textit{Supremum} \text{ von } f(x) \text{ in } (\Delta_i x)$$

Zweites Summen-Maß des Bereichs $x_2 > x > x_1$:

$$\sum_{i=1}^{n} \Delta_i x \cdot \textit{Infimum} \text{ von } f(x) \text{ in } (\Delta_i x)$$

Riemann-Integral $\displaystyle\int_{x_1}^{x_2} f(x)dx$ existiert, wenn

$$\lim_{n\to\infty} \sum_{i=1}^{n} \Delta_i x \cdot \textit{Supremum} \text{ von } f(x) \text{ in } (\Delta_i x)$$
$$\overset{!}{=} \lim_{n\to\infty} \sum_{i=1}^{n} \Delta_i x \cdot \textit{Infimum} \text{ von } f(x) \text{ in } (\Delta_i x).$$

In der nachfolgenden interaktiven Simulation wird die Bildung der Riemannschen Summen am Beispiel der Sinusfunktion dargestellt, und zwar im linken Fenster über die *Obersumme* (Supremum), im rechten über die *Untersumme* (Infimum). Die Breite der Intervalle ist für alle Intervalle gleich groß. Das formale Integral wird gelb dargestellt. Anfangs- und Endabszissen sind wiederum einstellbar, ebenso die Intervallzahl. Mit zunehmender Auflösung nähern sich beide Summen dem gleichen Wert an.

Die Anfangsabszisse kann wieder mit einem Schieberegler eingestellt, die Endabszisse (magentafarben) mit der Maus gezogen werden. Die Zahl n der Teilintervalle im Integrationsbereich wird mit dem zweiten Schieberegler bestimmt. Das analytisch bestimmte Integral ist gelb eingezeichnet. Sein Anfangswert ist gleich der Anfangsordinate des Integrationsbereichs. Der eckig umrandete Punkt zeigt die Summe aus den Näherungsintervallen.

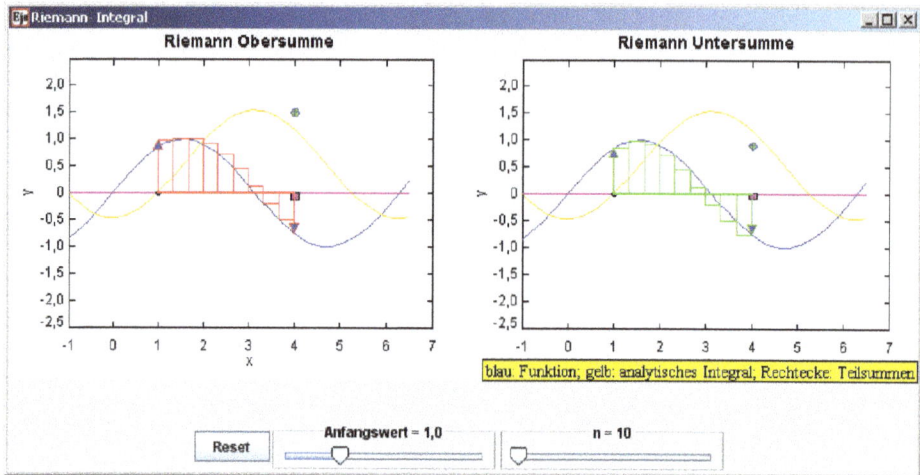

Abbildung 5.11. Simulation. Grenzübergang beim Riemann-Integral im Beispiel der Sinus-funktion (schwarz); Stammfunktion gelb, Integrationsbereich und Intervallteilung einstellbar (im Bild zehn Intervalle). Bei der Obersumme wird im Intervall der höchste Wert, bei der Untersumme der niedrigste Wert angesetzt. Die rechteckigen Punkte sind die Näherungswerte für Supremum (linkes Fenster) und Infimum (rechtes Fenster).

Wenn bekannt ist, dass eine Funktion *Riemann-integrierbar* ist, dann konvergiert jede Summe, die als Maß irgendeinen Wert der Funktion aus dem Teilintervall be-nutzt, gegen das Integral. Damit hat man große Freiheit in der numerischen Berech-nungsmethode. Vergleichen Sie bitte die beiden letzten Abbildungen 5.10 und 5.11: Die Treppen-Näherung mit *Anfangswert* ist weder mit der Näherung durch Supremum noch durch Infimum identisch, führt aber zum gleichen Limes.

Als Beispiel einer Funktion, die *nicht* im Riemannschen Sinn integrierbar ist, kann die bereits erwähnte *exotische* Funktion dienen:

$$f(x) = \begin{cases} 1 & \text{für } x \text{ irrational,} \\ 0 & \text{für } x \text{ rational} \end{cases}$$

Definitionsgebiet $0 \geq x \geq 1$.

Im Definitionsgebiet hat sie offensichtlich eine Obersumme 1 und eine Untersumme 0, da es für jedes beliebig kleine Intervall Δx sowohl rationale als auch irrationale Zahlen, also die Funktionswerte 0 und 1 gibt. Obersumme und Untersumme konver-gieren, aber nicht auf den gleichen Wert, und damit ist die Funktion nicht Riemann-integrierbar.

5.9.5 Lebesgue-Integral

Die Aussage, dass die obige exotische Funktion nicht integrierbar ist, befriedigt nicht
wirklich. Die Zahl der rationalen Zahlen ist verschwindend klein gegen die der irrationalen, daher hat die Funktion $f(x)$ für *fast alle* Werte der Variablen den Wert 1.
Mithin sollte ihr auch ein Integral-Inhalt nahe 1 zugeschrieben werden können.

Diese Frage kann besser mit dem alternativen Begriff des *Lebesgue*-Integrals beant-
wortet werden. Anschaulich gesprochen unterteilt man dabei den Integrationsbereich
in Streifen *parallel* zur x-Achse und fragt nach dem Limes der Summe der so gebildeten Intervalle, jeweils bestimmt durch einen Funktionswert im Teilintervall und dem
zugeordneten *Lebesgue-Maß* des Ordinatenintervalls:

$$\mu(\Delta y) = \text{Maß aller } x\text{-Werte, deren } f(x) \text{ in } \Delta y \text{ liegen.}$$

In dem *exotischen* Beispiel hat der oberste Streifen den Funktionswert 1, und das
Maß seines Variablenintervalls ist (zunächst nahezu) 1, da fast alle Zahlen irrational
sind. Der unterste Streifen hat den Funktionswert Null und damit den Inhalt Null,
unabhängig vom Maß für das Variablenintervall. Die exotische Funktion ist somit
Lebesgue-integrierbar und das Intervall hat den Wert 1.

Der Vorteil der Lebesgueschen Integraldefinition liegt darin, dass der Integralbe-
griff damit über den Bereich der Zahlen hinaus allgemein auf *Mengen* angewandt werden kann, wenn sich diese in Teilmengen unterscheiden lassen, die jeweils *messbar*
sind im Sinne eines endlichen Inhalts. Es gilt: Eine Funktion, *die Riemann-integrierbar*

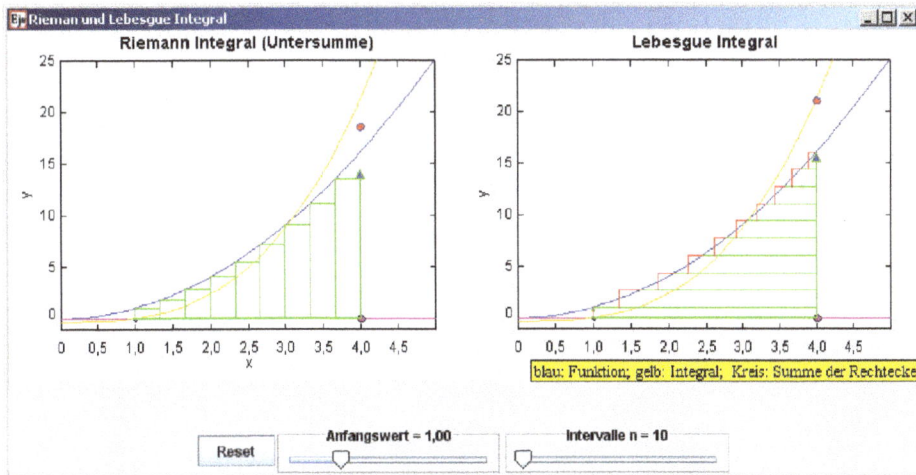

Abbildung 5.12. Simulation. Intervallteilung bei Riemann- und Lebesgue-Integral. Blau:
Funktion, gelb: Stammfunktion, roter Punkt: Näherung bei der gewählten Intervallzahl n.
Der Integrationsbereich ist einstellbar. Im Beispiel des Lebesgue-Integral wurde bereits das
richtige Maß des Grenzübergangs angesetzt.

ist, ist auch *Lebesgue-integrierbar*, aber nicht umgekehrt. Das *Lebesgue-Integral* ist in diesem Sinn ein übergeordneter Begriff.

In der nachfolgenden einfachen Integration wird zur Veranschaulichung links die Integration einer Parabel nach der Riemannschen Methode, rechts nach Lebesgue dargestellt. Im Lebesgue-Integral wurde für dieses einfache Beispiel das Intervallmaß rechnerisch so bestimmt, dass es unabhängig von der Intervallbreite bereits das exakte Maß gibt.

5.9.6 Regeln für die analytische Integration

Wie für Ableitungen gibt es für unbestimmte Integrale eine Reihe von wichtigen allgemeinen Regeln (die Anfangswert-Konstante lassen wir der Übersichtlichkeit halber hier weg).

$$\int C\,dt = C\int dt = Ct \quad \text{Konstante } C$$

mit $g = g(t)$ und $h = h(t)$

$$\int (g(t) + h(t))\,dt = \int g(t)\,dt + \int h(t)\,dt \quad \text{Additivität}$$

$$\int g\,dh = gh - \int h\,dg \quad \text{Teilintegration („partielle Integration")}$$

$$\int f(t)\,dt = \int f(g(x))g'(x)\,dx$$

$$\text{Einführen einer neuen Variablen } x \text{ mittels } t = g(x).$$

Bei den praktisch besonders wichtigen Regeln der Teilintegration und der Einführung einer neuen Variablen kommt es darauf an, solche Funktionen zu finden, die einfach integrierbar sind (wie z. B. *e-Funktion, Potenz, Winkelfunktion*).

Die folgenden Formeln für Grundfunktionen (wieder unter Auslassung der additiven Konstanten) ergeben sich einfach aus den Formeln für die ersten Ableitungen, die weiter oben angegeben wurden. Deshalb werden hier nur die ersten, praktisch wichtigsten, angeführt.

$$\int C\,dt = Ct; \quad \int t^n\,dt = \frac{t^{n+1}}{n+1}; \quad \int e^t\,dt = e^t;$$

$$\int a^t\,dt = \int e^{t\ln a} = \frac{a^t}{\ln a}; \quad \int \sin t\,dt = -\cos t;$$

$$\int \frac{1}{t}\,dt = \ln t; \quad \int \cos t\,dt = \sin t.$$

Die analytische Integration von grundsätzlich integrierbaren, aber eventuell recht komplexen Funktionen ist in aller Regel mühsamer als deren Differentiation, die immer leicht durchführbar ist. Man findet daher umfangreiche Sammlungen von Integralen in den einschlägigen Textbüchern, Handbüchern und im Internet. Auch numerische Rechenprogramme wie *Mathematica* haben eine Fülle von formalen Integralen gespeichert, die man als Formeln abrufen kann, wenn man die zu integrierende Funktion eingibt.

Verständlicherweise spielen für die Integration numerische Methoden eine herausragende Rolle, da es bei deren Anwendung gleichgültig ist, ob für die zu integrierende Funktion ein Integral in Form einer analytischen Funktion bekannt ist oder nicht. Mit numerischen Methoden sind sogar Funktionen integrierbar, die nur als diskrete Messwerte f_i vorliegen.

5.9.7 Numerische Integrationsmethoden

Integrale muss man häufig numerisch berechnen, wenn es analytisch nicht gelingt, die Stammfunktion zu bestimmen. Dabei konvergieren die Summenkurven oder Treppen, die für die bisher gezeigten Grunddefinitionen benutzt wurden, bei Verfeinerung der Intervallbreiten nur relativ langsam. Man muss den Integrationsbereich also in sehr viele Teilintervalle zerlegen, um hohe Genauigkeit zu erreichen.

Daher verwendet man andere Näherungen der Funktion $f(x)$ als Stufenfunktionen, um schneller ans Ziel zu gelangen. Eine nach dem letzten Bild naheliegende Näherung besteht darin, nicht den Wert $f(x_i)$ der Funktion am Anfang des Teilintervalls als konstant für das Intervall zu setzen (*Treppen- oder Rechteck-Näherung*), sondern den Mittelwert zwischen Anfangs- und Endwert $1/2(f(x_i) + f(x_{i+1}))$ zu verwenden. Dies entspricht einer *Trapez-Näherung*, bei der man zu der Treppe noch das zum nächsten Funktionswert führende Dreieck addiert; die Kurve wird hier durch Intervall-Anfangswert und Sekante zum Intervall-Endwert $(y_{i+1} - y_i)/\Delta x$ approximiert. Neben dem Anfangswert wird also eine Näherung für die erste Ableitung verwendet.

Noch genauer wird die Näherung des Funktionsverlaufs durch eine Parabel (***Simpsonsches, Keplersches** Verfahren*), die durch drei aufeinander folgende Funktionswerte festgelegt wird. Hierbei wird auch die Krümmung (2. Ableitung) der Kurve in jedem Teilintervall (x_i, x_{i+1}) näherungsweise berücksichtigt. Damit werden Bereiche gut approximiert, die in dem jeweiligen Teilintervall (x_i, x_{i+1}) keine Wendepunkte haben, sich dort also wie eine Parabel 2. Grades verhalten. Man kann diese Methode weitertreiben, indem man zu Parabeln dritten und höheren Grades geht, die dann gegebenenfalls auch Wendepunkte gestatten. Allerdings muss man dabei für jedes Teilintervall immer mehr Zwischenpunkte der Funktion benutzen. Daher beschränkt man sich meist auf die Parabel zweiten Grades und wählt das Intervall hinreichend klein.

Alle diese Verfahren haben den Vorteil, dass die durch Konstante, Sekanten oder Parabeln begrenzten Funktionen-Näherungen für die Teilintervalle sehr einfach zu integrieren sind.

Rechtecknäherung: $y = y_i \rightarrow \displaystyle\int_{x_i}^{x_i + \Delta_i x} y\,dx \approx \int_{x_1}^{x_1 + \Delta_i x} y_1\,dx = \Delta_i x \cdot y_i$

Simpson

Trapeznäherung: $y = y_i + \dfrac{y_{i+1} - y_i}{\Delta_i x}(x - x_i) \rightarrow$

$$\int_{x_i}^{x_i + \Delta_i x} y\,dx \approx \Delta_i x y_i + \frac{y_{i+1} - y_i}{\Delta_i x}\left[\frac{(x_i + \Delta_i x)^2 - x_i^2}{2} - x_i(x_i + \Delta_i x - x_i)\right]$$

$$= \Delta_i x y_i + \frac{\Delta_i x}{2}(y_{i+1} - y_i) = \frac{\Delta_i x}{2}(y_i + y_{i+1})$$

Parabelnäherung: $\displaystyle\int_{x_i}^{x_i + \Delta_i x} y\,dx \approx \int_{x_i}^{x_i + 2\Delta_i x}(ax^2 + bx + c)\,dx$

$$= \frac{\Delta_i x}{3}(y_i + 4y_{i+1} + y_{i+2}).$$

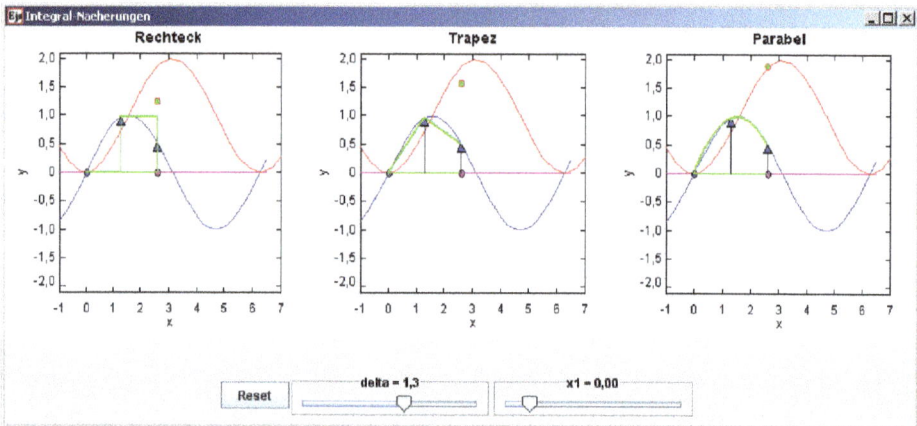

Abbildung 5.13. Simulation. Treppen-, Trapez- und Parabelnäherung bei der numerischen Integration der Sinusfunktion (blau) mit zwei Teilintervallen. Bei Verkleinern der Intervalle kann man die Qualität der Konvergenz für diese Näherungen vergleichen. Je näher der numerische Wert (grüner Punkt) an der hier bekannten analytischen Kurve (rot) liegt, desto besser ist das Näherungsverfahren.

Die Simulation Abbildung 5.13 vergleicht die drei Methoden für zwei benachbarte Teilintervalle. Als Beispiel dient wieder die Sinusfunktion (blau) mit ihrem analytischen Integral (rot). Anfangs- und Endpunkt des Integrationsbereichs sind variabel. Die Summe aus den beiden Intervallen wird als grüner Punkt angezeigt. Die Simulation demonstriert die große Überlegenheit der Parabelnäherung, deren Ergebnis auch für grobe Intervallteilung praktisch auf der roten Kurve liegt.

Zwar ist es etwas mühsam, die Parameter einer Parabel zu berechnen, die durch drei Punkte gehen soll; das braucht man aber nur dann, wenn (wie in dieser Simulation) die Schmiegungskurven berechnet werden sollen. Folgende Rechenschritte sind für jedes Teilintervall $x_i = x_1, 1/2(x_i + x_{i+1}) = x_2, x_{i+1} = x_3$ zu gehen:

Intervallkoordinaten $x_1, y_1\ x_2, y_2\ x_3, y_3$

mit $x_2 - x_1 = \Delta_i x/2$; $x_3 - x_2 = \Delta_i x/2$; $\Delta_i x = x_3 - x_1$

Allgemeine Parabel $y = ax^2 + bx + c$

die Parameter a, b, c werden aus den Funktionskoordinaten bestimmt:

$1 \to y_1 = ax_1^2 + bx_1 + c, \ 2 \to y_2 = ax_2^2 + bx_2 + c, \ 3 \to y_3 = ax_3^2 + bx_3 + c.$

Auflösung nach a, b, c liefert

$$a = \frac{2}{\Delta x^2}(y_1 - 2y_2 + y_3)$$

$$b = \frac{2}{\Delta x}(y_2 - y_1) - (x_1 + x_2)a$$

$$= \frac{2}{\Delta x}(y_2 - y_1) - \frac{2}{\Delta x^2}(x_1 + x_2)(y_1 - 2y_2 + y_3)$$

$$c = y_1 - ax_1^2 - bx_1 = y_1 - x_1^2 \frac{2}{\Delta x^2}(y_1 - 2y_2 + y_3)$$

$$- x_1 \left[\frac{2}{\Delta x}(y_2 - y_1) - (x_1 + x_2)\frac{2}{\Delta x^2}(y_1 - 2y_2 + y_3) \right].$$

Für das Näherungsintegral über das betrachtete Teilintervall $\Delta_i x$ ergibt sich nach Einsetzen der Parabelparameter und Integration über den Bereich $\Delta_i x$ eine verblüffend einfache Formel, in die außer der Intervallbreite nur die Ordinaten der drei Punkte eingehen:

$$\text{Parabelnäherung von } \int_{x_i}^{x_{i+1}} f(x)dx \approx \int_{x_i}^{x_{i+1}} (ax^2 + bx + c)dx$$

$$= \frac{\Delta x_i}{6}\left(y_i + 4y_{\frac{\Delta_i x}{2}} + y_{i+1}\right).$$

5.9.8 Fehlerabschätzung bei numerischer Integration

Um ein Maß für die Genauigkeit der verschiedenen Integrationsverfahren (bei genügend kleinem Intervall) zu bekommen, entwickeln wir die Funktion in eine Taylorreihe. Nach der Integration nehmen wir dann das nächste in der Näherung nicht berücksichtigte Glied als Maß für den Fehler. Um die Übersichtlichkeit zu verbessern, entwickeln wir die Funktion in eine Taylorreihe um $x = 0$ bis zur fünften Ordnung.

$$f(x) = y(x) = y(0) + y'(0)x + y''(0)\frac{x^2}{2!} + y'''(0)\frac{x^3}{3!}$$

$$+ y^{(4)}(0)\frac{x^4}{4!} + y^{(5)}(0)\frac{x^5}{5!}$$

$$1) \quad \int_0^{\Delta x} f(x)dx = y(0)\Delta x + \frac{y'(0)}{2}\Delta x^2 + \frac{y''(0)}{3 \cdot 2!}\Delta x^3$$

$$+ \frac{y'''(0)}{4 \cdot 3!}\Delta x^4 + \frac{y^{(4)}(0)}{5 \cdot 4!}\Delta x^5 + \frac{y^{(5)}(0)}{6 \cdot 5!}\Delta x^6$$

$$2) \int_{-\Delta x}^{0} f(x)dx = y(0)\Delta x - \frac{y'(0)}{2}\Delta x^2 + \frac{y''(0)}{3\cdot 2!}\Delta x^3$$

$$- \frac{y'''(0)}{4\cdot 3!}\Delta x^4 + \frac{y^{(4)}(0)}{5\cdot 4!}\Delta x^5 - \frac{y^{(5)}(0)}{6\cdot 5!}\Delta x^6$$

$$\int_{-\Delta x}^{\Delta x} f(x)dx = \int_{0}^{\Delta x} f(x)dx + \int_{-\Delta x}^{0} f(x)dx$$

$$= 2\left[y(0)\Delta x + \frac{y''(0)}{3!}\Delta x^3 + \frac{y^{(4)}(0)}{5!}\Delta x^5 \right]$$

$$\int_{-\Delta x/2}^{\Delta x/2} f(x)dx = 2\left[y(0)\frac{\Delta x}{2} + \frac{y''(0)}{3!}\left(\frac{\Delta x}{2}\right)^3 + \frac{y^{(4)}(0)}{5!}\left(\frac{\Delta x}{2}\right)^5 \right].$$

Beim *Treppenstufen*-Verfahren wird in 1) nur das erste Glied $1/2\,y'(0)x$ verwendet. Der Fehler pro Intervall ist somit von der Ordnung Δx^2. Fragt man nach dem Fehler im gesamten Integrationsbereich L, dann muss man $L/\Delta x$ Intervalle summieren. Der Gesamtfehler ist also linear proportional zu Δx. Anders ausgedrückt: Eine Verdopplung der Auflösung führt zu einer Halbierung des Fehlers, bzw. zu einer Verdopplung der Genauigkeit.

Beim *Sekanten-Trapez*-Verfahren werden in 1) die ersten beiden Glieder verwendet. Der Intervall-Fehler ist dann proportional zu Δx^3, der Gesamtfehler also quadratisch abhängig von Δx^2. Eine Verdopplung der Auflösung führt hier zu einer Vervierfachung der Genauigkeit.

Beim *Parabel*-Verfahren wird nach 2) von der Mitte des Doppelintervalls einmal nach rechts, einmal nach links entwickelt, und das Integral über das Gesamtintervall ist die Summe beider Teilintervalle. Dabei fallen alle Glieder mit geraden Exponenten heraus. Bei der Parabel wird auch die Krümmung, also y'', berücksichtigt. Der Fehler pro Intervall ist proportional zu Δx^5, der Gesamtfehler also proportional zu Δx^4. Damit führt eine Verdopplung der Auflösung hier zu sechzehnfach höherer Genauigkeit. Zusätzlich wird der große Faktor $5! = 120$ fehlerverkleinernd wirksam.

Hinweis: Die für die Integration angesetzte Näherungsparabel ist *nicht* identisch mit der dritten Teilsumme der Taylorreihe. Diese ist nur im Aufpunkt *gleich* der Funktion, während die Näherungsparabel in drei Punkten *gleich* der Funktion ist.

Das nachfolgende Bild vergleicht für die numerische Integration der Sinusfunktion die Abweichung vom analytischen Integral beim Trapez- und beim Parabelverfahren. Dies geschieht in Abhängigkeit von der Auflösung (Zahl der Teilintervalle). Das Bild ist logarithmisch skaliert. Die Punkte stellen numerische Integrale über einen konstanten Integrationsbereich dar, die Linien zeigen für eine Intervallzahl n die Kurven $y = n^{-2}$ und $y = n^{-4}$. Der Anfangspunkt der beiden Kurven ist so festgelegt, dass er mit der numerischen Abweichung des Integrals bei der geringsten verwendeten Intervallzahl zusammenfällt. Der weitere Verlauf bestätigt die erwartete Abhängigkeit von n.

Das Beispiel sollte Ihnen zeigen, wie vielseitig anwendbar bereits die Taylorreihe fünfter Ordnung ist, deshalb haben wir dies so ausführlich behandelt.

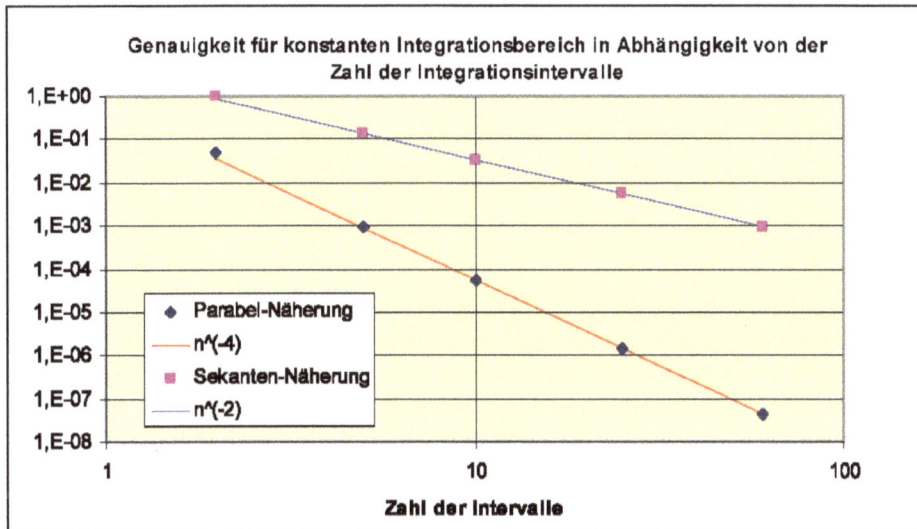

Abbildung 5.14. Vergleich der erzielten Genauigkeit bei der numerischen Integration nach Trapez- und Parabel- bzw. Sekanten-Näherung in Abhängigkeit von der Zahl der Teilintervalle im Integrationsbereich (Punkte). Die Linien stellen die analytisch erwarteten Abhängigkeiten von der Intervallzahl n dar. Für 100 Teilintervalle ist die Parabelnäherung mehr als fünf Größenordnungen genauer.

5.10 Reihenentwicklung (2): Die Fourierreihe

5.10.1 Taylorreihe und Fourierreihe

Die Teilsummen der Taylorreihe nähern eine Funktion $f(x)$ in der Umgebung eines Aufpunkts x_0 durch Teilsummen einer Potenzreihe an. Wollte man damit eine Funktion über ein größeres Intervall approximieren, so bräuchte man Glieder sehr hoher Ordnung. Das Taylorpolynom müsste im gewünschten Intervall mindestens so viele Wendepunkte haben wie die Funktion. Bei periodischen Funktionen wäre das für Intervalle größer als eine Periode sehr aufwendig.

Periodische Funktionen haben große praktische Bedeutung in der Nachrichten- und Elektrotechnik. Für sie eignet sich die Approximation durch Überlagerung von *periodischen* Standard-Funktionen (Sinus, Cosinus) weit besser. Man entwickelt die Funktion in eine Reihe, die aus „Grundton" und „Obertönen" besteht, also aus den Funktionen $\sin(nx)$, $\cos(nx)$, mit ganzzahligem n.

Die Analogie zur Analyse einer schwingenden Saite leuchtet sofort ein: $\sin(x)$ beschreibt die Schwingungsform ihres Grundtons, $\sin(2x)$ den der Oktave, $\sin(3x)$

den der darüber liegenden Quinte, usf. Bei der beidseitig eingespannten Saite ist die Grundperiode dabei gleich der doppelten Saitenlänge. Die Variable x ist hier das Produkt ωt aus der *Kreisfrequenz* ω und der Zeit t:

$$x = \omega t = 2\pi \nu t = 2\pi \frac{t}{T}; \quad \nu \text{ Schwingungsfrequenz;}$$

$$T \text{ Dauer einer Schwingungsperiode.}$$

Je nach Form von $f(t)$ überlagert man für eine Approximation mehr oder weniger viele dieser Sinus/Cosinus-Schwingungen mit bestimmter Stärke, ausgedrückt durch einen Zahlenfaktor, der die Amplituden bestimmt. Der Satz der Amplituden der Obertöne, d h. der Koeffizienten der Reihenentwicklung, stellt das *Spektrum* der periodischen Schwingung dar. Spektrum und Schwingungsform sind korrespondierende Darstellungen des gleichen Phänomens $f(t)$. Man nennt die Überlagerungsform die **Fourierreihe** von $f(t)$.

Während Teilsummen der Taylorreihe die Funktion *in der Umgebung eines Punktes* approximieren, sind die Teilsummen der Fourierreihe *Näherungen für das gesamte Intervall* der Grundperiode, und damit auch – wegen der Periodizität der hier betrachteten Funktionen – für einen unbegrenzten Bereich der Variablen. Dabei muss die Fourier-Näherung in keinem speziellen Punkt mit der Funktion exakt zusammenfallen, während dies bei der Taylorreihe für den Aufpunkt der Fall ist.

Es hängt von $f(t)$ ab, wie viele Obertöne man zu überlagern hat, um für fast alle Punkte eine bestimmte Genauigkeit zu erreichen. Eventuell sind es unendlich viele. Wenn man den Konvergenzbegriff für die Fouriersumme nicht allzu scharf auslegt, konvergieren Fourierreihen für alle Funktionen, auch für unstetige. Dabei ist die Konvergenz innerhalb der Periode nicht notwendig gleichmäßig, d h. sie kann für manche t besser, für andere schlechter sein oder gar nicht gelingen. An Unstetigkeiten tritt z.B. auch bei hohen Ordnungen ein Überschwingen auf (in der Nachrichtentechnik *ringing* genannt)

Da es sich bei den zu betrachtenden periodischen Schwingungsvorgängen ganz überwiegend um zeitliche Schwingungen handelt, ist die übliche Variable $x = \omega t$. Um auch Phasenverschiebungen der einzelnen Oberwellen zu erfassen, setzen wir additiv Terme $\sin(nx)$ und $\cos(nx)$ an. (Die Summe stellt eine phasenverschobene Sinus-, bzw. Cosinusfunktion dar). Die allgemeine Fourierreihe lautet dann

$$f(t) = \frac{a_0}{2} + \sum_{n=1}^{\infty} a_n \cos(n\omega t) + b_n \sin(n\omega t).$$

Bei gegebenem Spektrum $a_0, a_i, b_i, i = 1, 2, \ldots$ kann man $f(t)$ ausrechnen. Bei vorgegebener Funktion $f(t)$ lassen sich alle Koeffizienten bestimmen, also das Spektrum angeben.

5.10.2 Bestimmung der Fourier-Koeffizienten

Wie gewinnen wir nun die Koeffizienten a_n und b_n?

Bei der Taylorreihe hatten wir die Tatsache genutzt, dass nach Differenzieren alle Glieder, die noch den Abstand zum Aufpunkt enthalten, im Aufpunkt zu Null werden. Dadurch wurde der Koeffizient des Gliedes, das nach Differenzieren jeweils *konstant* ist, gleich der korrespondierenden Ableitung im Aufpunkt.

Bei der Fourierreihe gehen wir stattdessen von einer Integration des Produkts aus der Funktion und den Oberwellen $\cos(m\omega t)$ bzw. $\sin(m\omega t)$; $m = 1, 2, 3, \ldots$ über eine Periode T der Grundfrequenz ($m = 1$) aus.

$$\int_0^T \cos(m\omega t) f(t) dt = \int_0^T \cos(m\omega t) \left(\frac{a_0}{2} + \sum_{n=1}^{\infty} a_n \cos(n\omega t) + b_n \sin(n\omega t) \right) dt$$

$$\int_0^T \sin(m\omega t) f(t) dt = \int_0^T \sin(m\omega t) \left(\frac{a_0}{2} + \sum_{n=1}^{\infty} a_n \cos(n\omega t) + b_n \sin(n\omega t) \right) dt.$$

Das sieht zunächst kompliziert aus – da aber das Integral über eine Periode des Cosinus (bzw. Sinus) Null ist, wird das Integral über die Konstante (das erste Glied, vor dem Summensymbol) fast immer gleich Null. Nur für $m = 0$ bekommt man einen Beitrag, weil $\cos(0) = 1 = $ const. ist. Folglich gilt

$$\frac{a_0}{2} = \frac{1}{T} \int_0^T f(t) dt.$$

Weiter ist das Integral über das Produkt aus einer Oberwelle m und einer zweiten Oberwelle n immer Null, wenn es sich nicht um dieselbe Oberwelle handelt, also für $m \neq n$. Es bleibt daher nur das Integral über $\cos^2 mx$ bzw. $\sin^2 mx$, und das ist gleich $T/2$. Damit lassen sich die Koeffizienten leicht angeben – allerdings müssen dazu die Integrale bestimmt werden, und das erfordert oft numerische Berechnungen.

$$a_n = \frac{2}{T} \int \cos(n\omega t) f(t) dt; \quad b_n = \frac{2}{T} \int \sin(n\omega t) f(t) dt.$$

Die Simulation von Abbildung 5.15 veranschaulicht diese Zusammenhänge, die die Berechnung der Fourierkoeffizienten vereinfachen. Aus einem Auswahlfeld wird eine der periodischen Funktionen vom allgemeinen Typ

$$\cos(mx)(a \cos(nx) + b \sin(nx))$$

gewählt. Mit Schiebereglern können Parameter a und b und die Ganzzahlen m und n eingestellt werden. Die Funktion wird rot eingezeichnet. Nach Aktivieren des Feldes *Integral* wird die blaue Integralfunktion über eine Periode der Grundschwingung von 0 bis 2π berechnet. Der Endwert ist das hier interessierende bestimmte Integral.

Man überzeugt sich zunächst, dass das Integral über Sinus und Cosinus jeweils gleich Null ist und dass die Addition von Sinus- und Cosinusfunktion zu einer phasenverschobenen Sinus- bzw. Cosinusfunktion führt, deren Integral ebenfalls Null ist. Die Berechnung des Integrals über das Produkt aus der Funktion mit einer Oberwelle von zunächst offener Ordnung zeigt, dass in der Tat alle Anteile verschwinden außer dem einen, bei dem die Ordnung der Oberwellen und der Funktionstyp (Sinus oder Cosinus) gleich sind. Man erkennt, dass die Symmetrie der verschiedenen Funktionen zum Mittelpunkt der Periode auf der x-Achse die Ursache des spezifischen Ergebnisses ist. Es gilt also

$$\int_0^T \cos(m\omega t)dt = 0; \quad \int_0^T \cos(m\omega t)\sin(n\omega t)dt = 0;$$

$$\int_0^T \cos(m\omega t)\cos(n\omega t)dt = \begin{cases} 0 & \text{für } m \neq n \\ T/2 & \text{für } m = n. \end{cases}$$

Diese Eigenschaft der Funktionen Sinus und Cosinus kennzeichnet sie als Beispiel eines *orthogonalen Funktionssystems*. Zwei Funktionen nennt man orthogonal, wenn Folgendes gilt:

$$\int_0^T f_1(t)f_2(t)dt = 0 \quad \text{für } f_1(t) \neq f_2(t).$$

In den Beschreibungsblättern der Simulation sind nähere Anweisungen und Hinweise für Experimente enthalten. Wählen Sie nach dem Öffnen einen Funktionstyp, und drücken Sie die Enter-Taste. Der Integrationsprozess ist animiert, damit Sie den Unterschied der Integrale beim Wechsel der Funktionen besser erkennen.

5.10.3 Veranschaulichung der Berechnung von Koeffizienten und Spektrum

Die Simulation Abbildung 5.16 veranschaulicht die Berechnung der Fourier-Koeffizienten für die Grundschwingung und die ersten neun Oberschwingungen, und zwar für die typischen jeweils periodischen Schwingungsformen *Sägezahn*, *Rechteck*, *Rechteck-Impuls* und *Gauß-Impuls*. Dazu werden die Funktionen gebildet, die unter dem Integral stehen (rot), und die Integration wird durchgeführt (blau). Der Endwert des Integrals ist, bis auf einen Faktor π (der unterdrückt wurde, um besser ablesbare Werte zu bekommen), gleich dem Koeffizienten der gewählten Ordnung. Die Funktionen sind mit bis zu drei Parametern a, b, c ausgestattet, durch welche die Amplituden eingestellt, der Symmetriepunkt verschoben und die Impulsbreite verändert

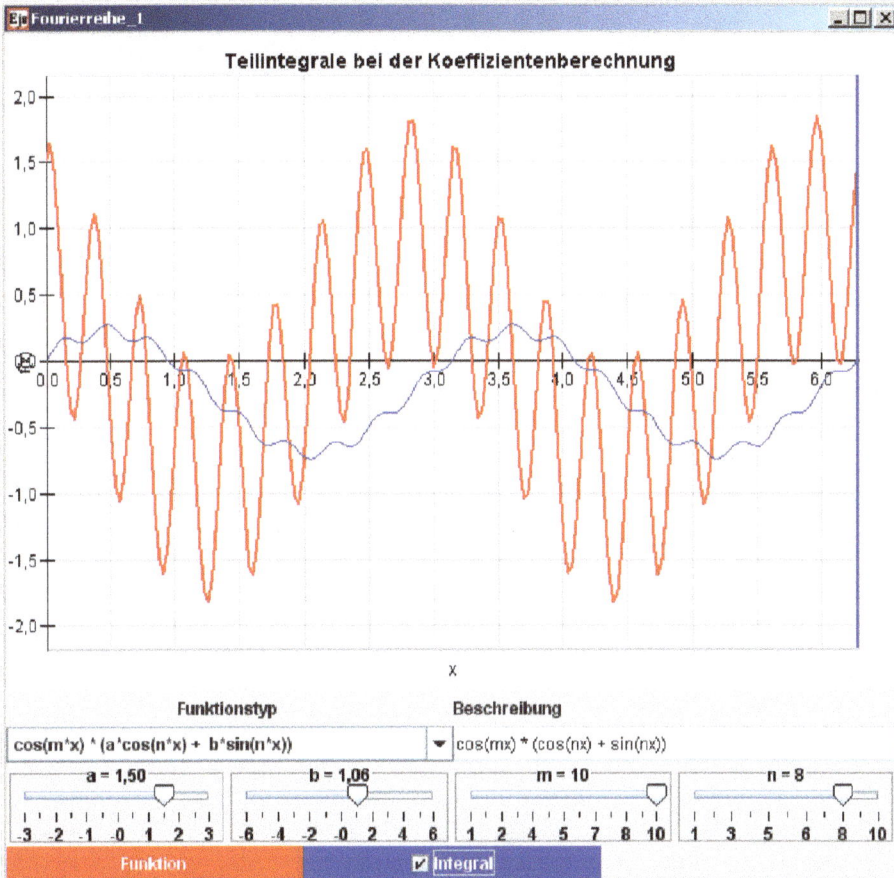

Abbildung 5.15. Simulation. Teilintegrale bei der Berechnung der Koeffizienten einer Fourierreihe. Die Simulation veranschaulicht die *Orthogonalität* der Winkelfunktionen. Die rote Kurve stellt das Produkt aus $\cos(mx)$ und wählbaren Oberwellenordnungen ($a\cos(nx) + b\sin(nx)$) dar (im Bild $m = 10$, $n = 8$). Die blaue Kurve zeigt seine Integralfunktion, deren Endwert (bestimmtes Integral über eine Periode von $f(t)$) für $m \neq n$ gleich Null wird. Für $m = n$ ist der Wert des Integrals über $a\cos(mx)\cos(mx) = a\pi$, über das gemischte Glieds $b\cos(mx)\sin(mx) = 0$. Die Integration wird mit der Anwahl des Optionskästchens ausgelöst.

werden können. Aus der Simulation können die Spektren für die gezeigten Funktionen numerisch-experimentell bestimmt werden.

Das interaktive Bild der Simulation zeigt die Zusammenhänge für den Sinuskoeffizienten zehnter Ordnung eines symmetrischen Sägezahns (Umhüllende der Sinusschwingung). Die Simulation wird mit Auswahl einer Funktion und *Enter*-Taste gestartet. Die Beschreibung und die Anleitungen zum Experimentieren enthalten weitere Einzelheiten.

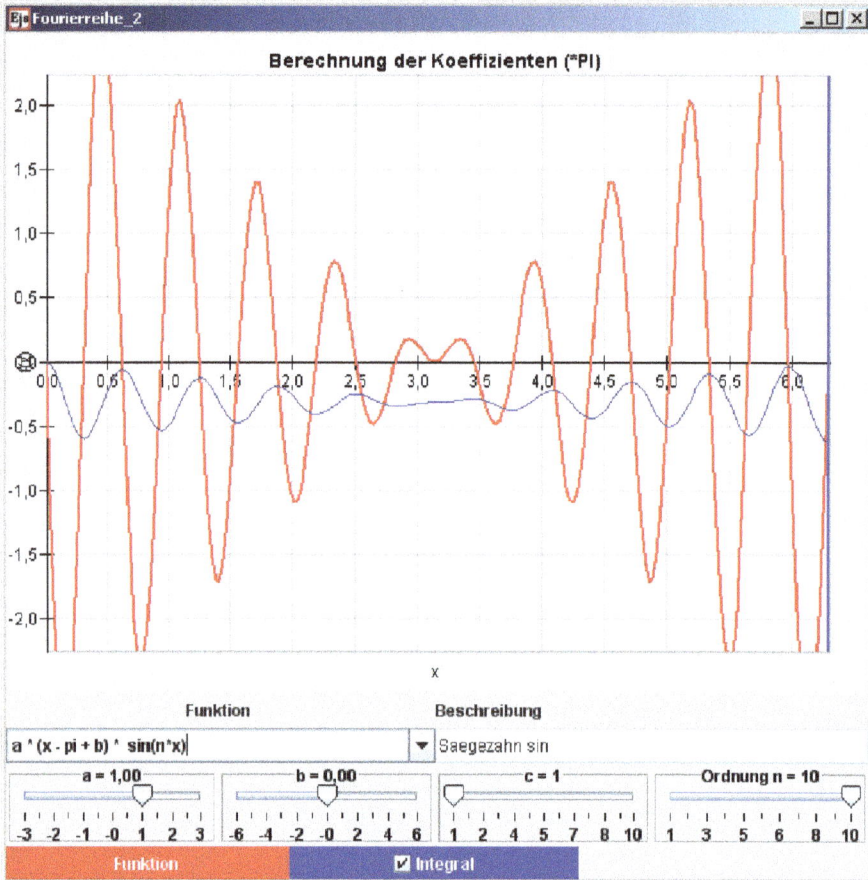

Abbildung 5.16. Simulation. Berechnung der Fourierkoeffizienten für wählbare Funktionen $f(t)$, im Bild gezeigt für eine Sägezahn-Schwingung. Rot $f(t)\sin(10t)$, blau die Integralfunktion; ihr Endwert entspricht dem Koeffizienten bn der zehnten Sinus-Oberschwingung.

5.10.4 Beispiele für Fourier-Entwicklungen

Im nächsten Beispiel (Abbildung 5.17a bis 5.17c) erfolgt die Berechnung der Koeffizienten im Hintergrund. In einem Fenster wird rot die Funktion und blau die Fourier-Teilsumme bei der eingegebenen Ordnung gezeigt. Das Funktionsfenster ist interaktiv, so dass Sie hier zahlreiche weitere Funktionen eingeben können, wobei in der Beschreibung einige vorgeschlagen werden. In einem Textfenster kann die Ordnung der Analyse eingestellt werden. Mit einem Schieber wird die aktuelle Näherungsordnung n gewählt. Die Simulation erlaubt das Berechnen auch sehr hoher Ordnungen.

Die Berechnung der blau eingezeichneten n-ten Ordnung folgt unmittelbar auf eine Eingabe. Das Diagramm ist über den Integrationsbereich 2π hinaus erweitert, so dass man die beidseitige periodische Fortsetzung sehen kann.

In Abbildung 5.17a wird als Beispiel die Fourierreihe in 43. Ordnung als Näherung für einen symmetrischen, periodischen Rechteck-Impuls gezeigt. Beim Rechteck erkennt man sehr schön das für Fourier-Approximationen typische Überschwingen an Unstetigkeiten, das auch bei sehr hoher Ordnung der Näherung nicht verschwindet.

Abbildung 5.17b zeigt aus der gleichen Simulation eine obertonreiche, nichtlinear mit einer höherfrequenten Sinusschwingung modulierte Sägezahnschwingung in 17. Ordnung. Ähnlich komplizierte Schwingungsformen werden in Synthesizern zur Erzeugung interessanter Klänge eingesetzt.

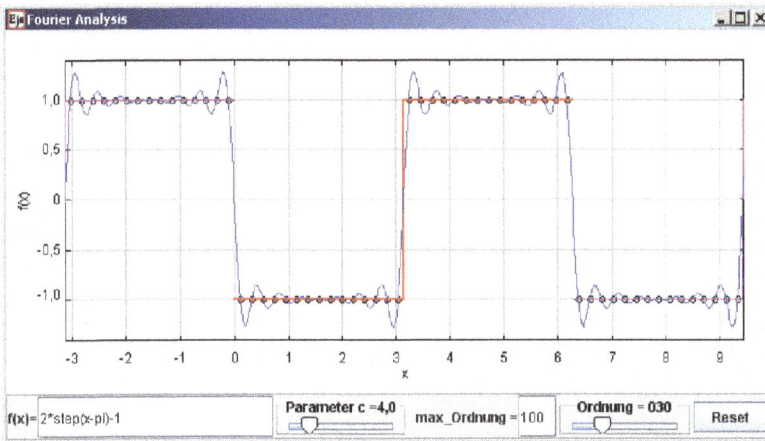

Abbildung 5.17a. Simulation. Periodischer Rechteck-Impuls (rot) und seine Fourier-Näherung (blau, im Bild in 43. Ordnung). Die berechnete Ordnung n ist wählbar.

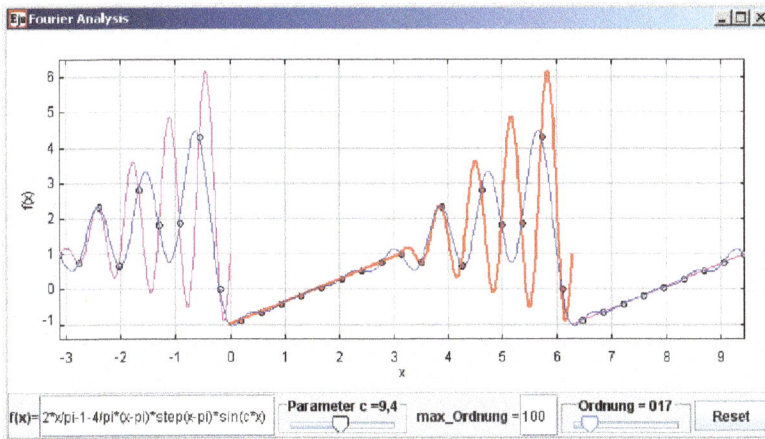

Abbildung 5.17b. Beispiel aus Simulation 5.17a. Periodischer Sägezahn, ab der Periodenmitte höherfrequent sinusförmig moduliert (rot) und Fourier-Näherung 17ter Ordnung (blau). Die Modulationsfrequenz kann mit dem Schieber c gewählt werden.

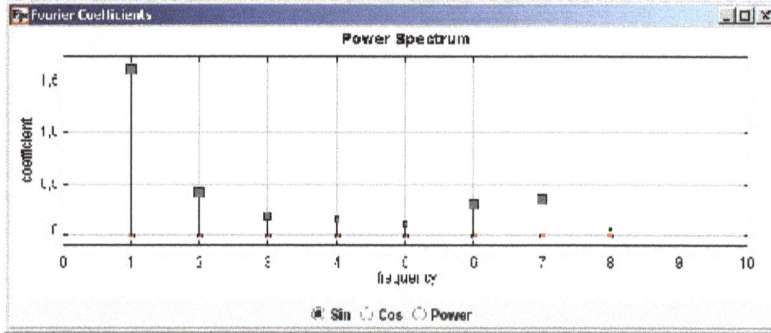

Abbildung 5.17c. Frequenzspektrum zur Fourierreihe des modulierten Sägezahns von Abbildung 5.17b. Die Abszisse zeigt die Ordnung n des Obertons (Grundton $n = 1$), für die Ordinate kann die Anzeige der Amplitude von Einzel-Koeffizienten oder der Gesamtleistung in einer Ordnung gewählt werden.

In einem zweiten Fenster der Simulation (Abbildung 5.17c) wird das Spektrum dargestellt, das zwischen Sinus- (a_n), Cosinus- (b_n), und Leistungsspektrum ($a_n^2 + b_n^2$) umschaltbar ist. Abbildung 5.17c zeigt das obertonreiche Spektrum des modulierten Sägezahns, mit ausgeprägtem *Formanten*-Bereich beim sechsten und siebten Oberton. Formanten nennt man in der Akustik abgegrenzte Obertonbereiche großer Amplitude; sie bestimmen maßgebend die Klangfarbe von Tönen.

Die Beschreibung der Simulation enthält weitere Anleitungen.

5.10.5 Komplexe Fourierreihen

Im Raum der komplexen Zahlen lässt sich die Fourierreihe sehr elegant formulieren.

$$f(t) = \sum_{n=-\infty}^{\infty} c_n e^{in\omega t}$$

$$c_n = \frac{1}{T} \int_0^T f(t) e^{in\omega t} \, dt.$$

Den Zusammenhang zur reellen Darstellung erhält man, wenn man die Summe auflöst und so umordnet, dass Glieder mit $-n$ und $+n$ zusammengefasst werden, angefangen mit $n = 0$. Dabei beachtet man: $\cos(-x) = \cos(x)$; $\sin(-x) = -\sin(x)$.

$$f(t) = \sum_{p=-\infty}^{\infty} c_n e^{in\omega t} = \sum_{p=-\infty}^{\infty} c_n (\cos n\omega t + i \sin n\omega t)$$

$$= c_0 + (c_1 + c_{-1}) \cos n\omega t + i(c_1 - c_{-1}) \sin n\omega t + \cdots$$

$$f(t) = c_0 + \sum_{p=1}^{\infty} (c_n + c_{-n})(\cos n\omega t + i(c_n - c_{-n}) \sin n\omega t).$$

Als Zusammenhang zwischen reellen und komplexen Koeffizienten folgt:

$$a_0 = 2c_0; \quad a_n = c_n + c_{-n}; \quad b_n = i(c_n - c_{-n}).$$

Die komplexe Formulierung ist besonders in der Elektrotechnik üblich. Sie hat den Vorzug, dass das Rechnen mit e-Funktionen im Allgemeinen einfacher und durchsichtiger ist als das mit Winkelfunktionen.

Für die *schnelle* numerische Berechnung der Komponenten einer Fourierreihe wurden spezielle Algorithmen entwickelt, die als *FFT* (*Fast Fourier Transform*) bekannt sind.

Schnelle FT

5.11 Numerische Lösung von Gleichungen: Iterationsverfahren

In Mathematik und Physik sollen häufig Werte einer Variablen so bestimmt werden, dass eine von ihr abhängige Funktion einen bestimmten Wert C hat. Ein rechnerisch identisches Problem ist es, bei zwei unterschiedlichen Funktionen einer Variablen festzustellen, für welchen Wert der Variablen sie gleich sind. Man löst die Aufgabenstellungen, indem man **die Nullstellen einer Funktion** sucht.

Iteration

Es sei $y_1 = f(x); \ y_2 = g(x)$

Für welches x ist $y_1 = C$? Antwort: $f(x) - C = 0$

Für welches x ist $y_1 = y_2$? Antwort: $h(x) \equiv f(x) - g(x) = 0$.

Eine analytische Lösung des Nullstellenproblems kann man nur für ganz einfache Funktionen ableiten, sie ist eine *Ausnahme*. Man braucht also eine numerische Lösungsmethode, die möglichst unter allen Umständen, für alle Funktionen und für alle Parameterwerte funktioniert.

Dies gelingt mit *Iterationsverfahren*, die eine *Umkehrung der Fragestellung* darstellen. Man nimmt zunächst z. B. einen Wert der Variablen, der vermutlich kleiner ist als die erste Nullstelle im interessierenden Intervall, und berechnet dafür den absoluten Funktionswert und sein Vorzeichen. Dann erhöht man die Variable um ein vorgegebenes Intervall (man kann natürlich auch „von oben" ausgehen und die Variable schrittweise verkleinern). Ist der neue Absolutwert kleiner, bei gleichem Vorzeichen, schreitet man zum nächsten Intervall. Wenn das Vorzeichen umkippt, hat man offensichtlich einen Nullpunkt überschritten; jetzt wird die Richtung des Fortschreitens umgekehrt und das Intervall um einen Faktor < 1 verringert. So „schachtelt" man den Nullpunkt zunehmend ein, bis die Abweichung von der Null einen vorgegebenen Restwert unterschreitet. Dann setzt man den Prozess in der ursprünglichen Richtung fort, bis alle zu erwartenden Nullstellen bestimmt sind – oder bis ein bestimmter Wert der Variablen oder der Funktion selbst überschritten wird, man also außerhalb des betrachteten Bereichs ist.

Für den Iterationsprozess gibt es in den gängigen numerischen Rechenprogrammen fertige Algorithmen, die weitere Verfeinerungen enthalten. So kann man z. B. die Breite der Iterationsintervalle so variieren, dass der Charakter der Funktion (z. B. beim *Newton*-Verfahren ihre Steigung, *die erste Ableitung*) berücksichtigt wird. Für einfache Aufgaben spielen diese Möglichkeiten bei der heutigen Rechengeschwindigkeit von Computern keine Rolle. Das folgende interaktive Beispiel in Abbildung 5.19 bestimmt die Nullstellen einer Funktion, die *beliebig eingegeben* werden kann. Die Ausgangsfunktion ist ein Polynom vierten Grades mit irrationalen Wurzeln.

Der Ablauf veranschaulicht das Fortschreiten eines sehr einfachen Iterationsalgorithmus. Sein Tempo kann eingestellt werden. Der Ausgangspunkt der Iteration (magentafarben) kann mit der Maus gezogen werden. Die Iteration schreitet so lange mit konstanter Schrittbreite nach größeren Abszissenwerten hin, bis das Vorzeichen

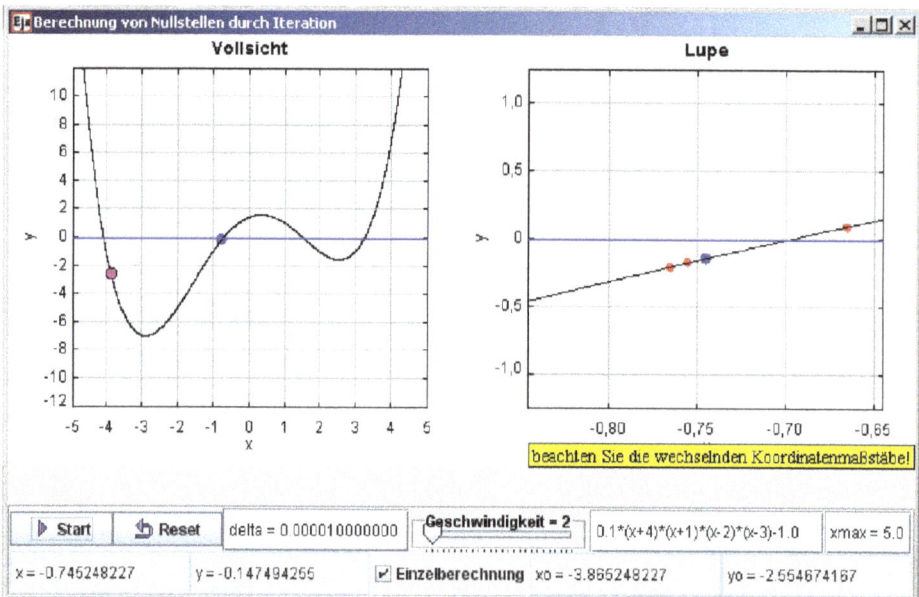

Abbildung 5.18. Simulation. Animierte iterative Berechnung der Nullstellen einer Funktion, im Bild eines Polynoms vierten Grads. Das linke Fenster zeigt das ganze Berechnungsintervall, das rechte einen Ausschnitt, dessen Koordinatenmaßstab sich an die erreichte Auflösung anpasst. Blau ist der letzte Iterationspunkt, rot sind im rechten „Lupen"-Fenster seine drei Vorläufer dargestellt (im Bild nach einem Rücksprung unter Zehntelung des Intervalls). Der magentafarbene Punkt ist der Ausgangspunkt der Iteration. Er kann mit der Maus gezogen werden. Die gewünschte Genauigkeit *delta*, die Zahl der Zeitschritte pro Sekunde (Geschwindigkeit) und der Abszissenbereich x_{max} sind wählbar. In den Zahlenfenstern werden die Koordinaten des aktuellen Iterationspunktes x, y und des Ausgangspunktes der Iteration x_0, y_0 angezeigt. In das Formelfenster können beliebige Funktionen eingetragen werden, deren Nullstellen zu berechnen sind.

der Funktion wechselt. Dann wird der Ausgangspunkt auf den letzten Wert vor dem Vorzeichenwechsel zurückgesetzt, das Iterationsintervall um den Faktor 10 verkleinert und das Fortschreiten zu größeren Abszissenwerten fortgesetzt. Dies wiederholt sich bis eine vorgegebene Abweichung des Ordinatenwerts von der Null unterschritten wird. In der Simulation kann gewählt werden, ob sie nach Erreichen einer bestimmten Genauigkeit anhält, oder ob alle Nullstellen im Variablenintervall nacheinander bestimmt werden. Bei der Einzelberechnung springt der magentafarbene Ausgangspunkt auf den errechneten Wert. Bei Fortsetzung der Berechnung zeigt der blaue Punkt den ersten Iterationswert an.

Um die fortschreitende Iteration auch bei bereits hoher erreichter Genauigkeit gut verfolgen zu können, wird in einem *Lupen*-Fenster ein Ausschnitt gezeigt, dessen Maßstäbe sich an die fortschreitende Genauigkeit anpassen.

Aus dem Lupenfenster von Abbildung 5.19 ersehen Sie, dass in der Nähe der Wurzel der Kurvenverlauf immer nahezu linear ist. Das *Newton*-Verfahren benutzt als nächsten Punkt der Iteration den Schnittpunkt der x-Achse mit der Sekante, die von zwei vorausgehenden Iterationspunkten gebildet wird. Es führt daher sehr schnell zur endgültigen Lösung. Wir haben die konstante Schrittbreite gewählt, damit der Vorgang besser beobachtbar bleibt.

Weitere Angaben und Hinweise für Experimente finden Sie auf den Beschreibungsseiten der Simulation.

6 Veranschaulichung von Funktionen im reellen Zahlenraum

In diesem Kapitel werden die Mittel der Simulation genutzt, um verschiedene Typen von Funktionen graphisch darzustellen und in ihrem zwei- oder dreidimensionalen Zusammenhang zu veranschaulichen. In den meisten Fällen sind die Funktionen mit (bis zu vier) variierbaren Parametern ausgestattet.

Physikalische Größen wie Masse oder Länge sind stets mit einer Dimensionsgröße verbunden. Es ist unser Ziel, einen Eindruck vom *Charakter*, vom *Typ* der einzelnen Funktionen $y = f(x)$ zu vermitteln. Wenn man Funktionen von physikalischen Größen, z. B. Temperatur T, Spannung U, Masse M betrachtet, so ist das Funktionsargument in aller Regel vorher dimensionslos zu machen. So ist in $f(x)$ dann x etwa T/K, U/V, M/kg, usw., mit K $\equiv$ Kelvin, V $\equiv$ Volt, kg $\equiv$ Kilogramm. Die physikalischen Größen, die im folgenden Abschnitt auftreten, denke man sich also auf diese Weise dimensionslos gemacht. (Hinweis: Wenn man die Einheit wechselt, so ändert sich x, z. B. ist L/cm $= 100$ L/m.)

Bei einigen Simulationsdateien, insbesondere solchen von Funktionen von drei Variablen, wird in den Simulationen ein Parameter zeitabhängig periodisch verändert. Die so erreichte Animation verstärkt den räumlichen Eindruck und vermittelt rasch ein Gefühl für den Einfluss des betreffenden Parameters. Animation wird auch für die Darstellung von Parameterfunktionen als Bahnen in Fläche und Raum verwendet.

Jede Datei enthält eine Beschreibung und Anregungen für Experimente.

In einem Auswahlfenster ist eine größere Zahl von Standardfunktionen $y = f(x)$ ihrem **Typ** nach vorgegeben (z. B. *Poisson-Verteilung*, *Oberflächenwelle*). In einem Textfenster wird die **Formel** der ausgewählten Funktion gezeigt. Sie kann dort editiert oder auch ganz neu formuliert werden (nach erfolgter Änderung mit *Enter* bestätigen).

Das Bedienfeld unterhalb der Graphik ist im Wesentlichen einheitlich aufgebaut, mit Auswahlfenster und Formelanzeige, mit vier Schiebereglern zum kontinuierlichen oder ganzzahligem Verändern von Parametern, mit Eingabefenstern für Skalen, etc. und gegebenenfalls mit Optionsfeldern zum Ein- und Ausblenden von zusätzlichen Funktionen (Ableitungen, Integral). Im nachfolgenden ersten Beispiel wird das eingehend erläutert.

6.1 Standard-Funktionen $y = f(x)$

Die nachfolgende Simulation Abbildung 6.1 ist ein *Funktionszeichner* (Plotter) für beliebige Funktionen $y = f(x)$. Aus einem Auswahlmenü können Sie voreingestellte

Grundfunktionen wählen, die abänderbar sind. Sie können auch ganz neue analytische Funktionen eingeben.

Die Ausgangsfunktion selbst wird rot dargestellt. Mit Optionsschaltern können Sie mehrere damit zusammenhängende Funktionen zur Berechnung aufrufen und Folgendes anzeigen: *Umkehrfunktion*, *erste Ableitung*, *zweite Ableitung* und *Integral*.

Die Ableitungen werden mit der *Sekanten-Näherung*, die Integrale mit der *Parabel-Näherung* berechnet.

Umkehrfunktion: $x = g(y)$. Sie geht von der Aufgabenstellung aus, zu einer gegebenen Funktion $y = f(x)$ für eine bestimmte Bildvariable y die zugehörige Urbild-Variable x zu finden. Das entspricht graphisch einer Spiegelung von $y = f(x)$ an der Winkelhalbierenden $y = x$ (Vertauschen von x mit y). Sie wird beim Aufruf der Umkehrfunktion mit angezeigt (achten Sie darauf, dass die Koordinatenskalen im Bild unterschiedlich sind, der Winkel also visuell nicht als 45 Grad erscheint). Im nachfolgenden interaktiven Bild ist das für ein Polynom fünften Grades mit drei Nullstellen dargestellt. Die Winkelhalbierende wird grau, die Umkehrfunktion hellbraun gezeichnet. Das Bild dieser Funktion ist ein Beispiel dafür, dass zwar die Funktion $y = f(x)$ eindeutig ist (jedem x_i entspricht genau ein y_i), jedoch nicht die Umkehrfunktion (zu vielen y_i gibt es drei x_j).

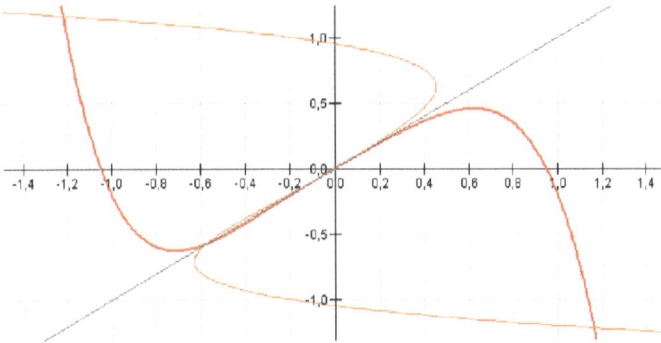

Erste Ableitung: $y = \frac{d}{dx} f(x)$ wird magentafarben angezeigt.

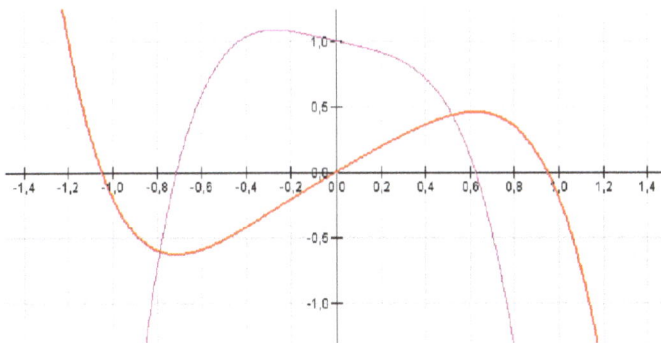

Zweite Ableitung: $y'' = \frac{d^2}{dx^2} f(x) = \frac{d}{dx} y'$ wird grün angezeigt.

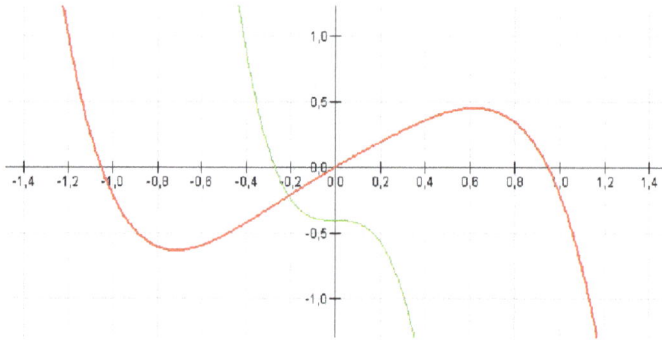

Das **Integral** $\int_{x_{min}}^{x} f(x)dx$, mit einstellbarem Anfangswert I_0 für x_{min}, wird blau angezeigt.

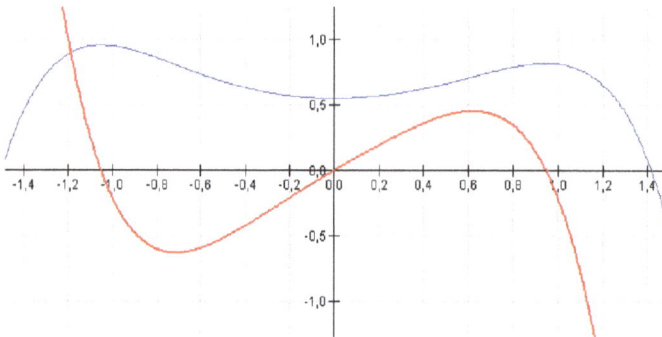

Abbildung 6.1. Kennzeichnung von Funktion (rot), Umkehrfunktion (hellbraun), erster Ableitung (magenta), zweiter Ableitung (grün), und Integral (blau), gezeigt am Beispiel der Potenzfunktion fünften Grades $y = -x^5 - 0{,}2x^2 + x$.

Bei der Berechnung des Integrals müssen Sie daran denken, dass die Berechnung bei x_{min} mit einem Anfangswert y_0 beginnt. Variablenbereich und Anfangswert y_0 sollten so gewählt werden, dass die Integralkurve im Fenster sichtbar bleibt.

Abbildung 6.2 zeigt die Gaußfunktion $y = e^{-x^2}$ mit Umkehrfunktion, erster und zweiter Ableitung und Integralfunktion; sie ruft die Simulationsdatei auf.

Das Bedienfeld erlaubt für bis zu drei Parameter a, b, c eine kontinuierliche Variation und für einen vierten Parameter p eine Variation in Ganzzahlen (z. B. für Potenzen).

Mit den farblich unterlegten Optionskästen können Sie Umkehrfunktion, 1. und 2. Ableitung und Integral zu- oder wegschalten.

Die Darstellung ist für Abszisse und Ordinate symmetrisch zum Nullpunkt. In der ersten weiß unterlegten Zelle der unteren Reihe können Sie den Variablenbereich

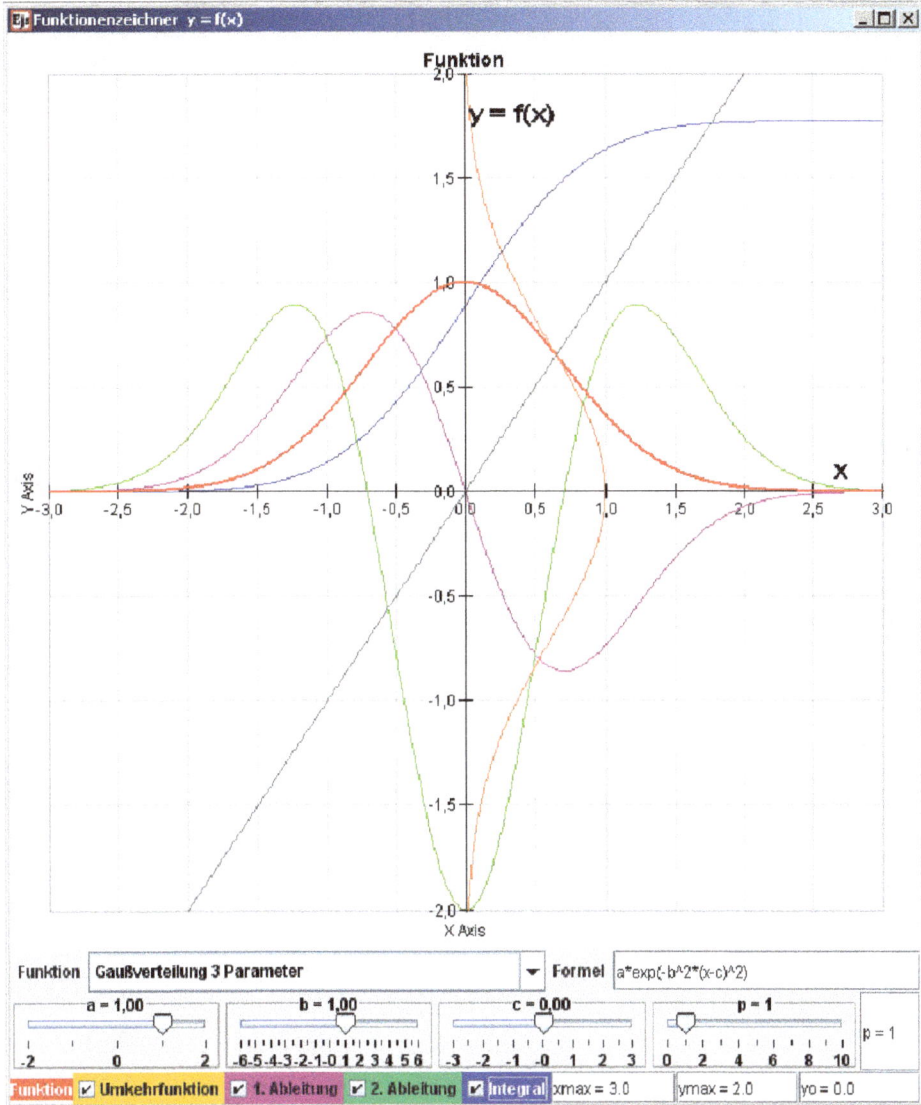

Abbildung 6.2. Simulation. Funktionszeichner für eingebbare Funktionen; wählbar dazu: Umkehrfunktion (hellbraun), erste Ableitung (magentafarben) und zweite Ableitung (grün), sowie Integral (blau). Das Bild zeigt das Beispiel einer Gaußfunktion, deren Amplitude, Breite und Mittelpunkt mit den Schiebern einstellbar sind. Die Funktion ist editierbar.

$-x_{max} < x < x_{max}$ von Hand festlegen, in der zweiten Zelle den Bereich von y, und in der dritten Zelle den Anfangswert des Integral bei $-x_{max}$. Soweit der symmetrische Variationsbereich für Ihre Funktion nicht ausreicht, können Sie ihn durch Eingabe von Zahlenfaktoren in die Formeln vergrößern oder verkleinern.

Wie immer können Sie das Fenster auf Bildschirmgröße aufziehen und nach Markieren eines Punktes in der Graphik am unteren Rand seine Koordinaten ablesen.

Voreingestellte Funktionen sind

Funktionen	Formel in Java-Syntax
Konstante	a
Potenz des Grads $p > 0$ (ganzzahlig)	$a*x\hat{}p$
Potenz des Grads b (b rational; $x > 0$)	$a*x\hat{}b$
Sinus	$sin(x)$
Cosinus	$cos(x)$
Sinus mit drei Parametern	$a*sin(b*x + c)$
Cosinus mit drei Parametern	$a*cos(b*x + c)$
Sinuspotenz	$sin(a*x)\hat{}p$
Cosinuspotenz	$cos(a*x)\hat{}p$
Tangens mit drei Parametern	$a*tan(b*x + c)$
Exponentialfunktion	$a*exp(x/b)$
Exponentielle Dämpfung	$a*exp(-x/b)$
Natürlicher Logarithmus	$ln(x/a)$
Sinus Hyperbolicus	$(exp(a*x) - exp(-a*x))/2$
Cosinus Hyperbolicus	$(exp(a*x) + exp(-a*x))/2$
Tangens Hyperbolicus	$(exp(a*x) - exp(-a*x))/(exp(a*x) + exp(-a*x))$
Gaußverteilung mit drei Parametern	$a*exp(-b*(x - c)\hat{}2$
$(\sin x)/x$	$sin(a*x)/(a*x)$
$((\sin x)/x)^2$	$(sin(a*x)/(a*x))\hat{}2$

Sie können in der Simulation die voreingestellten Funktionen ändern oder ganz neue Formeln eintragen.

6.2 Einige physikalisch wichtige Funktionen $y = f(x)$

Die nachfolgende Simulation Abbildung 6.3 benutzt die Grundstruktur der vorhergehenden Rechendatei. In ihr sind einige wichtige Formeln der Physik vom Typ $y = f(x)$ voreingestellt, deren Parameter so gewählt wurden, dass die Variable x und die einstellbaren Parameter einfachen physikalischen Größen entsprechen. In der zweiten Spalte der nachfolgenden Tabelle sind die geläufigen physikalischen Formeln, darunter ihre Formulierung in der Simulations-Syntax angegeben. Der Aufruf *random(n)* erzeugt dabei eine Zufallszahl zwischen 0 und n. Eine Zufallsverteilung mit maximaler Schwankung n, die symmetrisch zur Null ist, wird mit *random(n)* $- n/2$ erzeugt.

In der dritten Spalte steht die jeweilige Bedeutung der Variablen x und der eingehenden Parameter.

Für die Berechnung der Fakultät $p!$ enthält diese Datei einen speziellen Code; in anderen Dateien ist diese Funktion daher nicht verwendbar.

Gaußfunktion, Fläche auf 1 normiert	$\frac{1}{\sigma\sqrt{\pi}}e^{-(\frac{x-x_0}{\sigma})^2}$ $1/(a*sqrt(pi))$ $*exp(-((x-b)/a)\string^2)$	$a = \sigma$: Halbwertsbreite b: Symmetrievariable	Gauß
Gaußfunktion mit additivem Rauschen	$\frac{1}{\sigma\sqrt{\pi}}e^{-(\frac{x-x_0}{\sigma})^2}$ + Zufallsanteil $1/(a*sqrt(pi))$ $*exp(-((x-b)/a)\string^2)$ $+ random(c/10) - c/20$	$a = \sigma$: Halbwertsbreite b: Symmetrievariable $c/10$: maximaler addierter Zufallsanteil	
Gaußfunktion mit multiplikativem Rauschen	$\frac{1}{\sigma\sqrt{\pi}}e^{-(\frac{x-x_0}{\sigma})^2}(1 + $ Zufallsanteil$)$ $1/(a*sqrt(pi))$ $*exp(-((x-b)/a)\string^2)$ $*(1 + random(c/10) - c/20)$	$a = \sigma$: Halbwertsbreite b: Symmetrievariable $c/10$: maximaler multiplikativer Zufallsfaktor	
Poisson-Verteilung	$\frac{(x+x_0)^p e^{-(x+x_0)}}{p!}$ $(x + 10)\string^p$ $*exp(-x - 10)/faculty(p)$	$x + x_0$: Erwartungswert von p $p = 1, 2, 3, \ldots$	Poisson
Amplitudenmodulation	$\sin(\omega_1 t)\cos(\omega_2 t)$ $a*sin(10*x)*cos(b*x)$	$x = \omega t$: Kreisfrequenz $10x$: Trägerfrequenz bx: Modulationsfrequenz	
Phasenmodulation	$\sin(\omega_1 t + \cos(\omega_2 t))$ $a*sin(5*x + cos(2*b*x))$	$x = \omega t$: Kreisfrequenz $5x$: Trägerfrequenz $2bx$: Modulationsfrequenz	
Frequenzmodulation	$\sin(\omega_1 t \cdot \cos(\omega_2 t))$ $a*sin(5*x*cos(b/10*x))$	$x = \omega t$: Kreisfrequenz $5x$: Trägerfrequenz $b/10x$: Modulationsfrequenz	
Spezielle Relativitätstheorie: Längenänderung	$\sqrt{1 - (\frac{v}{c})^2}$ $sqrt(1 - x\string^2)$	$x = \beta = v/c$ v: Geschwindigkeit c: Lichtgeschwindigkeit	Relativ
Spezielle Relativitätstheorie: Massenänderung	$\frac{1}{\sqrt{1-(\frac{v}{c})^2}}$ $1/sqrt(1 - x\string^2)$	$x = \beta = v/c$ v: Geschwindigkeit c: Lichtgeschwindigkeit	
Plancksches Strahlungsgesetz	$\frac{2\pi hc^2}{\lambda^5}\frac{1}{e^{hc/\lambda kT}-1}$ $a*23340/(x + 2)\string^5$ $/(exp(8.958/((x + 2)*b)) - 1)$	$x + 2$: Wellenlänge λ in µm a: Skalierungsfaktor b: Temperatur in 1000 Kelvin	Planck

Abbildung 6.3 zeigt als Beispiel einen normierten Gaußimpuls mit additiv überlagerter stochastischer Störung, und sein Integral, das trotz der Störungen recht glatt und genau auf 1 hochläuft. Das Formelfeld ist editierbar, so dass die Funktionen geändert oder andere Funktionen eingetragen werden können.

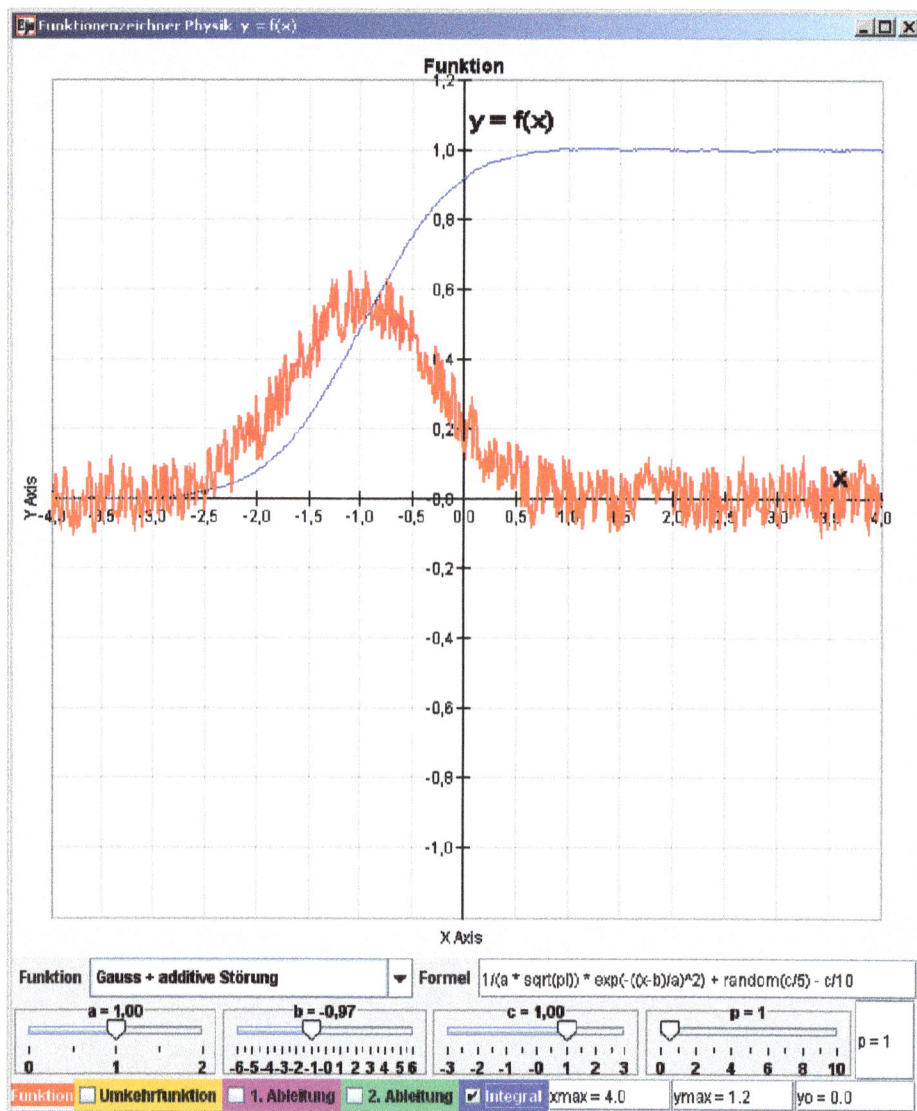

Abbildung 6.3. Simulation. Funktionszeichner für einige physikalisch interessante Funktionen $y = f(x)$. Das Bild zeigt eine normierte Gaußfunktion (bestimmtes Integral $= 1$) mit überlagertem Rauschen, sowie ihre Integralfunktion. Betätigung des Schiebers p erzeugt eine neue Rauschverteilung.

6.3 Standardfunktionen zweier Variablen $z = f(x, y)$

Für die Veranschaulichung von Flächen im Raum $z = f(x, y)$ ist die Simulations-rechnung besonders nützlich. Eine numerische Berechnung der Graphen von Hand ist hier wegen der Menge der anfallenden Daten praktisch ausgeschlossen. Außerdem erlaubt es die verwendete EJS-Methode, die berechneten zweidimensionalen Projektionen dreidimensionaler Flächen einfach durch Ziehen mit der Maus um die räumlichen Achsen zu drehen, so dass ein lebhaft dreidimensionaler Eindruck entsteht. Wird gleichzeitig ein Parameter, etwa die Ausdehnung entlang der z-Achse, periodisch variiert (z. B. $z = a\cos(pt) \cdot f(x, y)$), so meint man, tatsächlich dreidimensionale Objekte zu sehen.

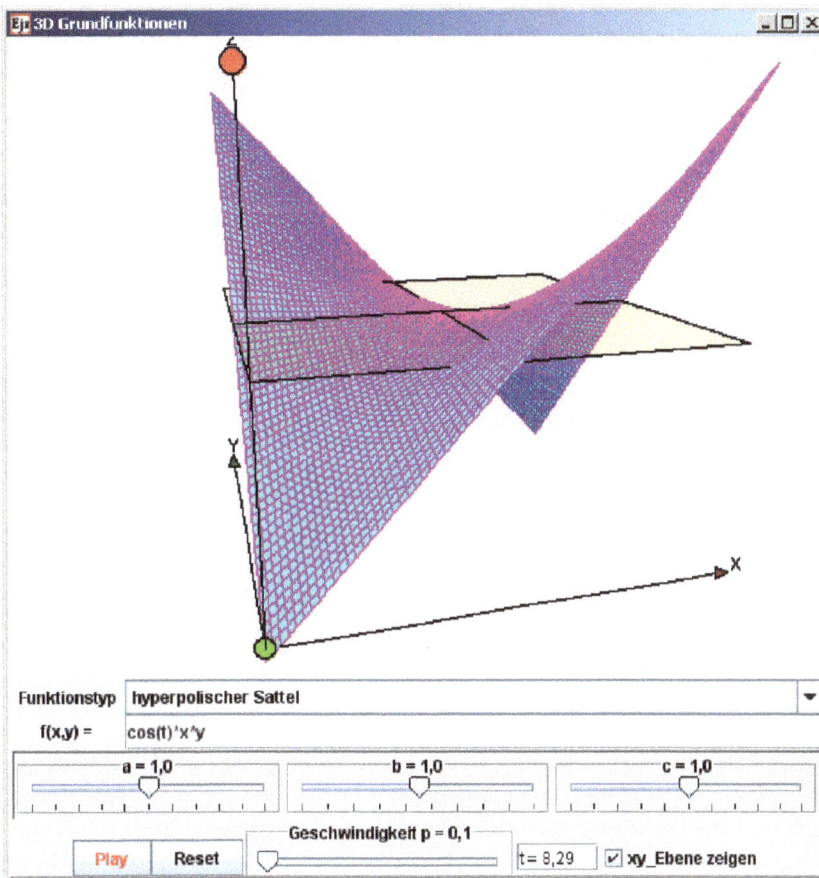

Abbildung 6.4a. Simulation. Funktionszeichner für animierte Raumflächen $z = f(x, y)$; im Bild wird eine hyperbolische Sattelfläche gezeigt. Bis zu drei Parameter a, b, c der Funktion können mit Schiebern eingestellt werden. Die Geschwindigkeit der Animation wird mit dem Schieber p eingestellt. Die xy-Ebene kann ein- und ausgeblendet werden.

Das Bedienfeld von Abbildung 6.4a enthält vier Schieber zum Einstellen von kontinuierlich veränderbaren Parametern, wobei der Parameter p im Allgemeinen die Animationsgeschwindigkeit bestimmt. Mit der Taste *Play* wird die Animation gestartet, mit *Stop* angehalten; das kleine Textfenster zeigt den Zeitverlauf. *Reset* setzt alle Parameter auf den Ausgangswert zurück.

Im Auswahlfenster kann ein voreingestellter Funktionstyp gewählt werden, dessen Formel im darunterliegenden Formelfeld gezeigt wird. Der Term $\cos(t)$ bestimmt die Animation in der z-Richtung. Sie können diese Formeln editieren oder ganz neue Formeln eintragen (*Enter* nach Änderung drücken!). Abbildung 6.4 zeigt als Beispiel eine hyperbolische Sattelfläche.

Bei den folgenden interaktiven Bildern zu 3D-Funktionszeichnern werden zur besseren Übersicht die Bedienungselemente der Simulationen weggelassen, die denen von Abbildung 6.4a entsprechen.

Bei den Darstellungen wurde den verschiedenen Raumflächen jeweils die hellbraun markierte xy-Ebene $z = 0$ überlagert. Der Nullpunkt befindet sich in der Mitte dieser Fläche. Die xy-Ebene kann mit dem Optionskästchen *xy-Ebene zeigen* an- und ausgeschaltet werden. Die Achsenskalierungen sind alle gleich und symmetrisch. Andere Skalierungen können Sie durch Faktoren in den Formeln erzeugen. Die farbigen Punkte auf der z-Achse markieren Minimal- und Maximalwert der Darstellung.

Der *eindeutige* funktionale Zusammenhang $z = f(x, y)$ lässt für geschlossene Flächen im Raum (wie z. B. unter den hier voreingestellten Funktionen der einer Kugel) nur die Darstellung einer Teilfläche (etwa einer Kugelhälfte) zu; das ist analog zu der Aussage, dass in der Ebene mit $y = f(x)$ nur eine Hälfte eines Kreises wiedergegeben wird. Zur Beschreibung des Vollkreises $y_1 = \sqrt{r^2 - x^2}$; $y_2 = -\sqrt{r^2 - x^2}$ braucht man in dieser Darstellung zwei Funktionen. Soweit die verwendeten Gleichungen für Werte von x und y im Darstellungsbereich keine reellen Werte für z ergeben, wird in den Simulationen $z = 0$ angezeigt.

Sie können aus der nachfolgenden Tabelle voreingestellte Funktionen auswählen. Die Liste der Formeln zeigt Ihnen auch die Syntax, die beim Editieren eingehalten werden muss.

Sie können diese Datei verwenden, um Ihr räumliches Vorstellungsvermögen zu trainieren und um die Bedeutung von spezifischen Gleichungen zu studieren, wobei Sie großen Spielraum für die Formulierung eigener formelhafter Zusammenhänge haben. Analysieren Sie dabei auch den Einfluss der Vorzeichen und der Potenzen in den Formeln. Soweit dabei die verwendeten gleichförmigen Skalierungen Grenzen setzen (etwa bei Division durch 0), können Sie durch additive oder multiplikative Konstanten in den Formeln entsprechende Skalierungen herbeiführen. Weitere Anleitungen finden Sie in den Beschreibungsseiten der Simulation.

Die 3D-Projektion von EJS bietet in der *aktiven Simulation* zahlreiche Möglichkeiten der optischen Darstellung. Wir zeigen dies in den folgenden, nicht interaktiven Festbildern am Beispiel eines elliptisch-hyperbolischen Sattels.

Folgende Funktionen sind im Auswahlfenster voreingestellt:

Funktionen	Formel in Java-Syntax der Simulation
Ebene im Raum	$cos(p*t)*((b*x) + (a*y)) - c$
Rotations-Paraboloid	$a*cos(p*t)*(x\char94 2 + y\char94 2) - c$
allgemeines Paraboloid	$cos(p*t)*((b*x)\char94 2 + (a*y)\char94 2) - c$
parabolischer Sattel	$cos(p*t)*((b*x)\char94 2 - (a*y)\char94 2) - c$
Kugel	$sqrt((a)\char94 2*abs(cos(p*t)) - x\char94 2 - y\char94 2)$
Rotations-Ellipsoid	$sqrt((b*c)\char94 2*abs(cos(p*t)) - ((c + 1)*x)\char94 2 - (c*y)$
allgemeines Ellipsoid	$sqrt(a*b - b*x\char94 2 - a*y\char94 2)$
Rotations-Hyperboloid	$sqrt(a*cos(p*t)\char94 2 + x\char94 2 + y\char94 2) - c$
allgemeines Hyperboloid	$sqrt(a\char94 2 + b*x\char94 2 + c*y\char94 2) - p$
elliptisch hyperbolischer Sattel	$sqrt(a\char94 2 - cos(p*t)*(b*x\char94 2 - c*y\char94 2))$
hyperpolischer Sattel	$cos(p*t)*x*y$
stehende Welle	$a*(sin(pi*x + p*t) + sin(-pi*x + p*t))$
radiale Oberflächenwelle (Abklingen wie $1/r$)	$a*sin(pi*(x\char94 2 + y\char94 2) - p*t)/sqrt(0.1 + x\char94 2 + y\char94 2)$

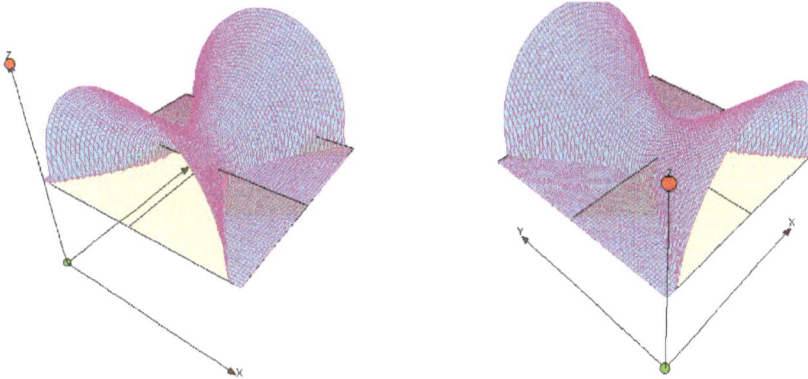

Abbildung 6.4b. Wahl verschiedener Blickrichtungen bei perspektivischer Verzerrung, gezeigt für eine hyperbolisch-elliptische Sattelfläche der Simulation Bild 6.4a. Das Objektes kann gedreht werden, indem man den Zeiger der Maus innerhalb des räumlichen Dreibeins ansetzt und zieht. Bei der perspektivischen Darstellung werden weiter entfernte Strecken kleiner dargestellt als gleich große nahe.

Default-Bild: Beim Aufrufen der Simulation sehen Sie wie in Abbildung 6.4a die Projektion der Raumflächen mit einem xyz-Dreibein in einer vorgegebenen *Perspektive*, wobei entfernter liegende Strecken kleiner dargestellt werden als nahe gelegene.

Drehen: Mit der Maus können Sie an den Achsen andocken und die Projektion willkürlich drehen (Abbildung 6.4b).

Verschieben: Bei Drücken der *Strg*-Taste können Sie in der aktiven Simulation die Darstellung in der Projektionsfläche mit der Maus verschieben und positionieren.

Zoom: Bei Drücken der Umschalttaste können Sie die Darstellung durch Ziehen vergrößern oder verkleinern. (Denken sie auch daran, dass Sie das Gesamtfenster einfach auf Bildschirmgröße schalten oder aufziehen können!)

Weitere spezielle Perspektiven erhalten Sie mit einem *Kontextmenü*, das erscheint, wenn Sie auf der Graphik die rechte Maustaste drücken. In der obersten Zeile folgen Sie den Einträgen **Elements Option/drawingPanel3D/Camera**, worauf der folgende **Camera Inspector** (Abbildung 6.4c) erscheint:

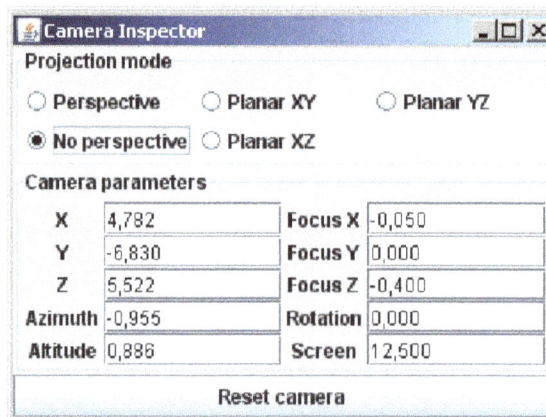

Abbildung 6.4c. Camera-Inspektor (mit rechter Maustaste aus dem Kontextmenü aufrufen). Man kann zwischen verschiedenen Perspektiven und Projektionen wählen, die Parameter einer speziellen Projektion als Zahlen eingeben, und mit *Reset* auf den Urzustand zurückkehren.

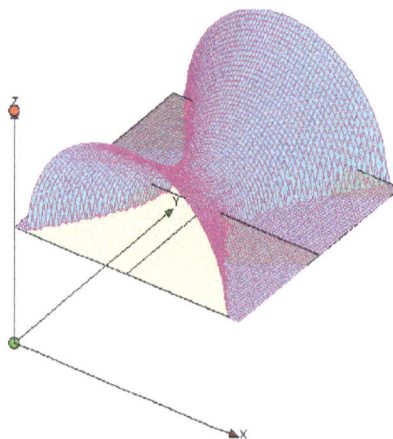

Abbildung 6.4d. Darstellung ohne perspektivische Verzerrung.

Sie können mit ihm folgende **Optionen** wählen:

No perspective: die Darstellung ist jetzt bei gleicher Projektion ohne perspektivische Verzerrung (Abbildung 6.4d).

Planar xy, yz oder xz: Dabei sehen Sie die Graphik in einer Projektion längs einer Achse (der jeweils nicht genannten, siehe Abbildung 6.4e).

Bei den verschiedenen Darstellungen hängt die optimale Visualisierung von den verwendeten Parametern ab, die beim Wechsel der Darstellung angepasst werden sollten.

Mit *Reset Camera* wird im *Camera Inspector* eine einfache Perspektive eingestellt. Das ist nützlich, wenn Sie eine allzu wilde Perspektive erzeugt haben, aus der sie nicht mehr herausfinden. Alternativ können sie auch stets unter Zwischenschalten einer anderen Funktion die Funktion im Auswahlfenster wieder wählen und mit ihren Ursprungsdaten neu berechnen.

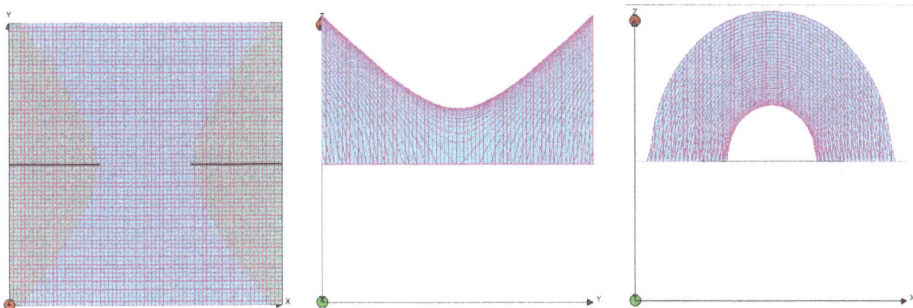

Abbildung 6.4e. Projektionen längs der drei Achsen.

6.4   Wellen im Raum $z = f(x, y)$

Mit dem oben beschriebenen Funktionszeichner lassen sich sehr anschaulich Wellen im Raum darstellen. Dabei treten eine oder mehrere Raumvariable in einer periodischen Funktion auf, z. B. als $\cos(x)$. Die Raumfläche wird damit in einer oder zwei Dimensionen periodisch. In der Simulation zu Abbildung 6.5 sind eine Reihe solcher Wellen voreingestellt.

Oberflächenwellen beobachten wir im Alltag in einer großen Vielfalt von Erscheinungsformen auf dem Wasser. Dabei schreiten die Wellen im Allgemeinen zeitlich in einer Ausbreitungsrichtung fort, ohne ihren Charakter in kleinen Ortsbereichen deutlich zu verändern. In der Simulation können wir dies dadurch nachbilden, dass wir den periodischen Funktionen eine Phase pt zufügen und t als Zeit kontinuierlich und gleichmäßig erhöhen: $\cos(x - pt)$. Die mit $p = 0$ ortsfeste Welle schreitet bei $p > 0$ mit konstanter Geschwindigkeit in positive x-Richtung fort. Ihre Fortpflanzungsgeschwindigkeit wird mit p eingestellt. Durch diese Animation wirkt das Projektionsbild der Welle sehr plastisch.

Folgende Funktionen sind im Auswahlfenster voreingestellt:

Funktionen	Formel in Simulationssyntax
ebene Welle x	$a*sin(b*x - p*t)$
ebene Welle y	$a*sin(b*y - p*t)$
ebene Welle Richtung steuerbar	$0.3*sin(6*pi*a*(b*y + c*x)/sqrt(b*b + c*c) - p*t)$
gleichlaufende Interferenz $f1$	$a*(sin(b*y - p*t) + sin(b*y - p*t))$
gegenläufige Interferenz $f1$	$a*(sin(b*y - p*t) + sin(-b*y - p*t))$
gleichlaufende Interferenz $f1+f2$	$a*(sin(b*y - p*t) + sin(c*y - p*t))$
gegenläufige Interferenz $f1+f2$	$a*(sin(b*y - p*t) + sin(-c*y - p*t))$
senkrechte Interferenz $f1+f2$	$a*(sin(b*x - p*t) + sin(c*y - p*t))$
gleichlaufende Interferenz, einstellbarer Winkel (c)	$a*(sin(b*(y - (c - pi) * x) - p*t)$ $+ sin(b*(y + (c - pi) * x) - p*t))$
gegenläufige Interferenz, einstellbarer Winkel (c)	$a*(sin(b*(y - (c - pi) * x) - p*t)$ $+ sin(b*(-y + (c - pi) * x) - p*t))$
Radialwelle, auslaufend	$a*sin(b*(x * x + y * y) - p*t)$
Radialwelle, einlaufend	$a*sin(b*(x * x + y * y) + p*t)$
stehende Radialwelle	$a*(sin(b*(x^2 + y^2) - p*t)$ $+ sin(b*(x^2 + y^2) + p*t))$
Oberflächenwelle, auslaufend	$0.4*a*sin(b*(x^2 + y^2) - p*t)/sqrt(0.1 + x^2 + y^2)$
Raumwelle, auslaufend	$0.2*a*sin(b*(x^2 + y^2) - p*t)/(0.1 + x^2 + y^2)$

Die Überlagerung von Wellen mit gleicher Fortpflanzungsrichtung wird hier mit *gleichlaufender Interferenz*, die mit entgegengesetzter Fortpflanzungsrichtung mit *gegenläufiger Interferenz* bezeichnet. Es sind Beispiele für Interferenzen von Wellen gleicher Frequenz und auch von Wellen unterschiedlicher Frequenz vertreten, schließlich auch Interferenz unter 90 Grad und unter einstellbaren Winkeln.

Bei den radialen Wellen ist die einfache Radialwelle mit konstant bleibender Amplitude physikalisch nicht möglich, dies ist also eine unrealistische Fiktion. Die Amplitude wird nämlich mit dem Radius (Abstand vom Erregungszentrum) abnehmen, da sich die Erregungsenergie auf einen immer größer werdenden Kreis verteilt. Die radiale Raumwelle (z. B. die räumlichen Verdichtung einer von einer nahezu punktförmigen Quelle ausgehenden akustischen Welle) stellt den Querschnitt der Erregung in der xy-Fläche dar: Hier nimmt die Amplitude sogar mit dem Quadrat der Entfernung ab, da sich die Energie auf eine Kugelfläche verteilt. Abbildung 6.5 zeigt als Beispiel eine radiale Raumwelle.

Mit dieser Simulation können Sie Ihr räumliches Vorstellungsvermögen für Wellenphänomene und das dazugehörige Formelverständnis schulen. Beim Editieren der Formeln können Sie viele Möglichkeiten erkunden, natürliche Phänomene nachzubilden. Denken Sie daran, dass Sie bei der Überlagerung mehrerer Wellen auch deren Fortpflanzungsgeschwindigkeit unterschiedlich wählen können und dann Phänomene der *Dispersion* beobachten.

Weitere Anleitungen finden Sie in den Beschreibungsblättern.

Diese Simulationen beginnen animiert. Sie können auch bei laufender Animation Parameter verändern und zwischen Funktionstypen umschalten.

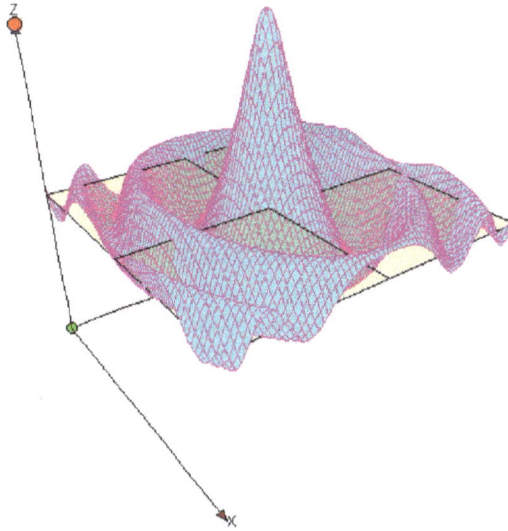

Abbildung 6.5. Simulation. Funktionszeichner für fortschreitende Wellen im Raum. Das Bild zeigt eine im Zentrum angeregte, auslaufende Oberflächenwelle.

6.5 Parameterdarstellung von Flächen im Raum
$$x = f_x(p, q);\ y = f_y(p, q);\ z = f_z(p, q)$$

Mit der Parameterdarstellung können sehr komplizierte Flächen im Raum beschrieben werden. Die in den drei Funktionsfenstern der Simulation angezeigten Funktionen f_x, f_y, f_z bilden die von den Parametern p und q aufgespannte Ebene in den Raum x, y, z ab. Wenn in f_x, f_y, f_z periodische Funktionen der Parameter enthalten sind, werden geschlossene oder sich durchdringende Raumflächen erzeugt.

Aus der Formel für die Ebene, die in der Auswahlliste zuerst steht, ersehen Sie, dass der Parameter ν einen Wert z_i der z-Funktion periodisch moduliert: $z = z_i a \cos(\nu t)$. Für $t = 0$ ist der Modulationsfaktor gleich 1. Der Parameter a bestimmt den Ausschlag der Modulation, und $a - 0{,}6$ legte einen vernünftigen Ausgangswert fest. Die übrigen freien Variablen b, c werden in diesem Beispiel nicht verwendet. Achten Sie bei den einzelnen Funktionen darauf, auf welche Größen sich der Modulationsterm jeweils bezieht.

Die Skalierung ist für die x-, y- und z-Achse so eingestellt, dass jeweils das Intervall $-1 \leq x, y, z \leq +1$ überstrichen wird. Der Bereich der Parameter p und q reicht jeweils von $-\pi$ bis $+\pi$, so dass die einfachen Winkelfunktionen wie $cos(p)$ in dem Parameterintervall jeweils eine volle Periode durchlaufen.

Durch Anklicken im Auswahlfenster werden die voreingestellten Funktionen aufgerufen.

Mit den Schiebern a, b, c können Sie – auch während der laufenden Animation – die Parameter der Raumflächen verändern. Mit entsprechenden Einträgen können sie die Animation auch auf andere Größen beziehen.

Im Formelfenster können sie die Formeln verändern oder ganz neue Formeln eintragen. Vergessen Sie nicht, danach die *Enter*-Taste zu drücken!

Einige elementare Flächen waren bereits in den Grundfunktionen $z = f(x, y)$ enthalten; so können Sie die Formeln in beiden Darstellungen vergleichen.

Da p und q mit pi (π) skaliert sind, tritt überall dort ein Faktor $1/pi$ auf, wo p und q direkt mit x, y, z verknüpft sind (also außerhalb von periodischen Funktionen). Ein Faktor $cos(vt)$ zeigt an, dass die damit multiplizierte Größe in der Animation moduliert wird. Bei *Reset* wird $cos(vt)$ auf 1 zurückgesetzt.

Folgende Funktionen sind im Auswahlfenster voreingestellt (der Übersichtlichkeit halber werden hier in den Formeln der Simulationssyntax die Multiplikationszeichen * weggelassen):

Kipp-Ebene $x = p/pi; \; y = q/p; \; z = cos(vt)(a/pi - 0.6)p$

Hyperbolischer Sattel $x = p/pi; \; y = q/pi; \; z = cos(vt)pq/pi\hat{\,}2$

Zylinder $x = cos(vt)acos(p); \; y = bsin(p); \; z = cq/(2pi)$

Möbius-Band $x = acos(p)(1 + q/(2pi)cos(p/2));$
$\qquad\qquad y = 2bsin(p)(1 + q/(2pi)cos(p/2));$
$\qquad\qquad z = cq/(pi)sin(p/2t)$

Kugel $x = cos(vt)acos(p)abs(cos(q));$
$\qquad\qquad y = cos(vt)asin(p)abs(cos(q)); \; z = cos(vt)asin(q)$

Ellipsoid $x = acos(p)abs(cos(q));$
$\qquad\qquad y = cos(vt)bsin(p)abs(cos(q));$
$\qquad\qquad z = csin(q)$

Doppelkegel $x = a/pi(1 + qcos(p));$
$\qquad\qquad y = cos(vt)b/pi(1 + qsin(p));$
$\qquad\qquad z = cq/pi$

Torus $x = (a + cos(vt)bcos(q))sin(p);$
$\qquad\qquad y = (c + cos(vt)bcos(q))cos(p); \; z = bsin(q)$

8er-Torus $x = (a + bcos^2(q))sin(p);$

$y = ((cos(vt)\hat{}2)c + bcos(q))cos^2(p);\ z = 0.6bsin(q)$

„Mund" $x = (cos(vt)c + bcos(q))cos^3(p);$

$y = (a + bcos(q))sin(p);$

$z = bsin(q)$

Boot_1 $x = (c + bcos(q))cos^3(p);\ y = (a + bcos(q))sin(p);$

$z = cos(vt)bcos(q)$

Boot_2 $x = (c + bcos(q))cos^3(p);\ y = (a + bcos(q))sin(p);$

$z = cos(vt)bcos^2(q).$

In den Formeln der Simulation sind zusätzliche Festzahlen enthalten, die eine vernünftige Größe der Graphen beim Öffnen sicherstellen.

Mit der Parameterdarstellung können ästhetisch sehr reizvolle räumliche Flächen erzeugt werden, geeignet als Anregung für Design und Konstruktion, so dass bei dieser Simulation auch das spielerische Element nicht zu kurz kommt. Sie öffnen die Simulationsdatei mit der nachfolgenden interaktiven Graphik Abbildung 6.6 eines *Torus*.

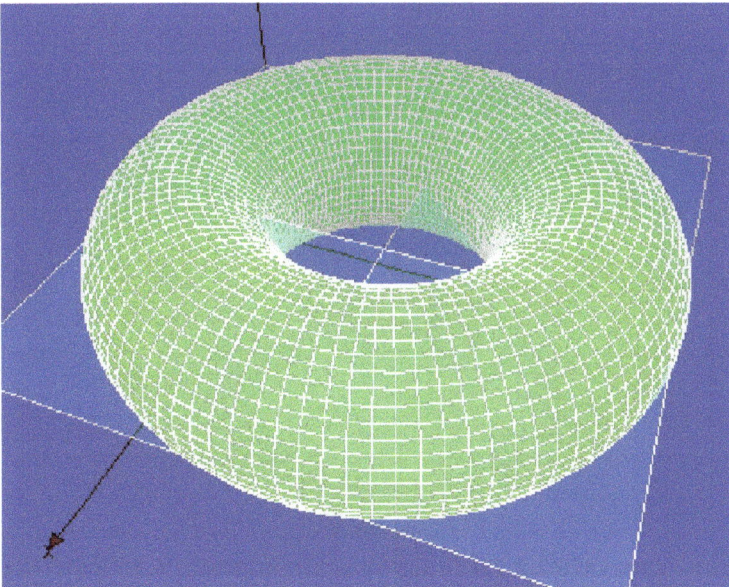

Abbildung 6.6. Simulation. Funktionszeichner für animierte 3D-Parameterflächen. Im Bild wird ein Torus gezeigt, dessen Dimensionen durch Schieber variiert werden können. Diese Animation enthält auch das anfangs gezeigte *Möbius*-Band (Abbildung 1.3a).

Die Bedienung der Simulation Abbildung 6.6 ist analog zu der bei den vorhergehenden 3D-Darstellungen. Einzelheiten und Anregungen zu Experimenten finden Sie auf den Beschreibungsseiten.

6.6 Parameterdarstellung von Kurven im Raum
$x = f_x(t); \; y = f_y(t); \; z = f_z(t)$

Mit dieser Parameterdarstellung können sehr komplizierte Kurven (Bahnen) im Raum beschrieben werden. Die in den drei Funktionsfenstern der Simulation angezeigten Funktionen f_x, f_y, f_z bilden das vom einzigen Parameter t überdeckte Intervall eindeutig auf eine Kurve $x(t), y(t), z(t)$ im Raum ab. Wenn in f_x, f_y, f_z periodische Funktionen der Parameter enthalten sind, werden geschlossene oder auch sich durchdringende Raumkurven erzeugt.

Bei der Simulation Abbildung 6.7 wird der eindimensionale Parameter als Zeit t gedeutet. Sie wird bei der Animation laufend um ein konstantes Intervall vergrößert, so dass sich die Kurve, die in einem Startpunkt beginnt, entsprechend verlängert, bis eine der Koordinaten mit einem Wert > 2 den Bildbereich verlässt, worauf die Animation stoppt. Ein blau markierter Punkt folgt den Koordinaten des Endpunkts, so dass die Kurve seine zeitliche Laufbahn im Raum darstellt.

Der blaue Bahnkopf ist durch einen Vektorpfeil mit dem Nullpunkt verbunden. Vektor und xy-Ebene können mit einem Optionsschalter ein- und ausgeblendet werden.

Das Programm berechnet die Funktionen in Zeitschritten von $\Delta t = p*0,1$ Millisekunden. Mit dem Regler p kann also die Geschwindigkeit der Animation eingestellt werden; bei $p = 0$ steht die Graphik still.

Mit den Schiebern a, b, c können bis zu drei Konstanten in den Parameterfunktionen zwischen 0 und 1 eingestellt werden. Dabei bestimmen die Schieber in Ganzzahlschritten jeweils das Hundertfache der Konstanten, so dass die Konstante selbst und auch das Verhältnis zweier Parameter rationale Zahlen sind. Das führt bei den Schwingungsbildern zu geschlossenen Bahnen. Im zweiten Beispiel wird zum rationalen Parameter c die irrationale Zahl $\sqrt{2}$ addiert, was dazu führt, dass diese Bahn nicht geschlossen ist. Das zeigt Ihnen, wie Sie allgemein nichtgeschlossene Bahnen erzeugen können. Erhöhen Sie die Laufgeschwindigkeit, um dies schnell zu erkennen. Zur genauen Beobachtung sind die Projektionseinstellungen *des Camera Inspectors* nützlich, in der xy-Ebene sieht man die entsprechenden ebenen Bahnen (ebene *Lissajou*-Figuren).

Wählen Sie nach einem ersten Laufversuch die Parameter a, b, c so, dass der Koordinatenbereich voll ausgenutzt wird. Viele der Darstellungen werden graphisch erst interessant, wenn die Parameter a, b, c ungleich eingestellt sind (der Defaultwert für alle ist 0,5, um beim ersten Start die Grundfunktionen zu zeigen).

Sie können Formeln editieren oder ganz neue Formeln eintragen.

Die Skalierung ist für alle drei Achsen so eingestellt, dass der Bereich von -1 bis $+1$ zur Verfügung steht. Die xy-Ebene schneidet die z-Achse in der Mitte des z-Pfeils. Maximal- und Minimalwerte werden auf der z-Achse durch einen roten bzw. grünen Punkt gekennzeichnet.

Mit den Schiebern a, b, c können Sie – auch während der laufenden Animation – die Parameter der Raumflächen verändern. Mit entsprechenden Einträgen von Zeitfunktionen können Sie die Animation auch auf andere Größen beziehen.

Die Bedienung der Simulation ist ansonsten wieder analog zu derjenigen bei den vorhergehenden 3D-Darstellungen. Einzelheiten finden Sie auf den Beschreibungsseiten. Es gibt jedoch hier zwei Tasten zum Auslösen der Simulation, mit leicht unterschiedlicher Funktion:

Start löst die Simulation aus und löscht vorher alle vorhandenen Kurven.

Play lässt frühere Kurven stehen, fährt bei gleichbleibenden Parametern mit der Simulation fort und überlagert bei geänderten Parametern, oder auch bei geänderten Funktionstypen, alte und neue Kurven.

Stop (als zweite Funktion der *Play*-Taste) hält die Simulation an, die mit *Play* wieder fortgesetzt wird.

Clear löscht alle Kurven.

Reset a b c stellt a, b, c auf die Defaultwerte zurück.

Auch diese Simulation eröffnet einen reichen Raum für kreative und spielerische Experimente. Das nachfolgende interaktive Bild öffnet die Datei. Es zeigt zwei ineinandergeschachtelte Umlaufbahnen, von denen die mit der hyperbolischen Umhüllung bereits geschlossen, diejenige mit der torusförmigen Umhüllung noch offen ist.

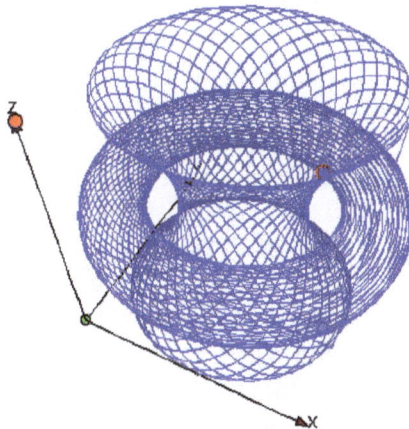

Abbildung 6.7. Simulation. Funktionszeichner für animierte Raumkurven. Im Bild wird die Überlagerung einer auf einem Hyperboloid umlaufenden periodischen Bahn mit einer auf einem Torus umlaufenden Bahn gezeigt.

7 Veranschaulichung von Funktionen im komplexen Zahlenraum

7.1 Konforme Abbildung

Komplexe Funktionen $u = F(z)$ bilden die Punkte z eines Definitionsbereichs der komplexen z-Ebene auf Punkte u eines Wertebereichs in der komplexen u-Ebene ab. Zur Unterscheidung von reellen Funktionen benutzen wir hier willkürlich Großbuchstaben für die Funktion:

$$u = F(z).$$

Wichtige komplexe Funktionen, wie Potenzen, die Exponentialfunktion und ihre Abkömmlinge (darunter Winkelfunktionen und Hyperbelfunktionen) sind *holomorph*, darunter versteht man definitionsgemäß, dass sie in jedem Punkt der z-Ebene *komplex* differenzierbar sind. Komplex differenzierbar bedeutet, dass Differenzierbarkeit in einem Punkt der komplexen Ebene in jeder Richtung, unter der man sich dem Punkt nähert, gegeben ist und zum gleichen Ergebnis führt. Solche Funktionen sind beliebig oft differenzierbar, und damit dann auch in jedem Punkt in eine Potenzreihe (Taylorreihe) entwickelbar.

Abbildung 7.1 aus der gleich zu beschreibenden Simulationsrechnung Abbildung 7.2 zeigt, wie das in dem konkreten Fall der Abbildung $u = z^2$ aussieht.

Die Abbildung $u = F(z)$ mit einer holomorphen Funktion ist *konform*, d. h. *winkeltreu*: Bildkurven in der u-Ebene schneiden sich unter dem gleichen Winkel wie die Urbild-Kurven in der z-Ebene. Das erscheint zunächst verblüffend, da ja die von Kurven gebildeten Figuren bei der Abbildung im Allgemeinen verzerrt werden.

Die linke Graphik zeigt die z-Ebene, die rechte die u-Ebene. In der z-Ebene wird ein quadratisches Gitter von Punkten angezeigt, die auf Parallelen zu der reellen und der imaginären Achse liegen. Das Gitter wird in die u-Ebene abgebildet und dabei unter Drehung, Dehnung (für Punkte außerhalb des eingezeichneten Einheitskreises) oder Stauchung (für Punkte innerhalb des Einheitskreises) in eine rautenförmige Figur mit gekrümmten Gitterlinien transformiert. In diesem Falle werden Punkte auf der reellen Achse wieder auf reelle Punkte abgebildet, so dass die reellwertige Seite des Quadrats gerade bleibt.

Bei genauer Betrachtung überzeugt man sich davon, dass sich in der Umgebung eines Punktes in der u-Ebene die Linien, die von den Abbildungspunkten gebildet werden, tatsächlich wie im Original unter rechten Winkeln schneiden. Die vier Punkte

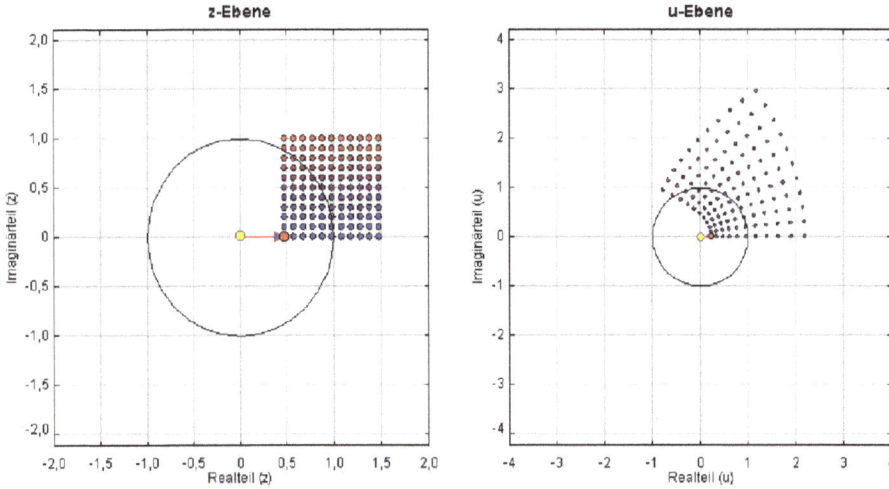

Abbildung 7.1. Konforme Abbildung eines quadratisch angeordneten Punktgitters (linkes Fenster) mit der holomorphen Funktion $u = z^2$ in die Bildebene (rechtes Fenster). Durch Strecken, Stauchen und Verdrehen kommt es zu Verzerrungen.

eines Urbild-Teilquadrats bilden umso genauer wieder ein Quadrat, je geringer ihr Abstand ist.

Die Winkeltreue der konformen Abbildungen wird in der Technik praktisch ausgenutzt, um zum Beispiel bei Strömungsfragen die für einfache Verhältnisse gefundenen Lösungen auf kompliziertere Verhältnisse zu übertragen. Komplexe Funktionen sind also nicht nur ein mathematisches Abstraktum, sondern haben sehr nützliche Anwendungen.

7.2 Komplexe Potenzfunktion

Das nachfolgende Visualisierungsbeispiel Abbildung 7.2 zeigt Potenzfunktionen für n-Potenz beliebige positive oder negative, ganzzahlige oder gebrochene Exponenten:

$$u = z^n.$$

Dabei ist z. B.

$$u = z^{-3} = \frac{1}{z^3}; \quad u = z^{1,5} = z^{3/2} = \sqrt[2]{z^3}.$$

Die Bedienungselemente sind für die verschiedenen Simulationen konformer Abbildungen weitgehend gleich. Wir beschreiben Sie für dieses erste Beispiel im Detail und verweisen später nur auf die Unterschiede. Ausführliche Angaben finden Sie jeweils in den Beschreibungsseiten der Simulationen.

In der z-Ebene ist ein quadratisches Punktgitter mit voreingestellter Kantenlänge angeordnet. Ein Eckpunkt ist rot markiert und mit dem Ursprung durch einen Vektor verbunden. Mit der Maus können Sie das Quadrat an dem roten Eckpunkt in der z-Ebene verschieben, bei gleichbleibender Orientierung. Mit exakt konstanter zweiter Koordinate können Sie eine Koordinate des Eckpunkts mit den Schiebereglern x, y variieren. Sehr genaue Werte können in den Zahlenfeldern x, y definiert werden. Hier können auch Werte eingetragen werden, die über den Bereich der Schieberegler hinausgehen. Punkte mit unterschiedlichen Imaginärwerten werden farblich unterschieden, so dass Sie die Abbildung punktweise besser verfolgen können. Am deutlichsten wird die Farbcodierung erkennbar, wenn Sie das Fenster auf Bildschirmgröße aufziehen. Mit einem Schieberegler *Quadratbreite* können Sie das Quadrat vergrößern oder bis auf einen Punkt verkleinern .

Weiter ist um den Ursprung ein kreisförmiges, farblich codiertes Punktraster mit für die Funktion typischen Radius angeordnet. Der Kreismittelpunkt ist blau eingezeichnet; er kann mit der Maus verschoben werden. Die anfänglich auf der reellen Achse liegenden, zueinander spiegelbildlichen Kreispunkte sind hervorgehoben. Der rechte, als rote Scheibe markierte Punkt ist mit dem Ursprung durch einen Vektorpfeil verbunden. Mit einem Schieberegler *Kreisdurchmesser* können Sie den Kreis vergrößern oder bis auf einen Punkt verkleinern.

Durch Zusammenziehen von Quadrat oder Kreis auf einen Punkt können Sie die jeweils andere Anordnung deutlicher darstellen, und die Abbildung eines einzigen Punktes studieren.

Für beide Fenster kann die Skalierung in den Zahlenfeldern *Skala_z* und *Skala_u* getrennt eingestellt werden.

In der u-Fläche sehen Sie die Abbildung der einzelnen Punkte des Quadrats oder des Kreises durch die gewählte Funktion. Genaue Koordinaten werden angezeigt, wenn Sie die Punkte anklicken. Mit der Taste Play wird eine Animation ausgelöst, welche den Eckpunkt des Quadratarrays schrittweise längs der für die spezielle Funktion interessanten Achse verschiebt. Auch bei laufender Animation können die Koordinaten des Eckpunkts mit Ziehen, Schiebereglern oder Zahleneingabe geändert werden, so dass die gesamte Ebene in Streifen abgescannt werden kann.

Mit Pause/Play beenden Sie die Animation. Mit der Initialisierungstaste können Sie den Ausgangszustand des Gitters, des Kreises und der Skalierung wieder herstellen.

Für die Potenzfunktion von Abbildung 7.2a können Sie im Eingabefeld *Potenz* (Startwert 2) eine beliebige positive oder negative Potenz n eintragen, auch rationale Zahlen (kein Komma, sondern Punkt verwenden!). Die Änderungen werden mit Betätigen der *ENTER*-Taste wirksam. Es gilt:

$$u = z^n = (re^{i\varphi})^n = r^n e^{in\varphi} = r^n(\cos n\varphi + i \sin n\varphi).$$

Bei der Abbildung z^n wird ein Punkt $z = re^{i\varphi}$ aus der Urbildebene in der Bildebene `R-Fläche` um den n-fachen Betrag seines Winkels verdreht. Sein Betrag vergrößert sich auf r^n

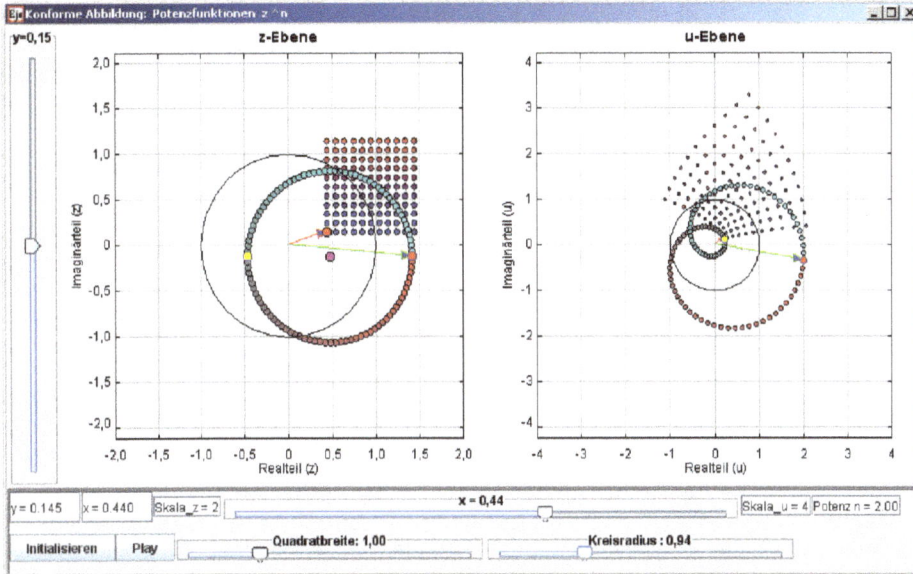

Abbildung 7.2a. Simulation. Komplexe Potenzfunktion $u = z^n$; konforme Abbildung eines Punkgitters und eines Kreises für $n = 2$. Im Fenster der z-Ebene kann der linke untere Eck-punkt des Gitters mit der Maus gezogen, der Punktabstand mit dem linken unteren Schieber eingestellt werden. Der blau markierte Mittelpunkt des Kreises kann gezogen, sein Durch-messer mit dem rechten unteren Schieber eingestellt werden. Der gelbe Punkt markiert den im Urbild des Kreises um π gedrehten Punkt. *Die Potenz n* ist in der Simulation frei wählbar (im Bild $n = 2$).

für $n > 1$ und verkleinert sich entsprechend für $n < 1$. Der Einheitskreis wird auf sich selbst abgebildet, unter Drehung.

Aus der Winkeldrehung folgt, dass für $n > 1$ die einfache u-Ebene nicht ausreicht, um die Abbildung aller z-Werte aufzunehmen. Die Abbildung erzeugt im Beispiel $n = 2$ oder $n = 3$ eine 2- oder 3-fache Überdeckung. In der **Funktionentheorie** spricht man von n **Riemannschen Blättern** der u-Ebene. In diesen Blättern ist nicht nur die Funktion selbst, sondern auch ihre Umkehrfunktion eindeutig.

In der Graphik der Simulation überlagern sich die Riemannschen Blätter, was man sehr gut an der Abbildung des Kreises verfolgen kann: die beiden Schlingen gehören verschiedenen Blättern an.

Für gebrochene Exponenten n spaltet die Transformation (Abbildung) für negative reelle Werte das Punktgitter in zwei Teile auf, was zunächst verblüffend ist. Auf einem liegen die transformierten Punkte der positiv-imaginären Halbebene, auf dem zweiten die der negativ-imaginären. Ob dabei die u-Ebene nur teilweise oder teilweise mehr-fach überdeckt wird, hängt davon ab, ob n größer oder kleiner als 1 ist. Abbildung 7.2b zeigt die Abbildung mit $n = 0{,}5$ ($u = z^{0,5} = \sqrt[2]{z}$).

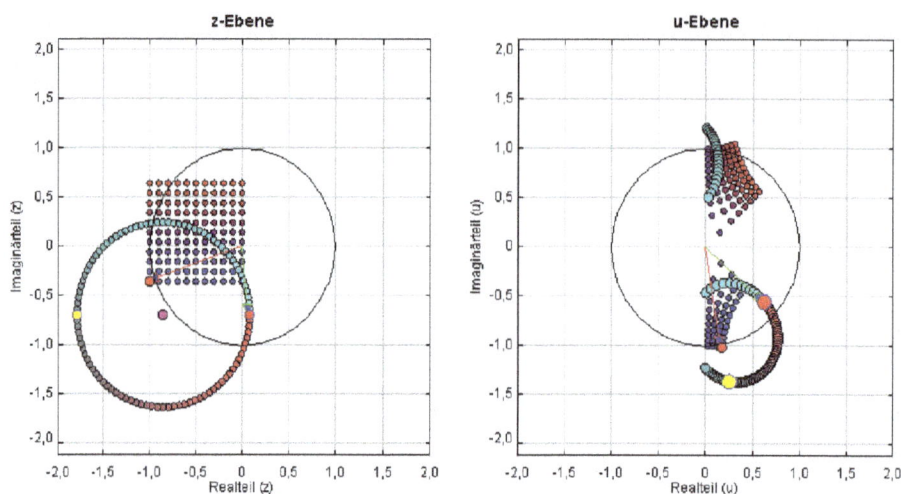

Abbildung 7.2b. Beispiel aus Simulation 7.2a. Konforme Abbildung mit der holomorphen Funktion $u = z^{0,5}$ für ein quadratisch angeordnetes Punktgitter und einen Kreis (linkes Fenster). Die z-Ebene wird in die positiv reelle Hälfte der u-Ebene abgebildet. Die Abbildung spaltet die z-Ebene für positiven und negativen Imaginärteil in zwei Teile auf.

Man überzeugt sich leicht mit einer kleinen Rechnung für $n = 0,5$, also $u = z^{1/2} = \sqrt[2]{z}$, dass die Aufspaltung so sein muss. Der Punkt $z = i$ (Winkel 90 Grad) wird auf dem Einheitskreis in einen Punkt $u = \sqrt{i} = (1 + i)(1 + i)/\sqrt{2}$ mit dem Winkel von 45 Grad transformiert, was wir durch die Umkehrung der Funktion beweisen:

$$\left[\frac{1}{\sqrt{2}}(1 + i) \right]^2 = \frac{1}{2}(1 + 2i + i^2) = \frac{1}{2}(1 + 2i - 1) = i \quad \text{q.e.d.}$$

Wie transformiert sich der Punkt $-i$? Wir setzen an, dass er auf den dazu komplementären Punkt abgebildet wird (gleicher Realwert, entgegengesetztes Vorzeichen des Imaginärwerts) und beweisen dies wieder durch Umkehr:

$$\left[\frac{1}{\sqrt{2}}(1 - i) \right]^2 = \frac{1}{2}(1 - 2i + i^2) = \frac{1}{2}(1 - 2i - 1) = -i \quad \text{q.e.d.}$$

Es ist also tatsächlich so: Der Punkt $-i$ und auch alle anderen Punkte mit negativem Imaginärteil transformieren sich in den Teil der u-Ebene, für die der Imaginärteil negativ ist, und alle Punkte mit positivem Imaginärteil in einen spiegelbildlichen Teil mit positivem Imaginärteil.

Am schnellsten überblickt man die Verhältnisse mit dem unverschobenen abzubildenden Kreis. Er wird für $n = 2$ in zwei Segmente abgebildet, sobald einzelne Punkte negativen Imaginärteil haben. Die beiden Teilkurven liegen in unterschiedlichen Riemannschen Blättern. Sie können sich durch Abzählen überzeugen, dass sie bei zum Ursprung symmetrischen Anordnung. jeweils gleich viele Punkte aufweisen.

Die konforme Abbildung führt bei geeigneten Parametern zu sehr reizvollen Symmetrien. Abbildung 7.2c zeigt links für die 17te und rechts für die 60te Potenz die überlagerte Abbildung von 100 Punkten eines Kreisarrays mit Kreisradius 1 auf entsprechend viele Rieman-Blätter. Das Array ist dabei geringfügig aus dem Nullpunkt verschoben. Denken Sie daran, dass der unverschobene Einheitskreis auf sich selbst abgebildet wird, der leicht verschobene also in seine unmittelbare Nachbarschaft.

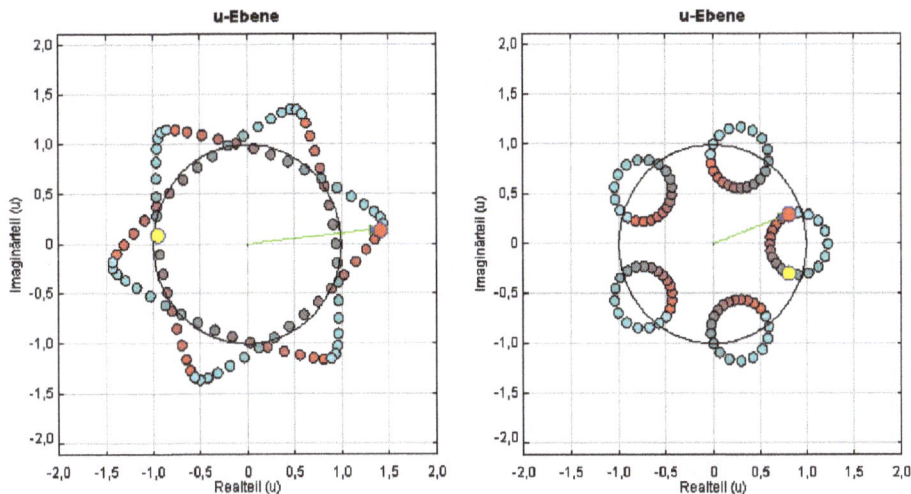

Abbildung 7.2c. Beispiel aus Simulation 7.2a. $u = z^n$ für einen geringfügig aus dem Ursprung verschobenen Kreis mit Radius 1. Links mit $n = 17$, rechts mit $n = 60$, bei unterschiedlicher Verschiebung.

Die Simulation gibt Ihnen vielfältige Möglichkeiten zum Experimentieren. Sie greifen darauf mit der interaktiven Abbildung 7.2a zu. Die Beschreibungsseiten enthalten weitere Angaben und Vorschläge für Experimente.

7.3 Komplexe Exponentialfunktion

Als zweites Beispiel für konforme Abbildungen zeigen wir die komplexe Exponentialfunktion. Wir verallgemeinern sie auf Funktionen mit beliebiger Basis a:

$$u = a^z = e^{z \ln a}.$$

Mit $a = e$ erhalten wir die einfache Exponentialfunktion, mit $a = 1/e$ die exponentielle Dämpfungsfunktion.

$$a = e \rightarrow u = e^x (\cos y + i \sin y)$$

$$a = \frac{1}{e} \rightarrow u = e^{-x}(\cos y - i \sin y);$$

$$(\text{wegen } \cos(-y) = \cos(y); \ \sin(-y) = -\sin(y))$$

$$\text{allgemein } u = a^z = (e^{\ln a})^z = e^{(\ln a)(x+iy)} = e^{x \ln a} e^{iy \ln a}$$

$$= e^{x \ln a} \cdot (\cos(y \ln a) + i \sin(y \ln a)).$$

Die Wahl einer Basis $a \neq e$ kann also durch eine Koordinatentransformation kompensiert werden: $x' = x \ln a$; $y' = y \ln a$.

Die folgende Simulation verwendet die gleiche Grundstruktur wie die der Potenzfunktion und wird mit Abbildung 7.3a für die einfache Exponentialfunktion mit $a = e$ aufgerufen.

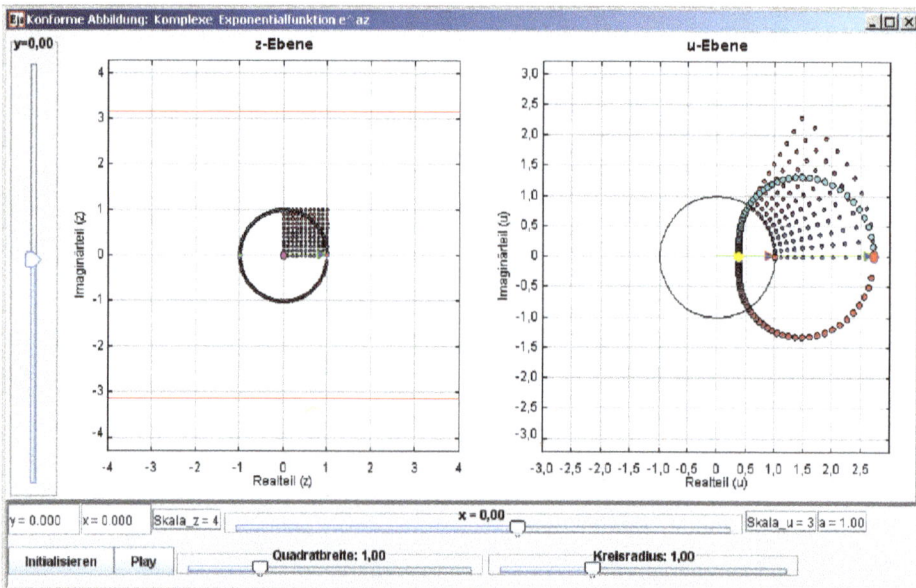

Abbildung 7.3a. Simulation. Konforme Abbildung mit der komplexen Exponentialfunktion $u = e^z$; Abbildung eines Punktgitters und eines Kreisarrays mit Radius 1 um den Ursprung der z-Ebene in die u-Ebene. Der Einheitskreis ist schwarz gezeichnet. *Play* verschiebt das Array längs der imaginären Achse. Der Parameter a kann im Zahlenfeld a gewählt werden.

Der reelle Punkt 1 wird in den reellen Punkt $e = 2,718\ldots$ abgebildet. Negative Realteile $x < 0$ von $z = x + iy$ führen zu einer Abbildung ins Innere des Einheitskreises, positive zu einer Abbildung ins Äußere des Einheitskreises (im Bild am Kreis erkennbar). Dies hat folgenden Grund:

$$z = e^{i\varphi} \to u = e^{e^{i\varphi}} = e^{\cos\varphi + i\sin\varphi};$$

es ist aber $\cos < 1$ im Bereich $\pi/2 < \varphi < 3\pi/2$ so dass $e^{\cos\varphi} < 1$ ist.

Die grundlegende Besonderheit der komplexen Exponentialfunktion wird in der Simulation verdeutlicht: Wenn man das Punktgitter längs der *imaginären* Achse verschiebt, dreht es sich in der Bildebene ohne zusätzliche Verzerrung periodisch um den Nullpunkt und erreicht nach einer Verschiebung um 2π wieder die Ausgangslage. Ein parallel zur reellen Achse liegender Streifen in der z-Ebene mit Breite 2π füllt also ein komplettes Riemannsches Blatt in der u-Ebene. Hierin drückt sich auch die Periodizität der Winkelfunktionen aus. Abbildung 7.3b zeigt den Fall einer Verschiebung um 2π aus der Simulation von Abbildung 7.3a.

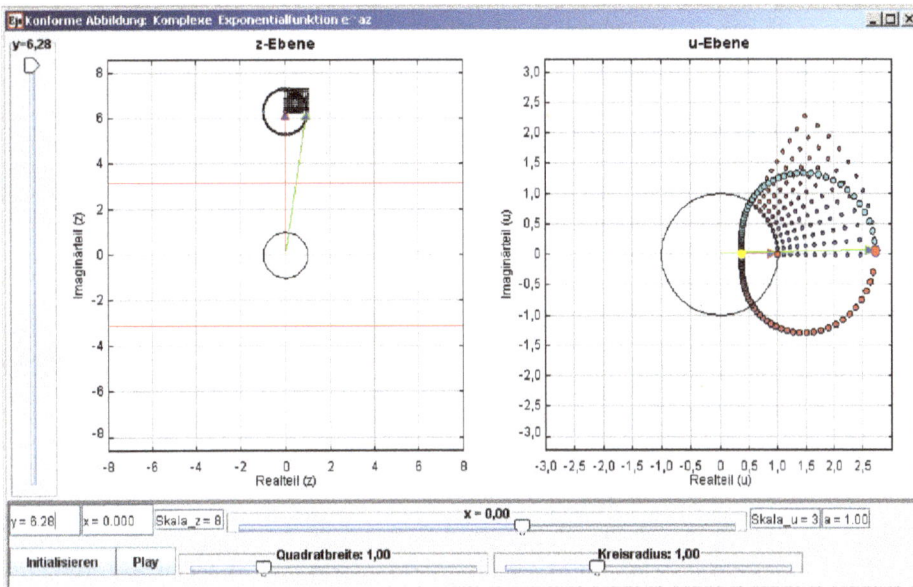

Abbildung 7.3b. Konforme Abbildung mit der komplexen Exponentialfunktion $u = e^z$; Abbildung eines Kreisarrays mit Radius 1, das in der z-Ebene um 2π auf der imaginären Achse verschoben wird. Das Bild in der u-Ebene ist identisch mit dem von Abbildung 7.3a, bei dem der abzubildende Kreis seinen Mittelpunkt im Ursprung hat. Der Einheitskreis ist schwarz gezeichnet. Rot sind die Berenzungslinien einer zum Ursprung symmetrischen Periode eingezeichnet.

Ein Verschieben des Punktgitters längs der *reellen* Achse führt in positiver Richtung zu exponentieller Aufblähung und in negativer Richtung zu exponentieller Schrumpfung, jeweils ohne Veränderung der Winkel.

Sehr reizvoll ist auch das Experimentieren mit Exponentialfunktionen bei gebrochenem oder negativem $\ln a$ (Sie können Rationalzahlen als z. B. $-5/3$ eingeben;

dafür ist die Basis $a = 0{,}188875\ldots$). Die Beschreibungsblätter der Simulation enthalten dazu nähere Angaben und Vorschläge.

7.4 Komplexe Winkelfunktionen: Sinus, Cosinus, Tangens

Von der komplexen Exponentialfunktion ist es nur ein Schritt zu den komplexen Winkelfunktionen. Neben der Eulerschen Formel $e^{iz} = \cos z + i \sin z$ brauchen wir dazu die Definitionsformeln für die Hyperbolischen Funktionen sinh und cosh:

$$e^{iz} = \cos z + i \sin z; \; e^{-iz} = \cos(-z) + i \sin(-z) = \cos z - i \sin z;$$

$$\rightarrow \sin z = \frac{e^{iz} - e^{-iz}}{2i}; \; \cos z = \frac{e^{iz} + e^{-iz}}{2};$$

$$\sinh z = \frac{e^z - e^{-z}}{2}; \; \cosh z = \frac{e^z + e^{-z}}{2}; \rightarrow \cosh^2 z - \sinh^2 z = 1;$$

Nebenergebnisse: $\cos z = \cosh(iz); \; \sin z = 1/i \, \sinh(iz);$

$$\cos(iz) = \cosh(z); \; \sin(iz) = i \sinh z$$

Mit $e^{iz} = e^{ix-y} = e^{-y}e^{ix} = e^{-y}(\cos x + i \sin x)$

$e^{-iz} = e^{-ix+y} = e^y e^{-ix} = e^y(\cos x - i \sin x)$

folgt $\sin z = \sin x \dfrac{(e^y + e^{-y})}{2} + i \cos x \dfrac{(e^y - e^{-y})}{2} = \sin x \cosh y + i \cos x \sinh y$

$\cos z = \cos x \dfrac{(e^y + e^{-y})}{2} - i \sin x \dfrac{(e^y - e^{-y})}{2} = \cos x \cosh y - i \sin x \sinh y$

$\tan z = \dfrac{\sin z}{\cos x} = \dfrac{\sin x \cosh y + i \cos x \sinh y}{\cos x \cosh y - i \sin x \sinh y}$

$\quad = \dfrac{(\sin x \cosh y + i \cos x \sinh y)(\cos x \cosh y + i \sin x \sinh y)}{(\cos x \cosh y - i \sin x \sinh y)(\cos x \cosh y + i \sin x \sinh y)}$

$\tan z = \dfrac{\sin x \cos x + i \sinh y \cosh y}{\cos^2 x + \sinh^2 y}.$

7.4.1 Komplexer Sinus

Beim Verschieben der Arrays parallel zur realen Achse beobachtet man ihre periodische Abbildung. Das quadratische Array wird dabei in ein durch orthogonale Ellipsen und Hyperbeln begrenztes Gebiet transformiert. Nähere Anweisungen und Hinweise zum Experimentieren sind in den Beschreibungsseiten der Simulation enthalten.

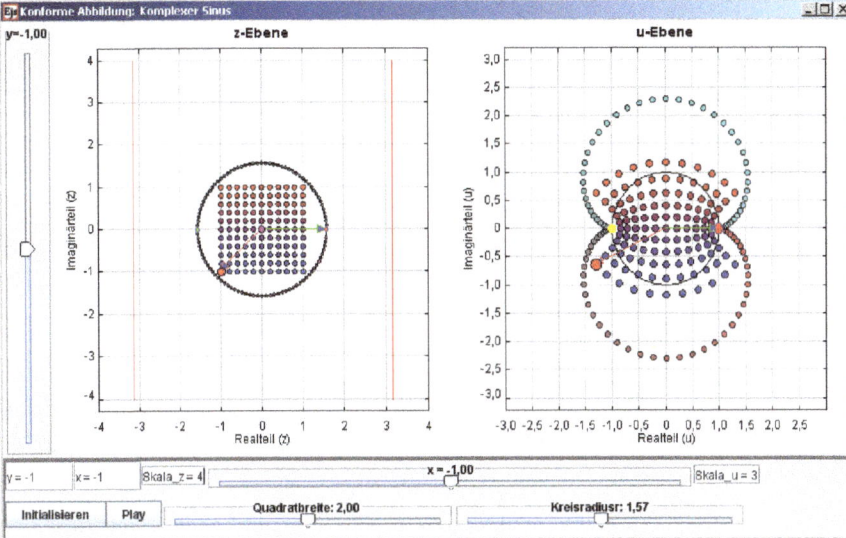

Abbildung 7.4. Simulation. Konforme Abbildung mit der komplexen Winkelfunktion $u = \sin z$; Abbildung eines Punktgitters und eines Kreisarrays um den Ursprung mit Radius $\pi/2$ der z-Ebene in die u-Ebene. Der Kreis mit Radius $\pi/2$ der z-Ebene und der Einheitskreis der u-Ebene ist schwarz gezeichnet. In der z-Ebene sind die Begrenzungslinien einer Periode rot eingezeichnet. *Play* verschiebt das Rechteckarray längs der reellen Achse.

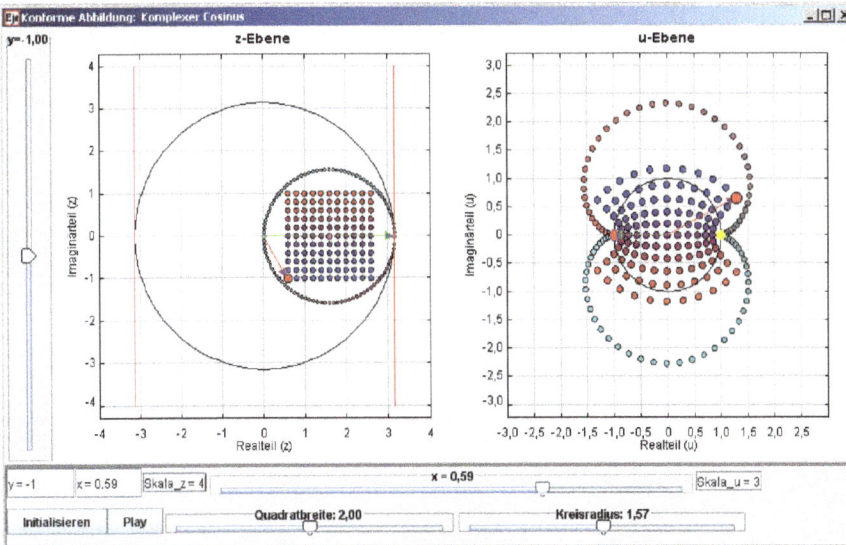

Abbildung 7.5. Simulation. Konforme Abbildung mit der komplexen Winkelfunktion $u = \cos z$; Abbildung der um $\pi/2$ gegenüber dem Ursprung verschobenen Punktarrays in die u-Ebene. Ein Kreis mit Radius π in der z-Ebene und der Einheitskreis der u-Ebene sind schwarz eingezeichnet, die Periodengrenzen in der z-Ebene rot.

7.4.2 Komplexer Cosinus

Erwartungsgemäß führt die Abbildung durch den Cosinus bei einer Phasenverschiebung um $\pi/2$ auf der realen Achse der z-Ebene zum gleichen Ergebnis wie die Abbildung durch den Sinus. Abbildung 7.5 zeigt dies für die gleiche Einstellung der u-Ebene wie in Abbildung 7.4.

Nähere Anweisungen und Hinweise zum Experimentieren sind in den Beschreibungsseiten der Simulation enthalten.

7.4.3 Komplexer Tangens

Der komplexe Tangens zeigt neben der erwarteten Periodizität bei Verschiebungen parallel zur reellen Achse durch seine Divergenz mit Vorzeichenwechsel bei ungeradzahligen Vielfachen von $\pi/2$ eine Fülle interessanter Erscheinungen. Wegen der großen Empfindlichkeit in der Nähe der Divergenzen sollten Sie zusätzlich zu den Schiebereglern für die Koordinaten des Gitterarrays in der z-Ebene die 2 Zahlenfenster

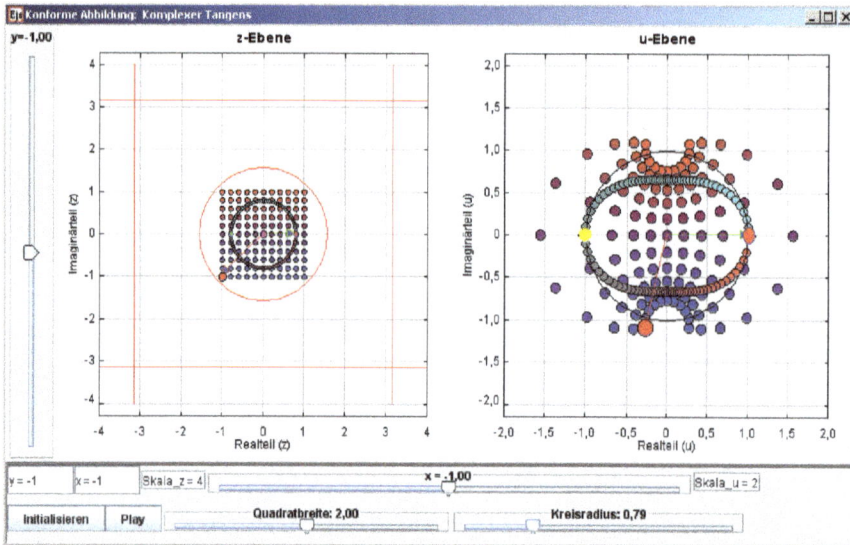

Abbildung 7.6. Simulation. Konforme Abbildung mit der komplexen Winkelfunktion $u = \tan z$; Abbildung eines quadratischen Punktgitters und eines Kreisarrays um den Ursprung der z-Ebene in die u-Ebene. Ein Kreis mit Radius $\pi/2$ in der z-Ebene und der Einheitskreis in der u-Ebene sind schwarz eingezeichnet. Rot sind in der z-Ebene parallel zu imaginären Achse die Grenzen einer Periode und parallel zu reellen Achse die Grenzen des außerhalb $+i$ und $-i$ abgebildeten Streifens eingezeichnet. *Play* verschiebt das Quadratarray parallel zur reellen Achse.

benutzen, in die exakte Werte für x und y eingegeben werden können. Diese können über die von den Reglern überstrichenen Intervalle hinausgehen.

Gerade parallel zu realen und imaginären Achse werden hier in geschlossene Kurven um und durch die beiden Punkte $+i$ und $-i$ abgebildet. Der Bereich mit Imaginärwerten größer π wird in den Punkt $+i$, der Bereich mit Imaginärwerten kleiner π wird in den Punkt $-i$ abgebildet. Nähere Anweisungen und Hinweise zum Experimentieren sind in den Beschreibungsseiten der Simulation enthalten.

7.5 Komplexer Logarithmus

Wir schließen die konformen Abbildungen mit dem natürlichen Logarithmus ab, der Umkehrfunktion der Exponentialfunktion. Im Raum der reellen Zahlen existiert bekanntlich für negative Zahlen kein Logarithmus, da die Umkehrfunktion e^x stets zu einer positiven Zahl führt. Diese Einschränkung wird im Raum der komplexen Zahlen aufgehoben. In ihm ist der Logarithmus für alle Zahlen wohldefiniert.

Um den komplexen Logarithmus zu bilden, muss man die komplexe Zahl z in einer Form ansetzen, für die beim Logarithmieren Real und Imaginärteil getrennt werden.

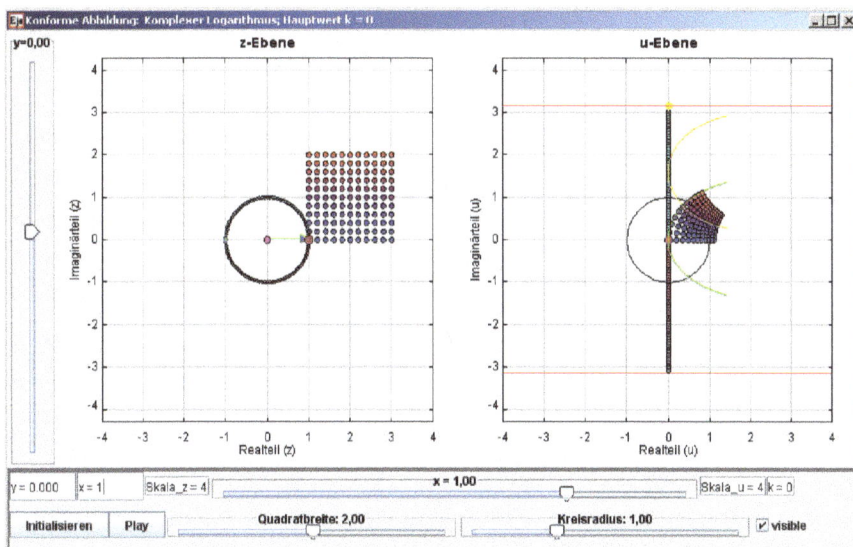

Abbildung 7.7. Simulation. Konforme Abbildung mit der komplexen Funktion $u = lnz$; Abbildung eines Punktgitters und eines Kreisarrays um den Ursprung mit Radius 1 der z-Ebene in die u-Ebene. Ein Kreis in der z-Ebene mit Radius e und ein Kreis in der u-Ebene mit Radius π sind schwarz gezeichnet. Die roten Linien in der z-Ebene kennzeichnen die Grenzen des „Hauptwerts". *Visible* zeigt die transformierten Kurven von Parallelen zu den z-Achsen an. *Play* verschiebt das Array parallel zur reellen Achse.

Das ist bei der Darstellung $z = x + iy$ nicht gegeben, wohl aber in Polarkoordinaten.

$$z = re^{i\phi}; \quad r = |z| = \sqrt{x^2 + y^2}; \quad \phi = \arctan \frac{y}{x};$$

$$\ln z = \ln \sqrt{x^2 + y^2} + i(\phi + k2\pi); \quad k \text{ ganzzahlig}$$

„Hauptwert" für $k = 0$: $\ln z = \ln \sqrt{x^2 + y^2} + i\phi = \frac{1}{2} \ln(x^2 + y^2) + i\phi.$

Wegen der Periodizität der Exponentialfunktion mit $ik2\pi$ wird die z-Ebene identisch in unendlich viele zur realen Achse parallele Streifen der u-Ebene der Breite 2π abgebildete. Der Hauptwert für $k = 0$ bildet sie in den Streifen $-\pi < y < \pi$ ab.

Man erkennt in Abbildung 7.7 für das quadratische Punktarray die logarithmische Verdichtung in Richtung der realen Achse und die durch den Arcustangens bestimmte Verdichtung in Richtung der imaginären Achse.

Bei der logarithmischen Abbildung sind 4 Gebiete nach dem Realwert x in der z-Ebene zu unterscheiden.

- $x \geq 1$: für diese Werte ist der Logarithmus im Raum der reellen Zahlen positiv. Komplexe Zahlen in diesem Bereich werden in ein Gebiet mit $x > 0$ transformiert, das durch die grüne Kurve in Abbildung 7.7 begrenzt ist. Dabei liegen Zahlen mit gleichem Imaginärteilen auf dazu orthogonalen Kurven, die in Abbildung 7.7 für $y = 1$ durch die gelbe Linie gekennzeichnet sind.
- $x \leq -1$: dazu gibt es für reelle Zahlen keine reellen Lösungen. Zahlen in diesem Bereich werden in Gebiete mit $x > 0$ und imaginärem Anteilen transformiert, die an den Rändern des Streifens liegen. Die begrenzenden Kurven sind analog, aber versetzt und gespiegelt zum ersten Fall. Ein interessanter Fall ist $\ln(-1) = 0 + i\pi = i\pi$, die symmetrische Lösungen dazu sind $\ln(i) = 1/2i\pi$; $\ln(-i) = 3/2i\pi$.
- $0 < x \leq 1$: hier gibt es für reelle Zahlen reelle, negative Lösungen. Zahlen in diesem Bereich transformieren je nach Imaginärteil in die negative oder positive Halbfläche des Streifens. Die begrenzenden Kurven sind Fortsetzungen des ersten Falls.
- $-1 \leq x < 0$: hier gibt es keine reellen Lösungen. Zahlen in diesem Bereich transformieren je nach Imaginärteil in die negative oder positive Halbebene des Streifens, wobei stets $\pi/2 < |y| < \pi$ ist. Die begrenzenden Kurven sind Fortsetzungen des ersten Falls.

Der Kreis um den Ursprung transformiert in eine Gerade parallel zur imaginären Achse, da für ihn die reale Komponente des Logarithmus $0,5 \ln(x^2 + y^2) = \ln r^2$ konstant ist. Veränderung des Kreisdurchmessers verschiebt die Gerade in x-Richtung.

Wie werden die in der Abbildung 7.7 gezeigten und nach Aktivieren des Schalters *Visible* erscheinenden Kurven definiert? In der z-Fläche ist $x = 1$ die Grenze für positive Logarithmen. Damit folgt für die Koordinaten der begrenzenden Kurve in der u-Fläche: $x = 0{,}5 \ln(1 + y_z^2)$; $y = \arctan y$. Für eine Gerade mit einem Imaginärteil $y = 1$ in der z-Fläche folgt in der u-Fläche $x = 0{,}5 \ln(x^2 + 1)$; $y = \arctan(1/x)$. Die beiden Kurven sind orthogonal zueinander.

Nähere Anweisungen und Hinweise zum Experimentieren sind in den Beschreibungsseiten der Simulation enthalten.

Dieses relativ komplexe Beispiel demonstriert besonders deutlich den Vorzug der interaktiven Simulation über eine Diskussion mit Formeln und Worten. Beim zügigen Bewegen der Arrays parallel oder senkrecht zur imaginären Achse werden Zusammenhänge visuell spontan erfasst, die mit Worten nur umständlich und zeitraubend zu beschreiben wären.

Aus den verschiedenen Beispielen wird klar geworden sein, wie man allgemein konforme Abbildungen berechnen und veranschaulichen kann. In der Simulation für den komplexen Logarithmus ist auf der Seite Custom der EJS Console zusätzlich der inaktivierte Code für $\cot(z)$ und für die hyperbolischen Funktionen $\sinh(z)$, $\cosh(z)$, $\tanh(z)$ und $\coth(z)$ enthalten. Man kann daraus leicht den Code für weitere konforme Abbildungen ableiten.

8 Vektoren

8.1 Vektoren und Operatoren als „Kurzschrift" für n-Tupel von Zahlen und Funktionen

In der Schule bleibt die Diskussion von Funktionen meist auf Funktionen von einer Variablen beschränkt, also auf $y = f(x)$ in rechtwinkligen Koordinatensystemen oder $r = g(\varphi)$ in Polarkoordinaten. Man gewöhnt sich daher in der Schulzeit an diese Art der Veranschaulichung funktionaler Zusammenhänge in der xy-Ebene.

Reale Vorgänge kann man so gar nicht beschreiben, da sie ja stets in einem dreidimensionalen Raum mit Koordinaten x, y, z oder in einem vierdimensionalen Kontinuum stattfinden (durch die Raumkoordinaten x, y, z und die Zeit t gekennzeichnet). Hilfsweise verwendet man jeweils nur eine eingeengte Projektion auf eine Ebene im Raum. Das geht, wenn man annimmt, dass einige Variablen konstant sind. Ein Beispiel wäre $y = f(t)$ für die Bewegung entlang eines geraden Wegs, dem dann einfach die y-Achse zugeordnet wird, während längs der x-Achse der Parameter t variiert. Gegebenenfalls kann man noch eine zweite, in diskreten Stufen variierende Größe (z. B. x genannt) so berücksichtigen, dass man in einem ebenen Koordinatensystem eine Kurvenschar zeichnet, also z. B. $y = f(t, x_i); i = 1, 2, \ldots$.

Sobald man Vorgänge im Raum darstellen will, wird es komplizierter. Die gleichförmige Bewegung eines punktförmigen Körpers (also ohne Krafteinwirkung) erfordert drei „ebene" Parameter-Gleichungen, wie z. B. $x = at + a_0$; $y = bt + b_0$; $z = ct + c_0$. Will man seine Bewegung unter dem Einfluss einer im Raum variierenden Kraft – etwa im Kraftfeld eines Magneten – beschreiben, braucht man Gleichungen, welche für jeden Ort im Raum sowohl den Betrag als auch die Richtung der Kraftwirkung auf den bewegten Körper beschreiben. In Koordinatenschreibweise wird das schnell unübersichtlich und unanschaulich.

Um der Anschaulichkeit zweidimensionaler Darstellungen nahe zu kommen, verwendet man statt dessen eine Art Kurzschrift, bei der die drei Raumkomponenten in einem **Vektor** zusammengefasst werden, und damit verbundene oder darauf einwirkende Funktionen in einem **Operator**. Wenn man den drei Koordinaten den Vektor X zuordnet, und den drei Zeitfunktionen den Vektor F, dann kann man die drei obigen Gleichungen zusammenfassen als $X = F(t)$, was wesentlich übersichtlicher ist. Ob es auch sinnvoll ist, entscheidet sich aus der spezifischen Problemstellung, also daraus, ob die drei Teilfunktionen in F einen logischen Zusammenhang haben – was bei der betrachteten einfachen Bewegung offensichtlich der Fall ist.

Sobald man anfängt, Zahlen einzusetzen und damit zu rechnen, bleibt allerdings nichts anderes übrig, als den Zusammenhang in seine einzelnen Komponenten aufzulösen und entsprechende Algorithmen zu formulieren. Aber auch dabei wird durch die symbolische Zusammenfassung die Formulierung der Einzelzusammenhänge ganz bedeutend erleichtert. Durch das regelmäßige Auftreten der immer wieder gleichen Formalismen bei physikalischen Fragestellungen wird die Formulierung oft zur Routine.

Diese Vorgehensweise muss nicht auf dreidimensionale Beschreibungen beschränkt sein, sondern ist grundsätzlich auf beliebig hohe Dimensionen erweiterbar. Man kann zum Beispiel die Position von zwei Punkten im dreidimensionalen Raum durch *zwei* vom Nullpunkt ausgehende Pfeile oder Nullpunktvektoren (x_1, y_1, z_1) und (x_2, y_2, z_2) in diesem Raum beschreiben, aber auch durch *einen* Vektor im 6-dimensionalen Raum $(x_1, y_1, z_1, x_2, y_2, z_2)$. In der Quantenmechanik wird mit Vektoren im unendlich-dimensionalen *Hilbert*-Raum gearbeitet. Ebene Probleme kann man durch zweidimensionale Vektoren beschreiben, äquivalent der komplexen Ebene.

Die *Vektoralgebrea* und die *Vektoranalysis* (sofern partiell differenziert wird) sind ein besonders wichtiges mathematisches Werkzeug der theoretischen Physik und werden daher in Lehrbüchern für Studienanfänger oft sehr eingehend behandelt, wie z. B. in den beiden am Anfang genannten, auf die wir deshalb nochmals hinweisen[16]. Ihre Objekte und Operationen sind der ungeschulten Vorstellungskraft zunächst nicht leicht zugänglich. Die folgenden Abschnitte beschränken und konzentrieren sich daher auf die interaktive Visualisierung einzelner grundlegender Aspekte.

8.2 3D-Visualisierung von Vektoren

Die klassische visualisierende Darstellung eines Vektors ist ein Pfeil im Raum, dessen Länge einen Betrag, und dessen Orientierung eine Richtung definiert. Der Ort, an dem sich der Pfeil befindet, ist dabei beliebig; man kann ihn also z. B. als *Nullpunktvektor* vom Nullpunkt eines gewählten kartesischen Koordinatensystems ausgehen lassen. Sein Endpunkt (die Pfeilspitze) wird dann durch die drei Raumkoordinaten x, y, z in diesem Koordinatensystem beschrieben. Seine Länge a, **Betrag** des Vektors genannt, ergibt sich aus dem Pythagoreischen Lehrsatz $a = \sqrt{x^2 + y^2 + z^2}$.

Es ist offensichtlich gleichgültig, wie das Koordinatensystem, auf das sich die Koordinaten des Vektors beziehen, im Raum orientiert ist. Bei einer Änderung des Koordinatensystems (Verschiebung oder Drehung) ändern sich zwar die ihm zugeordneten Einzelkoordinaten, aber Lage und Länge des Vektors selbst bleiben davon unbeeinflusst – sie sind gegen Translation und Drehung *invariant*. Diese Eigenschaft ist die Grunddefinition eines Vektors.

---

16 „*Mathematischer Einführungskurs für die Physik*", Siegfried Großmann, Teubner, 9. Auflage, 2008, ISBN 3-519-33074-1; „*Mathematische Grundlagen für das Lehramtsstudium Physik*", Franz Embacher, Vieweg+Teubner 2008, ISBN 978-3-8348

Größen, die für jeden Raumpunkt durch eine *einzige* Zahlenangabe charakterisiert werden können, bezeichnet man im Gegensatz zu Vektoren als *Skalare*; ein Beispiel wäre eine Dichte- oder Temperaturverteilung.

Der dreidimensionale Nullpunktvektor (3D-Nullpunktvektor) repräsentiert die drei Ortskoordinaten eines Raumpunkts. Es ist üblich, sie in eine Matrix mit nur einer Spalte oder Zeile zu schreiben. Als Symbole verwendet man gerne a_1, a_2, a_3 für den Vektor **a** oder x_{11}, x_{12}, x_{13} für den Vektor $\mathbf{x_1}$. Die folgenden Darstellungen sind also synonym:

$$\mathbf{a} = \begin{pmatrix} a_1 \\ a_2 \\ a_3 \end{pmatrix} = (a_1, a_2, a_3), \qquad \text{Betrag } |\mathbf{a}| = \sqrt{a_1^2 + a_1^2 + a_2^2}$$

$$\mathbf{x_1} = \begin{pmatrix} x_{11} \\ x_{12} \\ x_{13} \end{pmatrix} = (x_{11}, x_{12}, x_{13}), \quad \text{Betrag } |\mathbf{x_1}| = \sqrt{x_{11}^2 + x_{12}^2 + x_{13}^2}.$$

Symbole für den Vektor als *Ganzes* – **a**, $\mathbf{x_1}$ – wurden in einer Zeit eingeführt, als man sie von Hand schrieb. Einige von damals gebräuchliche Formate, wie Buchstaben in Sütterlinschrift oder mit einem darüber stehenden Pfeil, führen heute zu einer etwas unglücklichen Formatierung, da sie auf der PC-Tastatur nicht flüssig eingegeben werden können. Wir verwenden hier, dem Vektorformat des Formeleditors *MathType* entsprechend, fett gedruckte Buchstaben in der Schrift *Times*.

Der Betrag des Vektors (die Pfeillänge) wird zwischen senkrecht stehenden Strichen stehend symbolisiert (meist *AltGr* plus < Taste). Dies ist analog zur Schreibweise für den Absolutwert bei komplexen Zahlen, allerdings sind die damit verbundenen Begriffe nicht völlig identisch: Die Vektorlänge ist von der Lage des Vektors zum Nullpunkt eines Koordinatensystems unabhängig, der Absolutwert einer komplexen Zahl wird stets vom Nullpunkt ausgehend bestimmt. Diese Unterscheidung fällt weg, wenn man einen Vektor, der von einem Punkt (x_1, y_1, z_1) ausgeht und zu einem Punkt (x_2, y_2, z_2) führt, als Differenz zweier Nullpunktvektoren schreibt $(x_2 - x_1, y_2 - y_1, z_2 - z_1)$.

Die interaktive 3D-Simulation Abbildung 8.1 schult die räumliche Vorstellung von Vektoren. In ihr wird über den Schalter *Zufallsvektor* ein Nullpunktvektor mit zufälligen ganzzahligen Koordinaten (Minimum -5, Maximum $+5$) erzeugt und als roter Pfeil dargestellt, eingebettet in ein räumliches Dreibein und ergänzt mit Projektionen auf die verschiedenen Koordinatenebenen (die abgeschaltet werden können). Am besten ziehen Sie die Simulation auf volle Bildschirmgröße auf.

Die Koordinaten des Vektors werden als Projektionen auf die Ebenen $x = 0, y = 0$, $z = 0$ gezeigt und in den drei Koordinatenfeldern angegeben. Dort können von Hand *beliebige* andere Koordinaten eingesetzt werden, so dass die Auswirkung auf die Lage des Vektors gezielt studiert werden kann.

Alternativ kann die Spitze des Vektors mit der Maus gezogen und die Auswirkung auf die Koordinaten in zwei Ebenen studiert werden. Die 3D-Projektion kann durch Ziehen mit der Maus im Raum gedreht werden. Außerdem sind durch Optionsschalter wohldefinierte Projektionen direkt darstellbar.

Anleitungen zum Experimentieren sind auf den Beschreibungsseiten der Simulation zu finden.

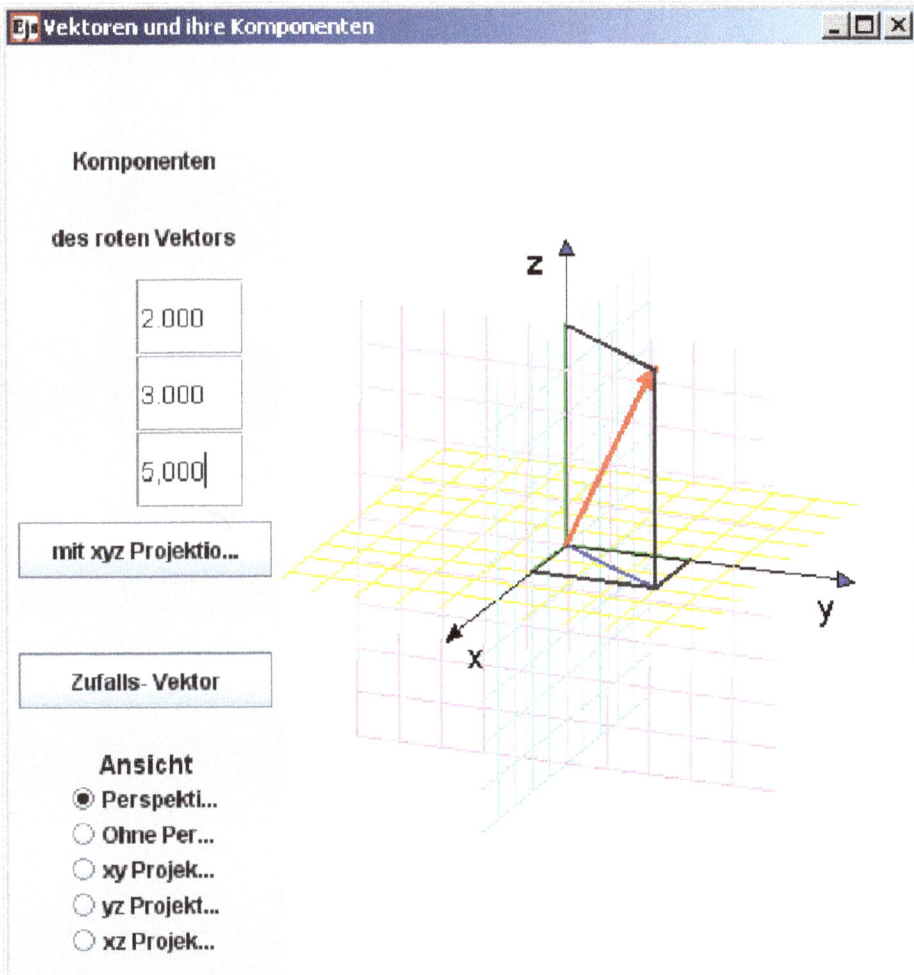

Abbildung 8.1. Simulation. 3D-Visualisierung von Vektoren im Raum; Darstellung der Komponenten. Die Projektion kann in ihrer Lage im Raum mit der Maus gezogen werden. Die Komponenten des roten Vektors können entweder als Zahlen eingegeben oder durch einen Zufallsgenerator erzeugt werden. Die Auswahlkästchen führen zu unterschiedlichen Projektionen.

8.3 Grundoperationen der Vektoralgebra

8.3.1 Multiplikation mit einer Konstanten

Man kann für Vektoren die Multiplikation mit einer Konstanten k und die Addition sinnvoll definieren. Für die Multiplikation mit einer Konstanten leuchtet dies unmittelbar ein.

$$k\mathbf{a} = k \begin{pmatrix} a_1 \\ a_2 \\ a_3 \end{pmatrix} = \begin{pmatrix} ka_1 \\ ka_2 \\ ka_3 \end{pmatrix},$$

$$k|\mathbf{a}| = \sqrt{(ka_1)^2 + (ka_2)^2 + (ka_3)^3} = k\sqrt{a_1^2 + a_2^2 + a_3^2} = k|\mathbf{a}|. \quad \text{q.e.d.}$$

8.3.2 Addition und Subtraktion

Für Addition und Subtraktion gelten die Definitionen

$$\mathbf{a} + \mathbf{b} = \begin{pmatrix} a_1 \\ a_2 \\ a_3 \end{pmatrix} + \begin{pmatrix} b_1 \\ b_2 \\ b_3 \end{pmatrix} = \begin{pmatrix} a_1 + b_1 \\ a_2 + b_2 \\ a_3 + b_3 \end{pmatrix}$$

$$\mathbf{a} - \mathbf{b} = \begin{pmatrix} a_1 \\ a_2 \\ a_3 \end{pmatrix} - \begin{pmatrix} b_1 \\ b_2 \\ b_3 \end{pmatrix} = \begin{pmatrix} a_1 - b_1 \\ a_2 - b_2 \\ a_3 - b_3 \end{pmatrix} = - \begin{pmatrix} b_1 - a_1 \\ b_2 - a_2 \\ b_3 - a_3 \end{pmatrix} = -(\mathbf{b} - \mathbf{a}).$$

Die Rechenregeln für die Multiplikation mit einer Konstanten und für die Addition (Subtraktion) sind formal wie bei komplexen Zahlen, die man ja analog zur obigen Vektorschreibweise als Matrix mit einer Spalte (Zeile) und zwei Zeilen (Spalten) schreiben kann. Dementsprechend sind diese Vektoroperationen auch kommutativ, assoziativ und distributiv (d h. es kommt nicht auf die Reihenfolge der Vektoren an).

Aber Vektoren stellen *keine* Erweiterung des komplexen Zahlenraums auf höhere Dimensionen dar. Vektoren werden nicht nach den Regeln der komplexen Zahlen miteinander multipliziert, und man kann nicht die Division eines Vektors durch einen anderen definieren.

Wir werden im Folgenden zwei unterschiedliche **Vektormultiplikationen** definieren. Diese sind Operationen, die kein Analogon im Raum der reellen oder komplexen Zahlen besitzen. Sie werden vielmehr aus Zweckmäßigkeitsgründen neu eingeführt. Es ist etwas unglücklich, dass man dabei die Bezeichnung *Multiplikation* übernommen hat. Dass dies auch von den Fachleuten so empfunden wird, zeigt sich darin, dass man früher vom *Skalarprodukt*, heute lieber vom *Inneren Produkt* spricht; bzw. früher vom *Vektorprodukt*, heute vom *Äußeren Produkt*. Dies ist aber nur ein semantisches Problem, das unwichtig ist, sobald man die Spezifika erkannt hat.

8.3.3 Skalarprodukt, Inneres Produkt

Bei der Vektoraddition gehen wir davon aus, dass beide Vektoren gleichartige Größen sind, also z. B. zwei Kräfte oder zwei Wege darstellen. Man würde nicht auf die Idee kommen, eine Kraft zu einem Weg zu addieren, obwohl beide durch Vektoren repräsentiert werden.

In der Physik möchte man aber auch zwei Vektoren unterschiedlicher Qualität miteinander verknüpfen. Kraft und Weg sind geeignete Beispiele. Wir definieren *Arbeit = Kraft mal Weg*, wobei die Quantitäten von Kraft und Weg mit der Länge (dem Betrag) der entsprechenden Vektoren eingehen. Bei dieser einfachen Formel setzen wir allerdings voraus, dass die Richtung des Kraft- und des Wegvektors zusammenfallen. Wirkt die Kraft dagegen in eine andere Richtung, z. B. senkrecht auf die Bewegungsrichtung ein, wird durch die senkrecht wirkende Kraft keine Arbeit geleistet. Das Zusammenwirken von Kraft- und Wegvektor wird also außer durch den Betrag der beiden Vektoren durch den Winkel zwischen ihnen bestimmt.

Die entsprechende Verknüpfung zweier Vektoren **a** und **b** wird als **Skalarprodukt** oder **Inneres Produkt** bezeichnet und ist definiert als

$$\mathbf{a} \bullet \mathbf{b} = |\mathbf{a}|\,|\mathbf{b}|\cos(\mathbf{a}, \mathbf{b}) = \begin{pmatrix} a_1 \\ a_2 \\ a_3 \end{pmatrix} \bullet \begin{pmatrix} b_1 \\ b_2 \\ b_3 \end{pmatrix}$$

$$= a_1 b_1 + a_2 b_2 + a_3 b_3 = b_1 a_1 + b_2 a_2 + b_3 a_3 = \mathbf{b} \bullet \mathbf{a},$$

wobei $(\mathbf{a}, \mathbf{b})$ hier als Zeichen für den Winkel zwischen **a** und **b** verwendet wird. Für das Verknüpfungszeichen wird ein Punkt verwendet, und die Verknüpfung wird gelesen als „*a in b*".

Das Innere Produkt ist maximal, wenn beide Vektoren parallel sind ($\cos(0, \pi) = 1$) und ist gleich Null, wenn sie senkrecht aufeinander stehen ($\cos(\pi/2, 3\pi/2) = 0$). Es ist eine *Zahl*, ein **Skalar**[17], kein Vektor. Es ist kommutativ, d. h. es kommt nicht darauf an, welcher Vektor mit dem anderen multipliziert wird und welcher als Faktor zuerst steht. Zahlenmäßig ist das innere Produkt gleich dem Produkt aus der Länge des einen Vektors mit der Projektion des anderen Vektors auf ihn.

8.3.4 Vektorprodukt, Äußeres Produkt

Eine zweite sinnvolle Art der Verknüpfung von zwei Vektoren unterschiedlicher Qualität *definiert* als Ergebnis der Multiplikation einen *Vektor*. Seine Richtung steht auf den beiden Ausgangsvektoren senkrecht, also auch auf der von diesen beiden Vektoren gebildeten Ebene. Sein Betrag ist $|\mathbf{a}|\,|\mathbf{b}|\sin(\mathbf{a}, \mathbf{b})$. Das Produkt ist dann maximal, wenn beide Vektoren senkrecht aufeinander stehen. Ein physikalisches Beispiel dazu ist die ablenkende Kraft auf eine bewegte Ladung in einem Magnetfeld.

---

17 Ein Skalar ist in der Mathematik eine Größe, die durch die Angabe einer Zahl vollständig charakterisiert wird.

Für dieses **Äußere Produkt** oder **Vektorprodukt** gelten als Definition und Gleichung für den Betrag:

$$\mathbf{c} = \mathbf{a} \times \mathbf{b} = \begin{pmatrix} a_1 \\ a_2 \\ a_3 \end{pmatrix} \times \begin{pmatrix} b_1 \\ b_2 \\ b_3 \end{pmatrix} = \begin{pmatrix} a_2 b_3 - a_3 b_2 \\ a_3 b_1 - a_1 b_3 \\ a_1 b_2 - a_2 b_1 \end{pmatrix} = -\begin{pmatrix} a_3 b_2 - a_2 b_3 \\ a_1 b_3 - a_3 b_1 \\ a_2 b_1 - a_1 b_2 \end{pmatrix} = -\mathbf{b} \times \mathbf{a},$$

$|\mathbf{c}| = |\mathbf{a}|\,|\mathbf{b}|\sin(\mathbf{a}, \mathbf{b}).$

Die zunächst etwas verwirrende Formel für die Ergebnismatrix lässt sich leicht mnemotechnisch analysieren: In der ersten Komponente kommt die erste Koordinate der Ausgangsvektoren nicht vor, und bei ihrem negativen Glied sind einfach die Indizes vertauscht. Bei der zweiten und dritten Komponente sind dann demgegenüber die Indizes zyklisch verändert.

$\mathbf{a} \times \mathbf{b}$ wird gesprochen *a aus b* (gegenüber $\mathbf{a} \cdot \mathbf{b}$ als *a in b*).

Das Vektorprodukt ist *nicht* kommutativ; es kommt hier sehr wohl auf die Reihenfolge der Vektoren bei seiner Ausführung an: Vertauschen der Reihenfolge ändert das Vorzeichen.

Da $\mathbf{a} \times \mathbf{b}$ ein Vektor ist, kann man ihn mit einem dritten Vektor $\mathbf{c}$ sowohl im inneren wie auch im äußeren Sinn multiplizieren. Dabei gilt:

$(\mathbf{a} \times \mathbf{b}) \cdot \mathbf{c}$ ist ein Skalar, $(\mathbf{a} \times \mathbf{b}) \times \mathbf{c}$ ist ein Vektor.

8.4 Visualisierung der Grundoperationen für Vektoren

Die kurz skizzierten Grundoperationen für Vektoren, *Summenbildung*, *Differenzbildung*, *Inneres* und *Äußeres Produkt*, werden in der nachfolgenden interaktiven dreidimensionalen Simulation Abbildung 8.2 veranschaulicht. Sie erzeugt zunächst zwei zufällig orientierte Ortsvektoren (Nullpunktvektoren) $\mathbf{a}$ und $\mathbf{b}$ der normierten Länge 1, die in eine transparente Kugel vom Radius 1 eingebettet sind. In dem Bild wird ihre Summenbildung dargestellt.

Die Orientierung der Raumachsen kann mit der Maus *gezogen* werden, was als Drehung der Kugel empfunden wird. Jede Betätigung des Schalters *neue Vektoren* erzeugt ein neues Vektorpaar. Rechts werden ihre Koordinaten angegeben.

Mit den links angeordneten Optionsschaltern können unterschiedliche wohldefinierte Ansichtprojektionen gewählt werden.

Neben dem Vektorschalter wird der Winkel zwischen den Vektoren, das Produkt ihrer Beträge (hier aufgrund der Normierung stets 1), das Skalarprodukt und der Betrag des Vektorprodukts angezeigt.

Mit den oben stehenden Optionsschaltern werden die unterschiedlichen Vektoroperationen veranschaulicht, wobei Überlagerungen möglich sind.

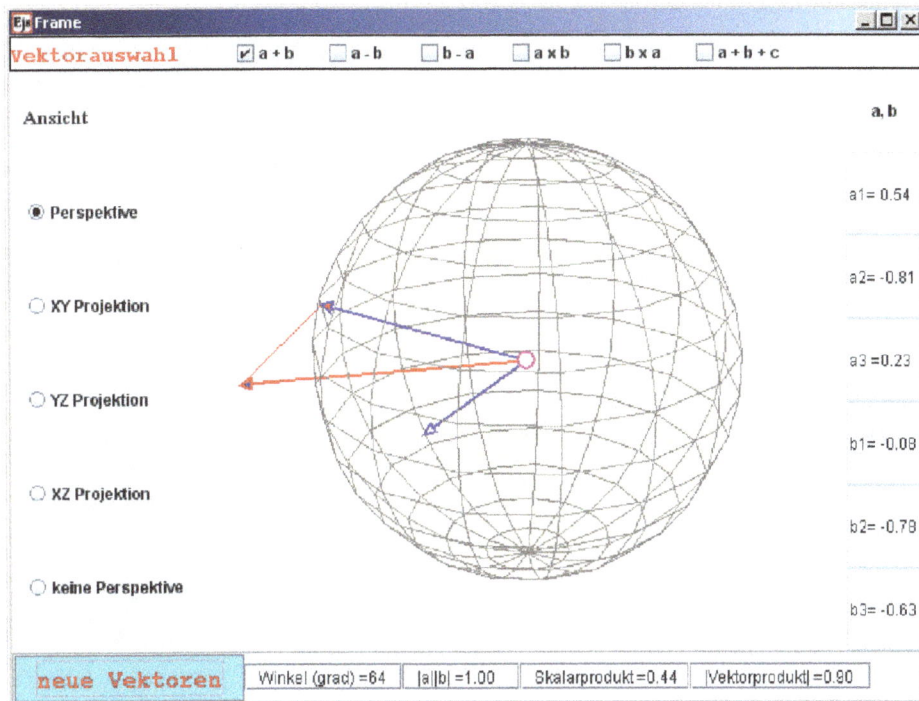

Abbildung 8.2. Simulation. 3D-Darstellung von Vektoren, ihrer Summe, Differenz, äußerem Vektorprodukt und Mehrfachsumme. Die Vektorkoordinaten werden rechts angezeigt, der Winkel zwischen den Vektoren, ihr inneres Produkt und der Betrag des äußeren Produkts unten. Links sind verschiedene Projektionen wählbar. Das Bild zeigt die perspektivische Darstellung der Vektorsumme **a** + **b**. Der Schalter *neue Vektoren* erzeugt zufällig orientierte Vektoren.

Für Addition und **Subtraktion** werden die Ausgangsvektoren um parallel verschobene Geraden ergänzt. Dies verdeutlicht die Konstruktion des roten Ergebnis-Vektors aus Parallelogrammen.

Mit **a** × **b** wird das **Vektorprodukt** „**a** aus **b**" gebildet und als schwarzer Pfeil angezeigt. Dreht man die Kugel so, dass die von den beiden Ausgangsvektoren gebildete Ebene in der Bildebene liegt, dann reichen sie gerade bis zum Kugeläquator, und man schaut längs der Richtung des Vektors. Dies demonstriert die senkrechte Ausrichtung. Bewegt man sich gedanklich oder mit der rechten Hand von **a** über **b** zum Vektorprodukt, dann vollzieht man eine Rechtsschraube.

Vollführt man das gleiche Experiment mit **b** × **a**, dann vollzieht man eine Linksschraube. Das ist also der Inhalt der Nichtkommutativität des Vektorprodukts: Die Richtung des Vektorprodukts **b** × **a** ist derjenigen von **a** × **b** entgegengesetzt, daher **b** × **a** = −**a** × **b**. Wenn man **a** × **b** neben **b** × **a** anzeigt, dann sieht man, dass beide Vektoren bei gleicher Länge in entgegengesetzte Richtungen zeigen.

a + **b** + **c** erzeugt schließlich drei Zufallsvektoren mit ihrem roten Summenvektor. Schaltet man **a**+**b** dazu, dann erkennt man die Teilkonstruktion der Summe der ersten beiden Vektoren und kann gedanklich die Ergänzung zum Summenvektor vollziehen.

In der Beschreibung zur Simulation finden Sie weitere Angaben und Anregungen für Experimente.

8.5 Felder

8.5.1 Skalarfelder und Vektorfelder

In der Praxis wird der einfache Fall, dass ein einzelner Kraftvektor auf ein Objekt einwirkt, relativ selten auftreten. Ein angenähertes Beispiel dafür wäre der Zusammenstoß zweier Körper im Weltraum, ausreichend weit weg von anderen Objekten, so dass deren Einwirkung vernachlässigbar klein ist. Man könnte dann den einen Körper als ruhend betrachten und den zweiten mit einem einzelnen Vektor charakterisieren, der nach Betrag und Richtung dessen Impuls $\mathbf{p} = m\mathbf{v}$ darstellt.

Viel häufiger tritt die Situation auf, dass an jeder Stelle $\mathbf{r} = (x, y, z)$ im Raum Einflüsse auf das Untersuchungsobjekt vorliegen. Diese können entweder durch Vektoren (also Betrag und Richtung) beschrieben werden, z. B. die Kräfte der Gravitation im Umfeld eines Planeten; oder durch Skalare (also eine richtungsunabhängige Zahl), wie die Dichte einer Atmosphäre oder die Temperatur. Beide Größen, Kraft wie Dichte, beeinflussen in der Nähe des Planeten die Bewegung eines Versuchsobjekts im Raum. Die Gravitation tut dies durch eine gerichtete Beschleunigung, und die Dichte durch eine von der Bewegungsrichtung unabhängige, ortsabhängige Abbremsung.

Im ersten Fall sprechen wir von einem Vektorfeld, im zweiten von einem Skalarfeld. In beiden Fällen hängen die charakteristischen Größen von den Raum-Koordinaten ab, beim Vektorfeld also Betrag und Richtung, beim Skalarfeld der Zahlenwert. Im Fall nichtstationärer Felder hängen sie auch noch von der Zeit ab.

Wir wollen für beide Feldtypen Verteilungen visualisieren, wobei Sie die Möglichkeit haben werden, Formeln für die Ortsabhängigkeit von Betrag und Richtung zu editieren oder selbst zu entwerfen. Das wird Ihnen ein Gefühl für die Charakteristika typischer Felder vermitteln.

8.5.2 Visualisierungsmöglichkeiten für Skalar- und Vektorfelder

Um ein Skalarfeld in aller Allgemeinheit zu visualisieren, bräuchte man vier Variablen, drei für die Ortskoordinaten und eine für den ortsabhängigen Skalar selbst. Das lässt sich mit einer in die Ebene projizierten 3D-Simulation offensichtlich nicht darstellen. Dazu kommt, dass sich Felder zusätzlich mit der Zeit als fünfte Variable ändern können. Man muss also für eine veranschaulichende Darstellung Einschränkungen vornehmen.

Bei stationären Fragestellungen spielt die Zeit als Variable keine Rolle.

Bei rotationssymmetrischen Problemen (etwa bei der Gas-Dichteverteilung ρ um einen bezüglich einer Achse rotationssymmetrischen Planeten) kann man sich auf einen Querschnitt durch das Zentrum des Planeten senkrecht zu dieser Achse beschränken und die Gasdichte ρ kann als dritte Koordinatenachse über der Querschnittsfläche xy aufzeichnen. Man erhält dafür eine 3D-Fläche im „Raum" $xy\rho$. Die räumliche Feldverteilung ist dann rotationssymmetrisch zu der Querschnittsverteilung.

Eine zweite Möglichkeit wäre in diesem Beispiel, danach zu fragen, wo in der Schnittebene Kurven gleicher Dichte verlaufen, und für verschiedene Dichten daraus eine Parameterschar als **Konturplot** zu erstellen. Rechnerisch kann man die Aufgabe so lösen, dass man die 3D-Fläche xy mit Ebenen $\rho = $ constant in gleichmäßigem Abstand voneinander schneidet und die Schnittkurven bestimmt. Der Konturplot hat das vertraute Bild einer geographischen Höhenschichtlinien-Darstellung.

Im allgemeinen Fall müsste man dann eine Schar solcher Darstellungen für unterschiedliche Werte der bisher unterdrückten Variablen erstellen. Glücklicherweise sind jedoch die praktisch interessierenden Fälle ganz überwiegend stationär und von hoher Symmetrie, so dass man mit den oben geschilderten Lösungen die wichtigen Charakteristika meist gut veranschaulichen kann.

Bei Vektorfeldern müssen zusätzlich noch die Richtung der im Raum lokalisierten Vektoren und ihr Betrag angezeigt werden. Das erfordert weitere Einschränkungen bei der Veranschaulichung.

Meist interessiert nur die generelle Struktur des Feldes, und die kann man zeigen, wenn man einen Feldquerschnitt in regelmäßigen Abständen mit Pfeilen besetzt, welche die Richtungen und die Beträge an den jeweiligen Orten symbolisieren. Will man nur die Richtungsverteilung der Vektoren zeigen, dann kann man ihnen allen gleiche Pfeillängen geben, was die Übersichtlichkeit verbessert. Zum Andeuten des Betrags kann man dann Farbabstufungen verwenden.

Für die Darstellung eines dreidimensionalen Vektorfeldes kann man mehrere solcher Querschnittsebenen übereinander schichten. Als Festbild wirkt eine solche 3D-Projektion oft ziemlich verwirrend; wenn man aber die Projektionsrichtung interaktiv ändert (mit der Maus zieht, oder automatisch um eine Achse drehen lässt), dann erhält man eine recht gute räumliche Vorstellung der Verteilung.

Alle diese Hilfsmittel werden von den gängigen numerischen Programmen zur Verfügung gestellt, und wir werden weiter unten Beispiele dazu zeigen.

8.5.3 Grundformalismen der Vektoranalysis

Reine Skalarfelder ohne Bezug zu einem Vektorfeld (die Dichteverteilung wäre ein solches Beispiel) sind relativ uninteressant. Viel reizvoller sind Skalarfelder, aus denen sich Vektorfelder ableiten lassen, da sie deren Beschreibung in außerordentlicher Weise vereinfachen und sie auf eine Ursache zurückführen, die durch nur einen ortsabhängigen Parameter beschrieben werden kann.

V-Analysis

Wir sprechen von einem skalaren **Potentialfeld** P, wenn sich aus ihm die Komponenten eines Vektorfelds **V** durch **partielle Differentiation**[18] ergeben, also durch eine Differentiation nach einer Variablen, bei der die anderen Variablen als konstant betrachtet werde. Die zugrundeliegende Fragestellung ist dabei, wie sich der Skalarwert verändert, wenn man von einem Raumpunkt $\mathbf{r} = (x, y, z)$ zu einem benachbarten Raumpunkt $\mathbf{r} + d\mathbf{r} = (x + dx, y + dy, z + dz)$ übergeht. Dafür kann man in jeder Variablen für sich (also partiell) das erste Glied der Taylorentwicklung nehmen, wenn $d\mathbf{r}$ klein genug ist. Man erhält dann

$$dP = P(x + dx, y + dy, z + dz) - P(x, y, z)$$

$$= \frac{\partial P}{dx}dx + \frac{\partial P}{dy}dy + \frac{\partial P}{dz}dz = \left(\frac{\partial P}{dx}, \frac{\partial P}{dy}, \frac{\partial P}{dz}\right)\begin{pmatrix} dx \\ dy \\ dz \end{pmatrix} = \mathbf{grad}\, P \bullet d\mathbf{r}.$$

Der **grad** P genannte Vektor kennzeichnet die Änderung des Skalars P in den drei Raumrichtungen. Für einen gegebenen Raumpunkt wird seine Richtung durch die Veränderung des Potentials in Richtung der drei Raumkoordinaten bestimmt (er liegt in der Richtung maximaler Veränderung). Sein Betrag wird durch die Absolutwerte dieser Veränderungen bestimmt.

$$\mathbf{V} = \mathbf{grad}\, P = \begin{pmatrix} \frac{\partial P}{\partial x} \\ \frac{\partial P}{\partial y} \\ \frac{\partial P}{\partial z} \end{pmatrix}; \quad |\mathbf{V}| = \sqrt{\left(\frac{\partial P}{\partial x}\right)^2 + \left(\frac{\partial P}{\partial y}\right)^2 + \left(\frac{\partial P}{\partial z}\right)^2}.$$

Als Kürzel für die partielle Differentiation nach allen drei Koordinaten, die auf den Skalar Potential angewendet wird, verwendet man das Symbol *Nabla* (∇), einen auf den Kopf gestellten griechischen Buchstaben Δ (Delta). Dieses Symbol erinnert an die Figur einer antiken Harfe (griechisch $\nu\acute{\alpha}\beta\lambda\alpha$, lateinisch nablium). *Nabla* symbolisiert einen vektoriellen Operator, der dementsprechend als einspaltige oder einzeilige Matrix geschrieben wird. Um den vektoriellen Charakter des Operators zu betonen, wird üblicherweise ein Pfeil darüber gesetzt.

$$\vec{\nabla} = \begin{pmatrix} \frac{\partial}{\partial x} \\ \frac{\partial}{\partial y} \\ \frac{\partial}{\partial z} \end{pmatrix}; \quad \mathbf{V} = \vec{\nabla} P = \begin{pmatrix} \frac{\partial}{\partial x} \\ \frac{\partial}{\partial y} \\ \frac{\partial}{\partial z} \end{pmatrix} P = \begin{pmatrix} \frac{\partial P}{\partial x} \\ \frac{\partial P}{\partial y} \\ \frac{\partial P}{\partial z} \end{pmatrix}; \quad \vec{\nabla} P = \mathbf{grad}\, P.$$

Die Benutzung des Nabla-Operators hat den Vorteil, dass sich damit einheitlich auch andere differentielle Operatoren schreiben lassen, für die traditionell unterschiedliche Bezeichnungen verwendet werden, deren Notation ihre gemeinsamen Quellen nicht erkennen lassen. So wird das durch $\vec{\nabla} P$ charakterisierte Vektorfeld traditionell mit

---

18 Das Symbol für die partielle Differentiation einer Größe $A(x, y, z)$ nach der Variable x ist $\frac{\partial A}{dx}$.

grad P (Gradient von P) symbolisiert und als Gradientenfeld bezeichnet (weil es die Steilheit des Potentialfelds charakterisiert).

Wir wollen hier gleich einige weitere Verwendungen des *Nabla*-Symbols und seiner traditionellen Synonyme anführen. Der Operator wird dabei in den ersten beiden Beispielen nicht auf ein *Skalarfeld*, sondern auf ein *Vektorfeld* angewandt. In Analogie zum Gradienten eines Skalarfelds geht es hier um die Änderung eines Vektorfelds beim Übergang von einem Raumpunkt $\mathbf{r}$ zu einem benachbarten Punkt $\mathbf{r} + d\mathbf{r}$.

$$\vec{\nabla} \bullet \mathbf{a} = \begin{pmatrix} \frac{\partial}{\partial x} \\ \frac{\partial}{\partial y} \\ \frac{\partial}{\partial z} \end{pmatrix} \bullet \begin{pmatrix} a_x \\ a_y \\ a_z \end{pmatrix} = \frac{\partial a_x}{\partial x} + \frac{\partial a_y}{\partial y} + \frac{\partial a_z}{\partial z};$$

$$\vec{\nabla} \bullet \mathbf{a} = \text{div } \mathbf{a} \quad \textit{Divergenz (Skalarfeld) von } \mathbf{a}$$

$$\vec{\nabla} \times \mathbf{a} = \begin{pmatrix} \frac{\partial}{\partial x} \\ \frac{\partial}{\partial y} \\ \frac{\partial}{\partial z} \end{pmatrix} \times \begin{pmatrix} a_x \\ a_y \\ a_z \end{pmatrix} = \begin{pmatrix} \frac{\partial a_z}{\partial y} - \frac{\partial a_y}{\partial z} \\ \frac{\partial a_x}{\partial z} - \frac{\partial a_z}{\partial x} \\ \frac{\partial a_y}{\partial x} - \frac{\partial a_x}{\partial y} \end{pmatrix};$$

$$\vec{\nabla} \times \mathbf{a} = \textbf{rot } \mathbf{a} \quad \textit{Rotation (Vektorfeld) von } \mathbf{a}$$

$$\vec{\nabla}^2 = \begin{pmatrix} \frac{\partial}{\partial x} \\ \frac{\partial}{\partial y} \\ \frac{\partial}{\partial z} \end{pmatrix} \bullet \begin{pmatrix} \frac{\partial}{\partial x} \\ \frac{\partial}{\partial y} \\ \frac{\partial}{\partial z} \end{pmatrix} = \frac{\partial^2}{\partial x^2} + \frac{\partial^2}{\partial y^2} + \frac{\partial^2}{\partial z^2}; \quad \vec{\nabla}^2 = \Delta \textit{ Laplace-Operator}$$

$$\vec{\nabla}^2 P = \Delta P = \text{div } \textbf{grad } P; \quad \textit{Laplace } P \text{ (gesprochen „Laplace" } P) \text{ Skalarfeld.}$$

Die Bedeutung der Symbole und Operationen ist kurz folgende:

Rechnerisch wird die **Divergenz** eines Vektorfelds in kartesischen Koordinaten durch (symbolische) *skalare* Multiplikation des Nabla-Operators mit dem Vektor gewonnen, ist also ein Skalarfeld. Sie beschreibt die *Quellstärke* des Vektorfelds. Wo sie ungleich Null ist, entspringen oder münden die Feldlinien.

Ein Beispiel aus den Maxwellschen Gleichungen: div $\mathbf{D} = \rho$; die Ladungen ρ sind die Quellen des elektrischen Vektorfeldes $\mathbf{D}$.

Die **Rotation** wird rechnerisch als (symbolische) *vektorielle* Multiplikation des *Nabla*-Operators mit dem Vektor bestimmt, ist also ein Vektor, der seiner Richtung nach senkrecht auf dem ursprünglichen Vektorfeld steht. Die Rotation eines Vektorfeldes beschreibt die *Wirbelstärke* eine Vektorfeldes, das in sich selbst zurücklaufende (geschlossene Feldlinien) hat, sofern nicht im ganzen Raum $\textbf{rot } \mathbf{a} = 0$ ist.

Ein Beispiel aus den Maxwellschen Gleichungen: $\textbf{rot } \mathbf{H} = \mathbf{j}$; die Ströme $\mathbf{j}$ bestimmen das auf ihrer Richtung senkrecht stehende Vektorfeld $\mathbf{H}$ der magnetischen Feldstärken mit seinen geschlossenen Feldlinien.

Der **Laplace-Operator** wird durch (symbolische) *skalare* Multiplikation des Nabla-Operators mit sich selbst gewonnen, liefert also ein Skalarfeld.

Ein Beispiel für seine Anwendung: Mit der Annahme, dass die elektrische Feldstärke das Gradientenfeld eines elektrostatischen Potentials ist, also $\mathbf{E} = -\mathbf{grad}\,\Phi$, folgt aus der Beziehung der Maxwellschen Gleichungen $\operatorname{div}\mathbf{D} = \rho$ die Poissongleichung $\Delta\Phi = -\rho/\varepsilon_0$. Mit dieser kann das elektrostatische Potential Φ, das durch eine vorgegebene Ladungsverteilung verursacht wird, berechnet werden, und hieraus wiederum das elektrische Vektorfeld. Im ladungsfreien Raum gilt die **Potentialgleichung** $\Delta\Phi = 0$.

Zwischen den verschiedenen Operatoren gelten folgende allgemeine Beziehungen:

Für jedes skalare Feld V gilt: $\mathbf{rot\,grad}\,V = \vec{\nabla} \times \vec{\nabla}V = 0$, d.h. für ein Gradientenfeld ist die (lokale) Rotation Null, es hat keine Wirbel.

$\operatorname{div}\mathbf{rot\,a} = 0$: Die (lokale) Divergenz des Rotationsfeldes eines Vektorfeldes ist Null, weil ein reines Wirbelfeld keine Quellen hat.

8.5.4 Potentialfelder von Punktquellen als 3D-Fläche

Besonders elementar, einfach und zugleich wichtig sind Potentialfelder, die von Punktquellen im Raum ausgehen. Sie beschreiben sowohl die Gravitationsanziehung zwischen Massen m_i, als auch Anziehung oder Abstoßung zwischen Ladungen e_i, die positiv oder negativ sein können. Gemeinsames Charakteristikum ist, dass mit wachsendem Abstand r von der Punktquelle die Wirkung der Quelle sich auf eine Kugeloberfläche ausweitet, so dass sie wie $1/4\pi r^2$ abnimmt. Das Potentialfeld hat dann, bis auf eine additive Konstante, als Integral des Vektorfelds in Polarkoordinaten die Form

$$-\frac{m_i}{r}, \quad \text{bzw.} \quad -\frac{e_i}{r}.$$

Die Wirkung auf ein gleichartiges Objekt nimmt mit abnehmendem Abstand zu, weil $1/r$ größer wird, wenn sich der Abstand verkleinert. Das Minuszeichen bewirkt, dass die Kraft $\mathbf{F} \sim \mathbf{grad}\,P = (m_i/r^2)\mathbf{r}_0$ positiv ist, falls m_i, bzw. e_i positiv sind. Im Fall der Massenanziehungskraft ist dies stets gegeben. Im elektrostatischen Beispiel wird aus der zunehmenden Abstoßung von gleich geladenen Objekten eine zunehmende Anziehung, wenn sie ungleich geladen sind.

Die nachfolgende interaktive Simulation von Skalarfeldern zeigt als Beispiele:

- Das Potentialfeld einer Punktquelle,
- das Potentialfeld zweier Punktquellen gleichen Vorzeichens im Abstand r, mit einstellbarem Massenverhältnis (Ladungsverhältnis) b,
- das Potentialfeld von drei symmetrisch angeordneten Punktquellen gleichen Vorzeichens in paarweisem Abstand r, mit einstellbaren Massenverhältnissen $b = m_2/m_1$, $c = m_3/m_2$ bzw. Ladungsverhältnissen $b = e_2/e_1$, $c = e_3/e_2$,
- das Potentialfeld eines Dipols aus einer negativen und einer gleich großen positiven Ladung im Abstand r,
- das Potentialfeld eines Quadrupols aus zwei symmetrisch im Abstand r angeordneten Dipolen.

Das erste Objekt ist auf 1 normiert; der Abstand r kann mit einem Schieber kontinu-ierlich geändert werden.

Die Potentialverteilung (der Wert P wird mit dem linken Schieber ausgewählt) wird für Ebenen im einstellbaren Abstand z zur xy-Ebene berechnet (eingestellt mit dem rechtem Schieber). Die Potentialverteilung in der z-Ebene wird durch die Schnittkurve zwischen der Potentialfläche und der z-Ebene angezeigt.

Die Felder divergieren jeweils in den Punktquellen, da $\lim_{r \to 0} \frac{1}{r} = \infty$. Dies wird in der Simulation dadurch vermieden, dass die Ebene $z = 0$ selbst ausgeschlossen

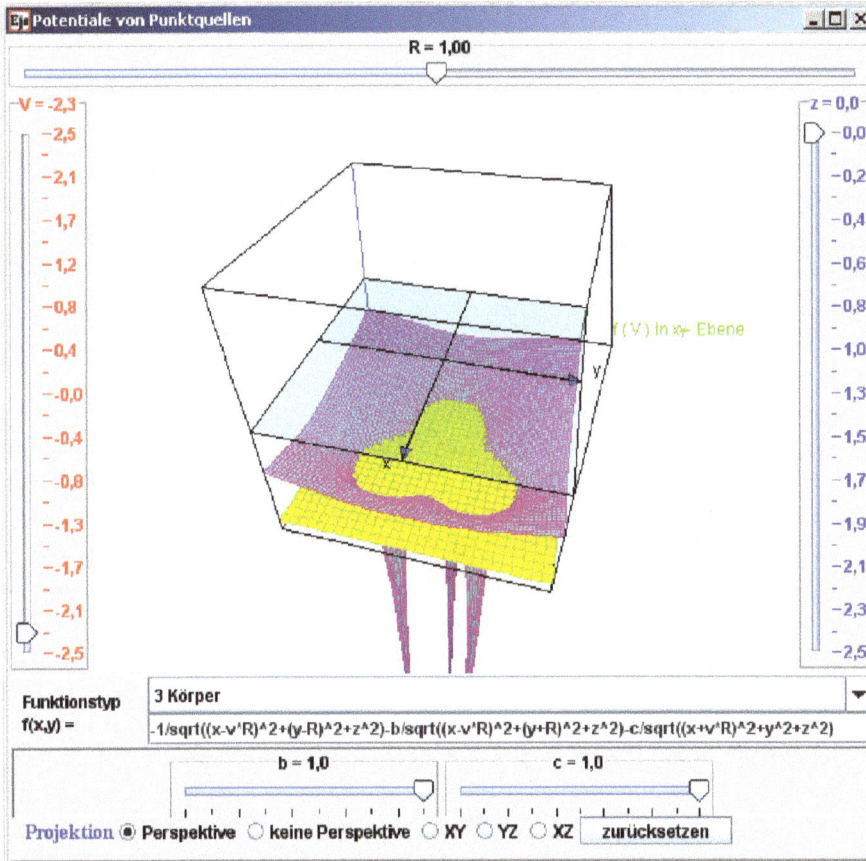

Abbildung 8.3. Simulation. 3D-Darstellung des Potentialfeldes von in einer Ebene liegenden Punktquellen. Das Bild zeigt das Feld von drei gleichartigen Punktquellen. Mit dem rechten Schieber kann die Masse bzw. Ladung festgelegt werden, mit dem linken die gelbe Schnittebe-ne verschoben, und mit den unteren Schiebern b, c das Massen- bzw. Ladungsverhältnis der Quellen eingestellt werden. Es können verschiedene Projektionen des 3D-Feldes ausgewählt werden.

wird. Für eine realistische Feldverteilung müsste man mit ausgedehnten Objekten rechnen, also nicht mit Punktquellen.

Diese Simulation bietet zahlreiche Möglichkeiten, deren Ausführung im Detail hier zu weit führen würde. Die Formeln sind editierbar, so dass neben den vorgegebenen Feldern zusätzliche Felder berechnet werden können. In den Beschreibungsblättern wird darauf näher eingegangen und es werden sinnvolle Experimente vorgeschlagen.

Aus Abbildung 8.3 ersehen Sie das gesamte interaktive Erscheinungsbild für ein Dreikörper-Problem mit drei gleichen Objekten. Gezeigt wird ein Potentialschnitt in der Ebene $z = 0$ im „Fernfeld", in dem die Potentialfläche noch nicht in Teilflächen zerfallen ist.

8.5.5 Potentialfelder von Punktquellen als Konturdiagramm

Die eben gezeigte Visualisierung der Potentialkurven in Schnittebenen ist außerordentlich flexibel. Es wird allerdings wohl erst bei genauerem Nachdenken klar, was man eigentlich berechnet und sieht. Dabei sollen die ausführlichen Angaben in den Beschreibungsblättern helfen.

Hier liegt der Vorteil einer Darstellung als **Konturdiagramm**. Es zeigt unmittelbar eine Schar von Potentialkurven gleichen Potentialabstands in einer Ebene.

Für die Berechnung wird der gleiche Algorithmus verwendet wie vorher. Dargestellt wird aber jetzt nur der Flächenschnitt der gelb gefärbten Ebene aus Bild 8.3a mit der Potentialfläche, wobei gleichzeitig eine Reihe von Äquipotentiallinien angezeigt werden (hier 35, sie sind im Bild nicht alle mit dem Auge zu trennen). Das folgende interaktive Diagramm Abbildung 8.4a zeigt in der xy-Ebene Äquipotentiallinien für eine große Masse mit zwei benachbarten kleineren Satelliten. Man erkennt gleichzeitig das **Nahfeld** (die Äquipotentiallinien umschlingen einzelne Objekte) und das **Fernfeld** (die Äquipotentiallinien umschlingen alle Objekte) sowie die *neutralen Punkte* mit **grad** $P = 0$, in denen ein Objekt ohne Eigenimpuls gewissermaßen nicht wüsste, wohin es sich wenden sollte (die Kraft als Gradient wirkt ja in Richtung der größten Potentialänderungen).

Die drei folgenden Festbilder zeigen nebeneinander das Drei-Körper-Potential mit drei gleichen Körpern in einer Ebene mit Abstand $z = 0{,}42$ zur xy-Ebene, sowie ein Dipol- und ein Quadrupol-Feld – was in dieser Darstellung besonders einleuchtend wirkt. Bei den Bildern muss man beachten, dass die Feldlinien der einzelnen z-Schichten nicht identische Potentiale wiedergeben. Es werden einfach innerhalb des Koordinatenbereichs je 35 Potentiallinien für jede vorgegebene Schicht bestimmt. Man erhält hier also ein qualitatives Bild, während die 3D-Darstellung quantitativ ist.

Mit dem Durchfahren der z-Ebenen erhält man in dieser Simulation sehr schnell ein Bild von der räumlichen Verteilung des Potentials.

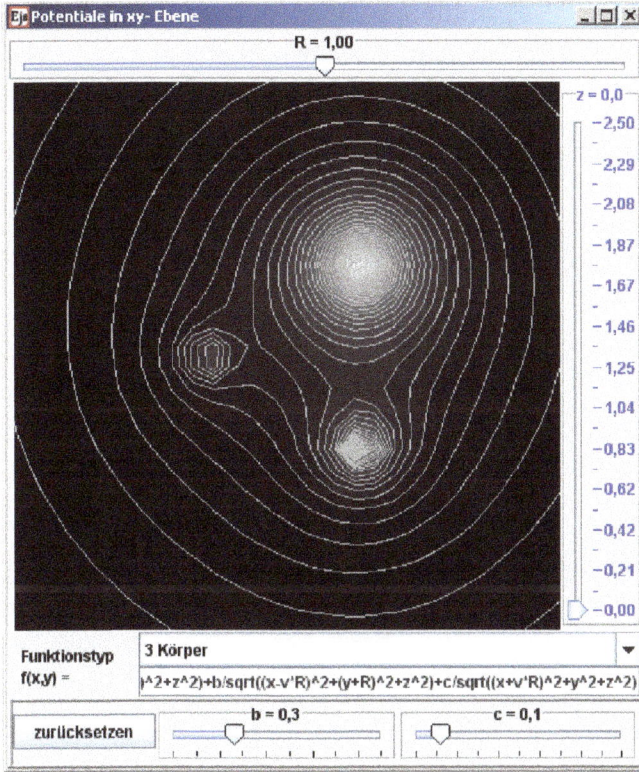

Abbildung 8.4a. Simulation. Konturdarstellung des Potentialfeldes. Im Bild wird das Feld einer Punktquelle mit zwei kleineren Satelliten (Massenverhältnis 0,2) gezeigt. Die Abtastebene kann mit dem rechten Schieber verschoben werden. Es werden 35 Potentiallinien berechnet. Dass diese bei kleinen Abständen eckig erscheinen, ist ein rechnerisches Artefakt.

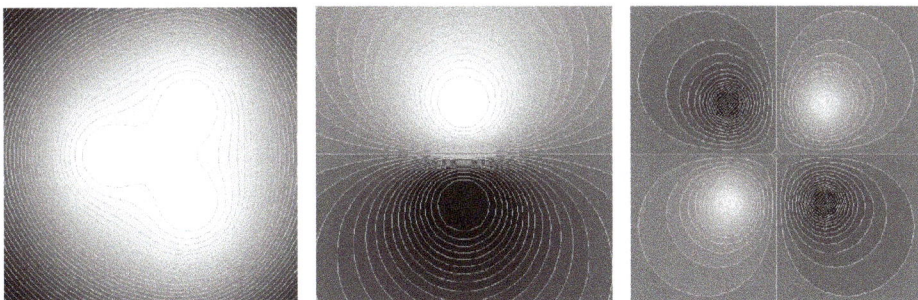

Abbildung 8.4b. Beispiele: Konturdiagramme für drei Punktmassen, für einen Dipol aus einer positiven und einer negativen Ladung, und einem aus zwei benachbarten Dipolen gebildeten Quadrupol.

8.5.6 Ebene Vektorfelder

Reale Vektorfelder haben viele Komponenten, Ableitungen und Variablen: drei für den Ort, drei für die Richtungskomponenten, den daraus abgeleiteten Betrag und die Zeit. Für die numerische Berechnung stellt dies kein größeres Problem dar, man muss einfach in entsprechend vielen Dimensionen rechnen.

Bei der Veranschaulichung sind aber starke Einschränkungen hinzunehmen, da man letztlich die gewünschten Abhängigkeiten als Projektion in einer Ebene zeigen muss. Relativ einfach wird es, wenn man einen stationären Zustand des Vektorfelds voraussetzt (keine Zeitabhängigkeit von Vektorrichtung und -betrag); und wenn man sich auf Vektoren in der Ebene beschränkt, wie wir es in diesem Abschnitt vorsehen.

Die lokale Verteilung der Vektor*richtung* kann man dann sehr übersichtlich mit Pfeilen anzeigen, die mit ihrem Ausgangspunkt in der Fläche ein regelmäßiges Raster bilden. Weniger überzeugend wirkt eine zeichnerische Darstellung des Vektor*betrags*. Wählt man die Pfeillänge als Maß, dann wird die Anordnung leicht unübersichtlich, weil die Ortsabhängigkeit sehr groß werden kann (etwa bei quadratischer Abhängigkeit des Abstands von einer Quelle). Wählt man eine Farbschattierung, ist der darstellbare Abstufungsbereich gering und nur qualitativ wirksam.

Wir haben hier eine einheitliche Pfeillänge festgelegt. Eine Farbabstufung dient zur qualitativen Andeutung der Betragsgröße. Für die quantitative Darstellung des Vektorbetrags benutzen wir die Geschwindigkeit eines Testobjekts, das sich in einem Vektorfeld (a_x, a_y) bewegt. Die Zeit wird also als weitere Darstellungsdimension eingesetzt.

Das rote **Testobjekt** läuft nach dem Start entlang den Feldlinien mit einer Geschwindigkeit, die durch die Komponenten des Vektorfelds a_x, a_y nach recht einfachen, gekoppelten gewöhnlichen Differentialgleichungen (siehe Kapitel 9) bestimmt wird:

$$v_x = \frac{da_x}{dt}; \quad v_y = \frac{da_y}{dt}.$$

In zwei Dimensionen wird insbesondere die Formel für den Rotationsvektor übersichtlicher:

$$\mathbf{rot\,a} = \vec{\nabla} \times \mathbf{a} = \begin{pmatrix} \frac{\partial}{\partial x} \\ \frac{\partial}{\partial y} \end{pmatrix} \times \begin{pmatrix} a_x \\ a_y \end{pmatrix} = \begin{pmatrix} 0 \\ 0 \\ \frac{\partial a_y}{\partial x} - \frac{\partial a_x}{\partial y} \end{pmatrix};$$

$$\mathrm{div\,a} = \vec{\nabla} \bullet \mathbf{a} = \begin{pmatrix} \frac{\partial}{\partial x} \\ \frac{\partial}{\partial y} \end{pmatrix} \bullet \begin{pmatrix} a_x \\ a_y \end{pmatrix} = \frac{\partial a_x}{\partial x} + \frac{\partial a_y}{\partial y}.$$

Der Rotationsvektor hat nur *eine* Komponente und zwar in z-Richtung, da er senkrecht auf der xy-Ebene des Vektorfelds stehen muss. Die Quellstärke hängt nur von der Änderung in x- und y-Richtung ab.

Im Allgemeinen werden die Komponenten der Vektoren Funktionen der beiden Variablen x und y sein, $a_x = a_x(x, y)$; $a_y = a_y(x, y)$, so dass dann der Skalar *Divergenz* und der Betrag des *Rotationsvektor* lokal variabel sind. (Die Richtung des Rotationsvektors ist bei dem ebenen Feld ja immer die senkrecht stehende Achse, normalerweise z-Achse genannt.)

In zwei Dimensionen ist die Rotation für gegebene Komponentenformeln sehr einfach auszurechnen. Denken Sie dabei daran, dass bei der partiellen Differentiation nach einer Variablen die jeweils anderen Variablen wie Konstanten zu behandeln sind.

Wirbel im Vektorfeld sind in der gewählten Darstellung unmittelbar einleuchtend erkennbar.

Ein Vektorfeld ist **wirbelfrei**, wenn sein Rotationsfeld überall gleich Null ist:

$$\mathbf{rot\,a} = 0 \quad \text{für} \quad \frac{\partial a_y}{\partial x} - \frac{\partial a_x}{\partial y} = 0 \rightarrow \frac{\partial a_y}{\partial x} = \frac{\partial a_x}{\partial y}.$$

Dieses ist zum Beispiel dann der Fall, wenn $a_x = a_x(x)$; $a_y = a_y(y)$ gilt, wenn also die Komponenten nur von ihrer eigenen Koordinate abhängen. In diesem Fall sind die partiellen Ableitungen identisch gleich Null (nähere Einzelheiten werden in der Simulationsbeschreibung ausgeführt).

Quellen im Vektorfeld sind visuell daran zu erkennen, dass in ihnen Folgen von Vektoren, d.h. **Feldlinien**, beginnen oder enden. Ein Feld ist frei von Quellen und Senken (negativen Quellen), wenn die Divergenz *überall* gleich Null ist:

$$\text{div } \mathbf{a} = 0 \quad \text{für} \quad \frac{\partial a_x}{\partial x} + \frac{\partial a_y}{\partial y} = 0 \rightarrow \frac{\partial a_x}{\partial x} = -\frac{\partial a_y}{\partial y}.$$

Das ist zum Beispiel dann der Fall, wenn die Vektor-Komponenten unabhängig von den Koordinaten konstant, ihre Ableitungen also identisch Null sind.

In anderen Fällen ist kritisch zu prüfen, ob die formal erfüllte Bedingung *in allen Punkten* des Vektorfeldes eine sinnvolle Aussage liefert. Das ist z.B. dann nicht der Fall, wenn der Grenzübergang bei der Berechnung der Differentiation aus dem Differenzenquotienten zu einem unbestimmten Ausdruck (0/0) führt. Eine sichere Aussage erhält man, wenn man eine vermutete Quelle mit einem Kreis (in drei Dimensionen mit einer Kugel) umschließt und unter Beachtung der Vorzeichen aufsummiert, wie viele Feldlinien die Kurve durchstoßen. Ist die Zahl der eintretenden Feldlinien genauso groß wie die der austretenden, so ist der entsprechende Punkt quellenfrei (exakt gültig wird diese Aussage bei Integration über das Volumen und Grenzübergang zum Radius Null).

Abbildung 8.5, die beim Start ein Vektorfeld mit zwei Wirbeln zeigt, führt zur interaktiven Simulation. Das beim Start ruhende Testobjekt (Anfangsgeschwindigkeit 0) kann vor dem Start der Zeitsimulation mit der Maus an eine beliebige Stelle des Feldes *gezogen* werden, so dass man das ganze Feld detailliert erkunden kann.

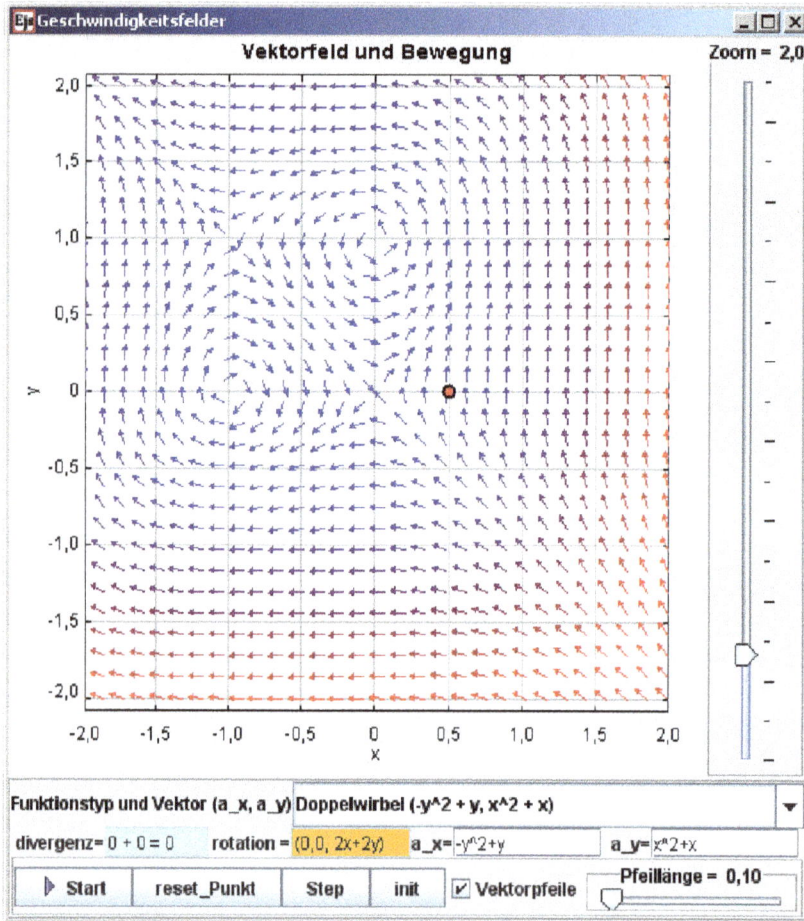

Abbildung 8.5. **Simulation.** Animierte Bewegung eines Probekörpers in einem vorgegebenen Vektorfeld. Das oberste, nicht editierbare Textfeld zeigt vorgegebene Feldtypen und deren Vektorkomponenten a_x, a_y. Die Komponenten können einzeln in den kleinen Textfeldern editiert werden, so dass beliebige Felder erzeugt werden können. Der rechte Schieber steuert einen Zoom, der untere die in der Ebene unveränderliche Pfeillänge. Für die vorgegebenen Felder wird Divergenz und Rotation angezeigt.

Mit dem **Auswahlfeld** kann man aus einer Reihe typischer Felder auswählen, wobei die Formeln für die Komponenten, die für sie geltende Divergenz und der Rotationsvektor in den Textfeldern angegeben werden. Die Formelfelder sind editierbar, so dass Sie beliebige Komponentenformeln eingeben und ihre Felder studieren können.

Der Skalierungsregler (**Zoom** rechts) erlaubt es, die Felder großflächig oder lokaler zu untersuchen. Diese Variationsmöglichkeit ist wichtig, weil die Zahl der dargestellten Vektoren der besseren Übersichtlichkeit halber konstant ist und bei großflächigem Maßstab Details, z. B. Wirbel oder Quellen, in der Darstellung verloren gehen können.

Die überall gleichbleibende *Pfeillänge* lässt sich mit dem zweiten Schieber variieren.

Weitere Einzelheiten und Vorschläge für Experimente finden Sie auf den Beschreibungsseiten der Simulation.

8.5.7   3D-Feld von Punktladungen

In Abbildung 8.6 wird das Vektorfeld eines Quadrupols gezeigt. Es führt zur Simulation des allgemeinen räumlichen elektrischen Vektorfeldes von Punktladungen. Seine Richtungsverteilung wird durch ein dreidimensional periodisches Raster von Pfeilen einheitlicher Länge dargestellt, die in jedem Punkt in die Richtung des lokalen elektrischen Feldstärke-Vektors zeigen. Die Vektorlänge ist einstellbar, jedoch überall gleich.

Der Betrag der Feldstärke wird durch eine Farbabstufung angedeutet. Außerdem lässt sich ein Schwellenwert des niedrigsten Betrags einstellen, für den Vektoren gezeigt werden. Das liefert den Eindruck einer feldstärkeabhängigen Umhüllungsfläche des Gesamtfeldes.

Die gelb gefärbte, undurchsichtige Ebene lässt sich parallel zur z-Achse verschieben, so dass ein Raumschnitt durch das Vektorfeld gezeigt wird.

Die Darstellung ist in der Raumorientierung mit der Maus zu bewegen; außerdem können definierte Projektionen abgerufen werden.

Die Zahl der Objekte ist frei wählbar, wobei man zwischen Partikeln gleicher oder entgegengesetzter Polarität umschalten kann. Dabei wird der große Unterschied der Fernfelder zwischen Multipolen mit unterschiedlicher Polarität und einheitlich geladenen Teilchenanordnungen verdeutlicht.

Im Ausgangszustand sind alle Partikel regelmäßig in gleichem Abstand auf einem Kreis um den Nullpunkt der xy-Ebene angeordnet. Sie lassen sich einzeln mit der Maus *ziehen*, so dass beliebige Raumanordnungen möglich sind.

Eine überzeugende Visualisierung einer von so vielen Parametern abhängigen Situation durch Projektion auf die Betrachtungsebene erfordert eine sinnvolle Abstimmung von Punktabstand, Pfeillänge, Schwellenniveau und Betrachtungswinkel. Der räumliche Eindruck wird sehr lebhaft, wenn man in der Simulation die Projektionsorientierung durch Ziehen mit der Maus langsam verändert.

Die Beschreibung enthält nähere Ausführungen und Hinweise für Experimente.

8.5.8   3D-Bewegung einer Punktladung in einem homogenen elektromagnetischen Feld

Die Bewegung einer Ladung in einem elektrischen Vektorfeld ist sehr einfach zu verstehen: Sie folgt der Richtung des Vektors des elektrischen Feldes, und sie wird proportional zu seinem Betrag beschleunigt.

Die Bewegung in einem Magnetfeld ist wesentlich komplizierter. Dort bestimmt das Vektorprodukt aus Magnetfeld und Geschwindigkeit die Beschleunigung der

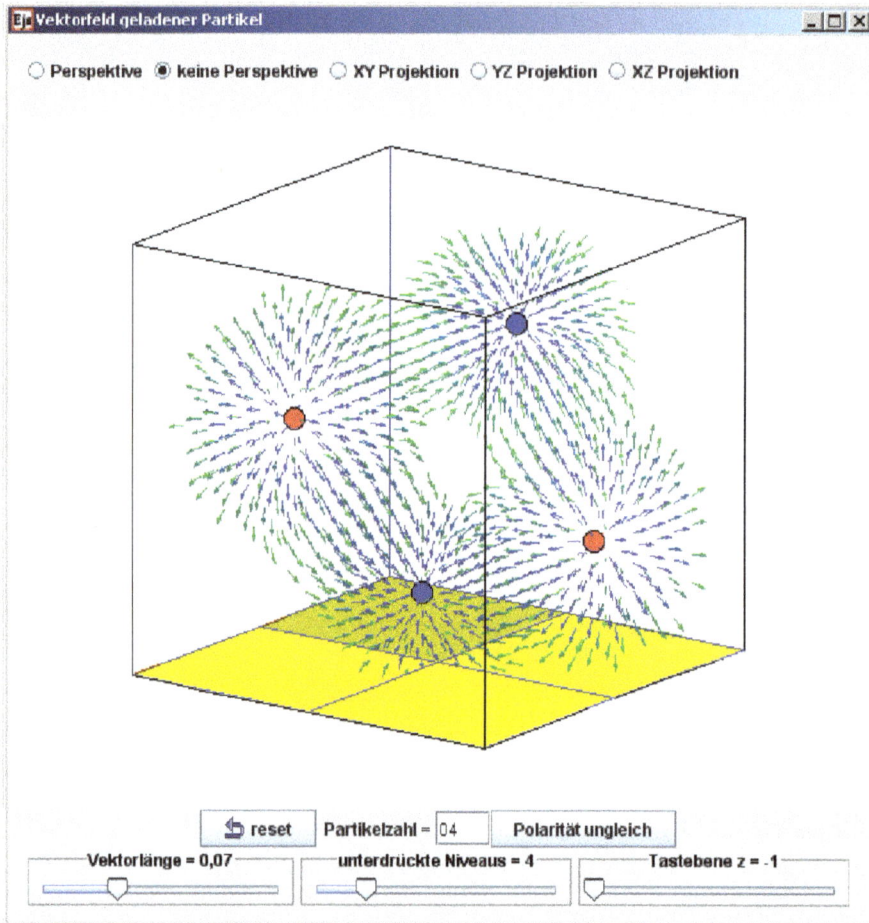

Abbildung 8.6. Simulation. 3D-Feld von beliebig im Raum angeordneten Punktquellen, im Bild Quadrupol aus zwei positiven und zwei negativen Punktladungen. Mit den Schiebern kann die Pfeillänge, die Schwelle der gezeigten Feldstärke-Niveaus und die Lage der gelben Tastebene verändert werden. Die Zahl der Partikel wird von Hand in das Zahlenfeld eingetragen; der Schalter bestimmt, ob die Partikel gleiche oder abwechselnd ungleiche Ladungen haben. Unten können verschiedene Projektionen gewählt werden. Alle Einzelpartikel und die 3D-Projektion können mit der Maus gezogen werden.

geladenen Testmasse. Die Ladung wird also senkrecht zum Magnetfeld und zu ihrer momentanen Bewegungsrichtung abgelenkt, wobei die Stärke der Ablenkung vom Winkel zwischen Magnetfeld und momentaner Bewegungsrichtung abhängt, nämlich $\mathbf{F} \sim \mathbf{v} \times \mathbf{B}$. Im Effekt verläuft die Bahn spiralig um die Richtung der magnetischen Feldlinien.

Beim Zusammenwirken von magnetischem und elektrischem Feld addieren sich die Beschleunigungen, und es können ganz unterschiedliche Bewegungsmuster zustande

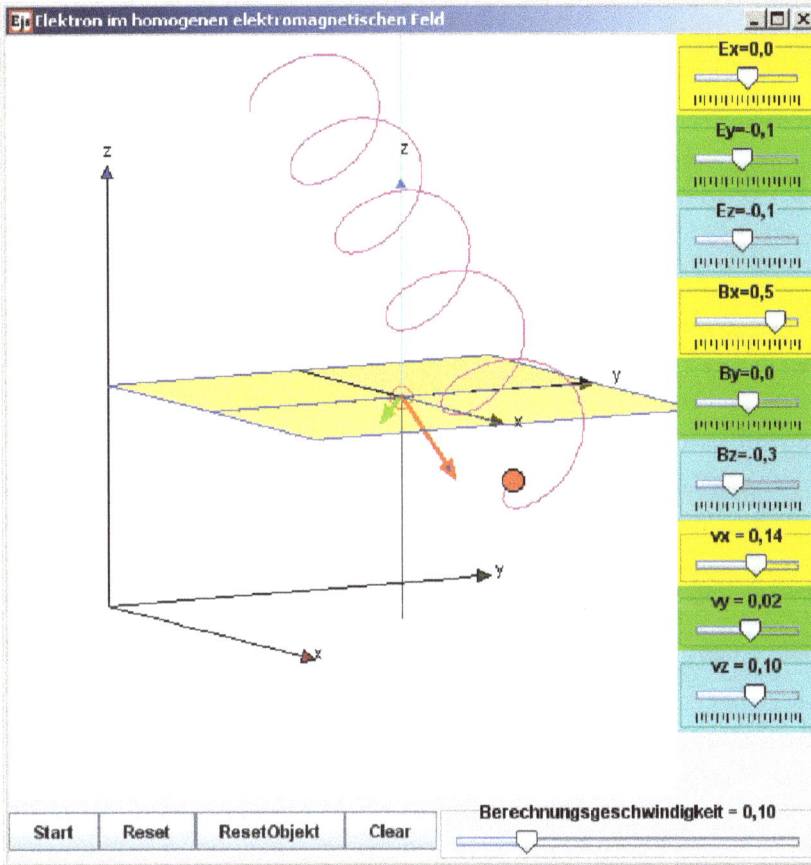

Abbildung 8.7. Simulation. Bewegung einer Ladung mit vorgegebenem Geschwindigkeitsvektor in einem homogenen elektromagnetischen Feld. Die Komponenten der homogenen Felder und des Geschwindigkeitsvektors werden in den rechten Schiebern angezeigt, und können dort als Startgrößen vor dem Auslösen der Simulation eingestellt werden. Der Geschwindigkeitsvektor der mit der Starttaste ausgelösten Simulation wird mit dem unteren Schieber festgelegt.

kommen. Wir wollen dies am übersichtlichen Beispiel eines homogenen Feldes visualisieren, bei dem also im ganzen Raum das elektrische und das magnetische Feld nach Betrag und Richtung konstant sind.

Die interaktive Abbildung 8.8 zeigt nach dem Öffnen die Bewegung einer Ladung, deren Anfangs-Geschwindigkeitsvektor Komponenten in positiver y- und negativer z-Richtung hat, unter der beschleunigenden Wirkung des grün eingezeichneten elektrischen Feldvektors und der „aufwickelnden" Wirkung des rot eingezeichneten Magnetfeldvektors. Die magentafarbene spiralige Bahn wird in Richtung des E-Feldes gedehnt. Die Achse der Spirale ist parallel zu dem rot eingezeichneten Vektor des Magnetfeldes – das wird deutlich, wenn man die 3D-Simulation geeignet dreht.

Für das Einstellen beliebiger Anfangsbedingungen sind je drei Schieber für die räumlich homogenen Vektorkomponenten von elektrischem Feld und Magnetfeld sowie für die Startgeschwindigkeit der Punktladung vorgesehen. Nach dem *Start*, der die Bahnberechnung mit den entsprechenden Differentialgleichungen auslöst, bewegen sich die Schieber für die Geschwindigkeitskomponenten entsprechend ihrer momentanen Veränderung. Die Geschwindigkeit des Berechnungsablaufs für die Bahn lässt sich einstellen.

Der Startpunkt der Ladung kann mit der Maus gezogen werden. *ResetObjekt* setzt ihn in den Nullpunkt zurück, bei Belassen der sonstigen Einstellungen; *reset* stellt alle Parameter auf die Default-Einstellung zurück, *clear* löscht alle Bahnen (man kann also auch mehrere Bahnen mit unterschiedlichen Einstellungen überlagern).

Die Simulation gibt eine Fülle von Möglichkeiten, von denen hier einige Grenzfälle genannt seien:

- keine Felder: unbeschleunigte, gleichförmige Bewegung mit dem Geschwindigkeitsvektor;
- nur E-Feld: gleichmäßig beschleunigte Ablenkung des Objekts;
- nur B-Feld und Geschwindigkeitsvektor in Richtung Magnetvektor: kein Feldeinfluss;
- nur B-Feld und Geschwindigkeitsvektor senkrecht dazu: Kreisbahn;
- B-Feld und E-Feld senkrecht und Geschwindigkeitsvektor senkrecht zum B-Feld: verschobene Quasi-Kreisbahnen.

Die Beschreibung zur Simulation enthält weitere Angaben und Hinweise zum Experimentieren.

9 Gewöhnliche Differentialgleichungen

9.1 Allgemeines

Wir hatten im Zusammenhang mit Differentialquotienten den Begriff der *Differential-gleichungen* eingeführt und die besonders einfachen und grundlegenden Gleichungen für Winkelfunktionen und Exponentialfunktionen kurz beschrieben.

Diff-gleichung

In diesem Abschnitt wollen wir uns intensiv mit dieser Königsdisziplin der Infinitesimalrechnung beschäftigen, die der Schlüssel zu einem tieferen Verständnis physikalischer Zusammenhänge ist.

Welche *anschauliche* Bedeutung kann man gedanklich den ersten und zweiten Differentialquotienten y' und y'' einer Funktion y zuordnen? (Höhere Differentialquotienten spielen in der Praxis kaum eine Rolle.)

Wir gehen vorstellungsmäßig von einer graphischen Darstellung der Funktion $y = f(x)$ in einem ebenen Koordinatensystem aus:

Die erste Ableitung $y'(x) = \frac{dy}{dx}(x)$ ist dann die **Steigung** oder **Steilheit** der die Funktion beschreibenden Kurve an der Stelle x. Sie gibt an, wie stark sich y lokal (für ein gegebenes x) bei einer Zunahme von x verändert. Positive Werte bedeuten eine Steigung, negative einen Abfall.

Die zweite Ableitung $y''(x) = \frac{d^2y}{dx^2}(x) = \frac{dy'}{dx}(x)$ beschreibt die **Veränderung der Steigung** und damit die lokale **Krümmung** der Kurve. Positive Werte bedeuten Zunahme der Steilheit, also konkave Krümmung; negative Werte Abnahme der Steigung, also konvexe Krümmung.

Nun wollen wir speziell die *Variable x als Zeit t* interpretieren; wir betrachten also zeitliche Veränderungen der Größe y. Ein Beispiel wäre ein fahrendes Auto, bei dem y der in der Zeit t zurückgelegte Weg ist: $y = f(t)$. Zur Zeit $t = 0$ ist also der Ort des Autos $y(0) = f(0)$.

Die erste Ableitung $y'(t) = \frac{dy}{dt}(t)$ ist dann die *Veränderung* des zurückgelegten Wegs pro infinitesimal kurzer Zeit, gemessen zu einem bestimmten Zeitpunkt t, und bedeutet damit die momentane **Geschwindigkeit** v des Autos.

Die zweite Ableitung $y''(t) = \frac{d^2y}{dt^2}(t) = \frac{dy'}{dt}(t)$ beschreibt die *Veränderung der Geschwindigkeit* und damit die momentane **Beschleunigung** b des Autos. Positive Beschleunigung bedeutet eine Zunahme der Geschwindigkeit, negative die Abnahme der Geschwindigkeit, also Bremsung.

Bei der veranschaulichenden Beschreibung von Differentialquotienten (Ableitungen) sind also die Bezeichnungen *Steigung* oder *Steilhe*it und *Geschwindigkeit* unter sich ebenso gleichbedeutend wie *Krümmung* und *Beschleunigung*.

Wie aussagestark eine extrem einfache Differentialgleichung ist, sei gleich am Beispiel des fahrenden Autos demonstriert. Wir lernen in der Schule mühsam die Formel
für die Zeitabhängigkeit des zurückgelegten Wegs s (mit v_0 als Anfangsgeschwindigkeit und s_0 als Anfangswert des Wegs):

$$s(t) = \frac{b}{2}t^2 + v_0 t + s_0.$$

Dazu lernen wir die einschränkende Bedingung, dass die Beschleunigung b konstant
sein muss, damit die Gleichung überhaupt stimmt (jedes Kind weiß allerdings, dass
so etwas in der Realität gar nicht vorkommt). Die einfache Differentialgleichung

$$s'' = b$$

umschreibt nicht nur den gleichen Sachverhalt, sondern gilt auch, wenn die Beschleunigung nicht konstant, sondern eine beliebige Zeitfunktion $b(t)$ ist. Für die Unterscheidung aller Einzelvorgänge, welche die Differentialgleichung erfüllen, genügt die
Kenntnis der jeweiligen konstanten Anfangswerte v_0 und s_0.

Aus der Differentialgleichung dann den Zeitverlauf zu berechnen, ist eine für alle Differentialgleichungen identische Routineaufgabe, für die man auf die analytischen Werkzeuge der Integralrechnung zurückgreifen kann oder die man gleich einem
numerischen Rechenprogramm überlässt.

In der Physik wollen wir oft gar nicht genau ausrechnen, welche Werte in einem
speziellen Fall herauskommen, sondern primär verstehen, welche ursächlichen Zusammenhänge hinter einem bestimmten Phänomen stehen. Das Wegbeispiel sagt dazu
ganz einfach: *Auf die Beschleunigung kommt es an.*

Die formal so einfache Aussage gilt auch dann, wenn wir einen „krummen" drei-   Newton
dimensionalen Weg im Raum unter dem Einfluss verschiedener Kräfte untersuchen!
Für den Kraftvektor $\mathbf{F}$, der auf das Objekt mit der Masse m einwirkt, gilt mit dem
Beschleunigungsvektor $\mathbf{b}$ nun

$$\mathbf{F} = m\mathbf{b}.$$

Das war die großartige Erkenntnis von Isaac Newton.

9.2 Differentialgleichungen als „Erzeugende" von Funktionen

Das Weg-Beispiel gibt auch eine einfache Antwort auf die Frage: Wie kommt man
überhaupt auf die in der Physik wichtigen Funktionen? Was definiert Funktionen, die
bestimmte Sachverhalte beschreiben? Welche Überlegung erzeugt den Zusammenhang zwischen Variablen und Funktionswert, der in einer Funktion ausgedrückt wird,
also den „Charakter" einer speziellen Funktionsart?

Differentialgleichungen sind die *Eltern* der Funktionen, und wir werden gleich sehen, dass eine einzige Differentialgleichung, also ein einziger, innerer Zusammenhang, zahlreiche verwandte Kinder – sprich Funktionen – erzeugt.

Funktionen beschreiben, wie in Kapitel 5 erläutert, die Abhängigkeit einer Größe y von einer oder mehreren anderen Größen, die als *Variable* der Funktion bezeichnet werden, genauer als *unabhängige Variable*.

Bei nur einer Variablen, genannt t, zeigen sie y in Abhängigkeit von dieser einzigen Variablen t. (Wir wählen hier als Symbol für die Variable den Buchstaben t, da viele verwendete Beispiele eine Zeitabhängigkeit illustrieren werden.) Der Funktionsverlauf lässt sich in einer $y(t)$-Graphik visualisieren. Änderungen werden mit den Ableitungen nach der einzigen Variablen beschrieben.

Funktion $y = y(t)$,   Variable: $t_1 < t < t_2$,

Steigungsfaktor $y'(t) = \dfrac{dy}{dt}$;   Krümmungsfaktor $y''(t) = \dfrac{d^2 y}{dt^2} = \dfrac{dy'}{dt}$.

Wie sieht es aus, wenn mehrere Variable zu berücksichtigen sind, etwa bei einer zeitabhängigen Funktion zweier Ortsvariablen, also $z = f(x, y, t)$, wie wir sie weiter oben veranschaulicht haben? Hier treten die partiellen Differentialquotienten auf, welche die Veränderung des Funktionswertes z bei Variation *einer* der Variablen beschreiben. Bei der partiellen Ableitung der Funktion nach einer der Variablen werden alle anderen unabhängigen Variablen als Konstanten behandelt.

$z = z(x, y, t)$

Variable: $x_1 < x < x_2$; $y_1 < y < y_2$; $t_1 < t < t_2$;

$\dfrac{\partial z}{\partial t}$; $\dfrac{\partial z}{\partial x}$; $\dfrac{\partial z}{\partial y}$; $\dfrac{\partial^2 z}{\partial t^2}$; $\dfrac{\partial^2 z}{\partial x^2}$; $\dfrac{\partial^2 z}{\partial y^2}$; $\dfrac{\partial^2 z}{\partial x \partial y}$; $\dots$

Zurück zu Zusammenhängen bei nur einer unabhängigen Variablen – lassen Sie uns ein einfaches Beispiel betrachten: Von der Exponentialfunktion $y = e^t$ ist uns geläufig, dass ihr momentanes Wachstum, die *Wachstumsrate* oder *Steigung* genau so groß ist wie ihr Funktionswert. Die Wachstumsrate ist identisch mit dem ersten Differentialquotienten:

$$\text{für } y = e^t \text{ gilt } y' = \frac{dy}{dt} = e^t;$$

$$y' = y.$$

Diese **Differentialgleichung** (Gleichung zwischen der Funktion und Ihren Ableitungen) charakterisiert den Charakter aller Wachstumsfunktionen (Exponentialfunktionen) in eindeutiger Weise. Zur Festlegung einer spezifischen *Wachstumsfunktion* benötigt man zusätzlich ihren Anfangswert.

Wenn, wie hier, nur die differentielle Abhängigkeit von *einer* Variablen auftritt, sprechen wir von einer **gewöhnlichen Differentialgleichung**. Bei einer Abhängigkeit von mehreren Variablen treten verschiedene *partielle* Differentialquotienten auf, und wir sprechen dann von einer **partiellen Differentialgleichung** (siehe weiter unten).

Es gibt keine andere Funktion, welche die differentielle Eigenschaft der e-Funktion aufweist. Dies gilt unabhängig von ihrer „Amplitude", also einem multiplikativen Faktor C, denn:

$$\text{für } y = Ce^t \text{ gilt } y' = \frac{dy}{dt} = Ce^t = y \to y' = y.$$

Allgemein ist jede *lineare* Differentialgleichung von multiplikativen Faktoren unabhängig.

Aus der Kenntnis der Differentialgleichung für die e-Funktion kann man sie mit Hilfe bekannter elementarer Integralformeln leicht selbst formal ableiten:

$$y' = y \equiv \frac{dy}{dt} = y;$$

die Methode der Wahl zur Lösung ist hier die „Trennung der Variablen"

$$\frac{dy}{y} = dt,$$

linksseitige Integration $\quad \displaystyle\int_{y(0)}^{y} \frac{1}{y} dy = \ln y - \ln y_0 \quad \text{mit } y(0) = y_0,$

rechtsseitige Integration $\quad \displaystyle\int_{0}^{t} dt = t - 0 \to \ln y = t + \ln y_0; \quad y = e^{t + \ln y_0} = y_0 e^t.$

Die *Basis*-Exponentialfunktion $y = e^t$ ergibt sich für den *Anfangswert* $y_0 = 1$. Aus der letzten Gleichung kann man sehen, dass die Multiplikation mit dem Anfangswert zur gleichen Funktion führt wie eine Translation auf der t-Achse um den Logarithmus des Anfangswerts.

Für verschiedene Anfangswerte beschreibt die Differentialgleichung eine kontinuierliche Schar von Exponentialfunktionen, die sich um einen multiplikativen Faktor unterscheiden. Das Diagramm Abbildung 9.1 veranschaulicht diese Kurvenschar für positive und negative Anfangswerte zwischen 1 und 20, mit Abstand 1.

Allgemein ist eine gewöhnliche Differentialgleichung so definiert, dass zwischen der *Funktion*, ihren *Ableitungen* und der *Variablen t ein funktionaler Zusammenhang* besteht:

$$\text{allgemein} \quad F(t, y, y', y'', \ldots, y^{(n)}) = 0,$$

$$\text{explizit} \quad y^{(n)} = f(t, y, y', y'', \ldots, y^{(n-1)}).$$

Explizit heißt eine Differentialgleichung, wenn sich die höchste auftretende Ableitung als Funktion der niedrigeren darstellen lässt.

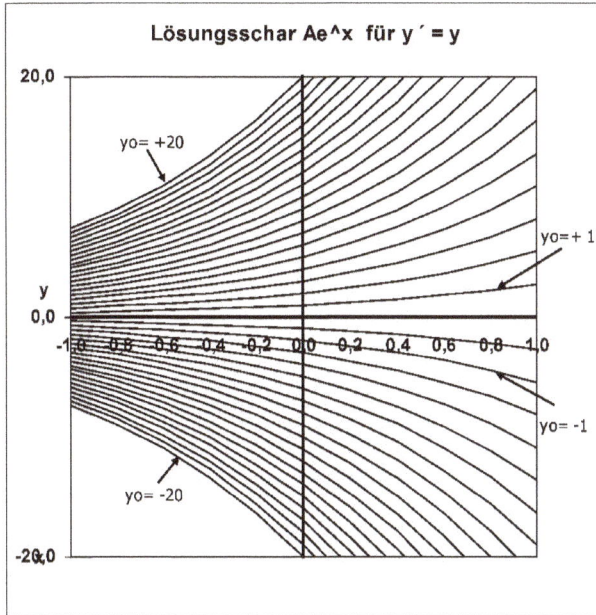

Abbildung 9.1. Lösungsschar $y = Ae^x$ von $y' = y$. Parameter der Kurven ist der Anfangswert $A = y(0)$ (Schnittpunkt mit der Ordinate), der in Ganzzahlen von -20 bis $+20$ variiert.

Die obige Gleichung für die e-Funktion ist eine gewöhnliche explizite lineare Differentialgleichung erster Ordnung. Die Gleichung ist

- *gewöhnlich*, weil sie nur eine Variable hat,
- *explizit*, weil die Ableitung höchster Ordnung als eine Funktion ausgedrückt werden kann, in der sie selbst nicht vorkommt,
- *linear*, weil die Funktion selbst und alle Ableitungen vor der höchsten Ableitung linear eingehen,
- *erster Ordnung*, weil nur die erste Ableitung auftritt.

Diese Unterscheidungen spielen bei dem Versuch, eine analytische Lösung zu finden, eine wichtige Rolle, auch bei numerischer Lösung unter beschränkter Rechenkapazität. So gehen z. B. bei den expliziten Gleichungen bei wichtigen Verfahren in die schrittweise Berechnung nur bereits vorhandene Daten aus früheren Rechenschritten ein. Bei impliziten Gleichungen (ein exotisches Beispiel ist $y'' \cos y'' + x^2 y = 0$) muss man dagegen für jeden Rechenschritt eine Gleichung lösen, welche den nachfolgenden Punkt selbst enthält. Das ist im Allgemeinen nicht geschlossen möglich, sondern nur mit Iteration. Mit hinreichender Rechenkapazität verliert dieses Dilemma an Bedeutung. Wir haben bereits oben gezeigt, wie einfach man auch komplizierte Formeln mit Iterationsverfahren auflösen kann.

Man könnte die e-Funktion auch durch eine Differentialgleichung zweiter (oder gar noch höherer) Ordnung charakterisieren, denn es gilt ja

$$y = e^x; \ y' = e^x; \ y'' = e^x; \ \dots$$
$$\rightarrow \text{z. B.} \quad y'' = y.$$

Fragt man, welche Funktionen diese Differentialgleichung zweiter Ordnung erfüllen, so stellt man – zunächst vielleicht überraschend – fest, dass sie nicht nur für die einfache e-Funktion gilt, sondern zusätzlich für eine Fülle von mit ihr verwandten Funktionen. Es gilt ja, mit A und B als Konstanten:

Für $y = Ae^t \rightarrow y' = Ae^t \rightarrow y'' = Ae^t$ $\Rightarrow y = y''(= y').$

Für $y = Ae^{-t} \rightarrow y' = -Ae^{-t} \rightarrow y'' = Ae^{-t}$ $\Rightarrow y = y''(\neq y').$

Für $y = Ae^t - Be^{-t} \rightarrow y' = Ae^t + Be^{-t} \rightarrow y'' = Ae^t - Be^{-t} \Rightarrow y = y''(\neq y')$

speziell für $A = B = 1/2$:

$$y = \cosh(t) = \frac{e^t + e^{-t}}{2} \rightarrow y' = \frac{e^t - e^{-t}}{2} \rightarrow y'' = \frac{e^t + e^{-t}}{2} \quad \Rightarrow y = y''(\neq y')$$

$$y = \sinh(t) = \frac{e^t - e^{-t}}{2} \rightarrow y' = \frac{e^t + e^{-t}}{2} \rightarrow y'' = \frac{e^t - e^{-t}}{2} \quad \Rightarrow y = y''(\neq y').$$

Neben der einfachen e-Funktion mit positivem Exponenten werden auch e-Funktionen mit negativem Exponenten umfasst und ebenso alle Linearkombinationen aus diesen beiden Anteilen, von denen wir Cosinus Hyperbolicus $\cosh(t)$ und Sinus Hyperbolicus $\sinh(t)$ am Ende formuliert haben.

In dem nächsten Diagramm Abbildung 9.2, das *nicht aktiv* ist, sind Scharen der beschriebenen Funktionen dargestellt. Zunächst wird die Schar der Exponentialfunktionen mit positiven und negativen Exponenten und Anfangswerten gezeigt.

Abbildung 9.3 zeigt dann die zu $x = 0$ symmetrischen Hyperbelfunktionen, die durch einen einzigen Anfangswert A bestimmt sind:

$$A \sinh(x) = A\frac{e^x - e^{-x}}{2}; \quad A \cosh(x) = A\frac{e^x + e^{-x}}{2}.$$

Schließlich zeigt Abbildung 9.4 noch die allgemeinen Lösungen mit zwei Parametern A und B:

$$Ae^x - Be^{-x}; \quad Ae^x + Be^{-x}$$

$$\text{mit } A = 1, 2, 3, \dots, 10$$

$$\text{und } B = 1, 5, 10.$$

Die Festlegung der beiden Parameter A, B (einschließlich der Vorzeichen) bestimmt, welche Einzelfunktion aus der Fülle der Funktionen, die die Differentialgleichung

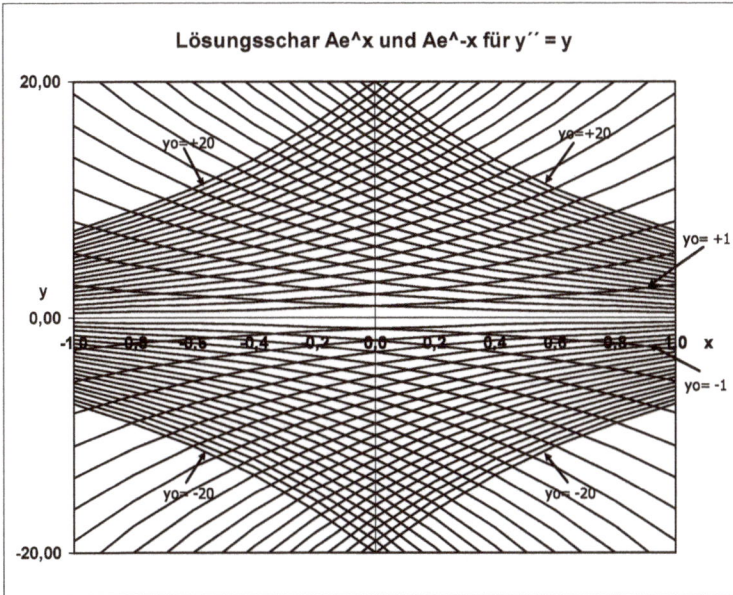

Abbildung 9.2. Lösungsschar $y = Ae^x$ und $y = Ae^{-x}$ von $y'' = y$ für verschiedene Anfangswerte $A = y(0)$. A variiert in Ganzzahlschritten von -20 bis $+20$.

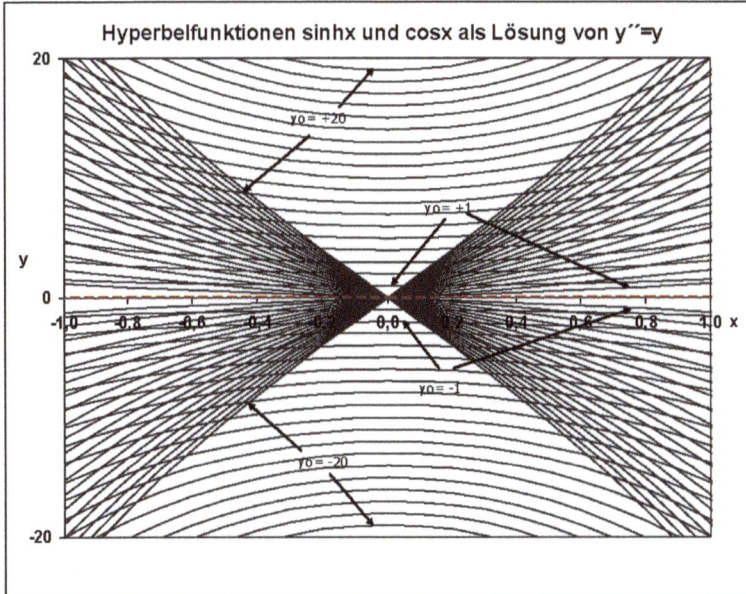

Abbildung 9.3. Lösungsschar von $y'' = y$: Die Funktion $y(x) = A \sinh(x)$ geht durch $(0, 0)$, und $y(x) = A \cosh(x)$ geht durch $(0, A)$, mit Anfangswert $A = y(0)$. A variiert in Ganzzahlschritten von -20 bis $+20$.

$y = y''$ erfüllen, realisiert wird. Man erhält *alle* Funktionen, bei denen die Krümmung nach Vorzeichen und Betrag gleich dem Funktionswert ist.

In diesem einfachen Fall leuchtet sofort ein, dass man anstelle der Gleichung zweiter Ordnung auch zwei Differentialgleichungen erster Ordnung setzen könnte:

$$y' = y \rightarrow A$$
$$y'' = y' \rightarrow B.$$

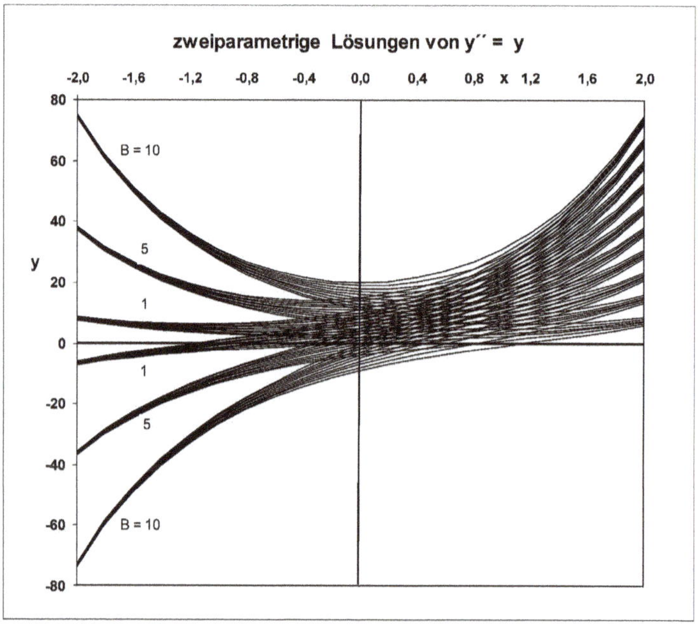

Abbildung 9.4. Zweiparametrige Lösungsschar von $y'' = y$. Die Werte von A und B bestimmen z. B. die beiden Anfangswerte $y(0) = A \mp B$ und $y'(0) = A \pm B$.

Allgemein kann man gewöhnliche explizite Differentialgleichung n-ter Ordnung auf ein *System von n Gleichungen* erster Ordnung zurückführen:

$$y^{(n)} = f(y, y', y'', \ldots, y^{(n-1)}, t) \rightarrow$$

1) $\quad y' = y_1$

2) $\quad y'_1 = y_2$

3) $\quad y'_2 = y_3$

4) $\quad y'_3 = y_4$

$$\vdots$$

$$y^{(n)} = f(y, y_1, y_2, y_3, \ldots, y_{n-1}, t).$$

Da die Differentialgleichung explizit ist, hängt $f(\ldots)$ nicht von y_n ab.

Die Differentialgleichung n-ter Ordnung hat n Parameter bzw. Anfangswerte, die im Allgemeinen unterschiedlich sind. Ihre Festlegung wählt aus allen Funktionen, die die Differentialgleichung erfüllen, eine spezielle aus. Die physikalische Lösung erhält man also aus Differentialgleichung *und* Anfangswerten.

Die Schönheit und Beschreibungskraft der Mathematik mit ihrer Anwendung in der Physik erstrahlt bei den Differentialgleichungen in ganz besonderer Weise. Ein einziger, formal sehr einfacher Zusammenhang kann eine Fülle von Lösungsmöglichkeiten umfassen, unter denen für eine besondere Situation die Festlegung weniger Parameter zur speziellen Lösung führt. Das Verständnis der Zusammenhänge (der Differentialgleichungen) ist daher ungleich wichtiger als die Kenntnis einer großen Zahl von Formeln für jeweils begrenzte Problembereiche.

Die Differentialgleichung $y'' = -y$ beschreibt alle Phänomene im Zusammenhang mit ungedämpften, sinusförmigen Schwingungen. Ein Faktor $y'' = -ay$ ändert hierbei nichts Grundsätzliches, weil er mit einer Umskalierung der Zeit $t = \sqrt{a}t$ wieder zur alten Form $y'' = -y$ transformiert wird. Was bedeutet die Gleichung anschaulich? Die Krümmung y'' ist gleich dem negativen Funktionswert. Das heißt, bei großem Funktionswert führt die Krümmung mit zunehmendem Variablenwert zu seiner Verkleinerung, bei kleinem Funktionswert zur Vergrößerung, unter Erhalt des Vorzeichens. Das ist aber gerade das Merkmal einer periodischen Schwingung: die Werte kommen nicht über einen Maximal- oder Minimalwert hinaus, werden aber auch immer wieder vom einen zum anderen hingeführt. Wenn solche Schwingungen gedämpft oder aufschaukelnd sind, verwendet man das allgemeinere Gesetz $y'' = ay' - by$. Es besagt, dass für $a > 0$ die Krümmung mit der Zeit zunimmt, die Schwingung sich also aufschaukelt, während für $a < 0$ die Krümmung abnimmt, die Schwingung also abklingt.

Andere Phänomenbereiche lassen sich durch andere Klassen von Differentialgleichungen beschreiben. Zum Beispiel regiert die *Newtonsche* Bewegungsgleichung $m\frac{d^2\mathbf{r}}{dt^2} = \mathbf{F}(\mathbf{r})$ die riesige Klasse aller möglichen Bewegungen einer Masse unter dem Einfluss eines vorgegebenen Kraftfeldes $\mathbf{F}(\mathbf{r})$. Dazu gehören unter anderem die Planetenbewegungen. Die jeweils speziellen mechanischen Bewegungen sortiert man durch die Form des Kraftfeldes und (vor allem) durch die Anfangswerte aus.

Die Differentialgleichungen sind also das Kondensat zur Kennzeichnung eines ganzen Bereichs physikalischer Phänomene. Sie sind zugleich von großer Anwendungsbreite wie von höchster Ästhetik und ordnender Erkenntnis in der Vielfalt des Naturgeschehens.

9.3 Lösungsverfahren für gewöhnliche Differentialgleichungen

Will man aus der Differentialgleichung eine geschlossene Formel für $y(t)$ gewinnen, dann muss man sie *analytisch* lösen, wie wir dies für den besonders einfachen Fall der Exponentialfunktion gezeigt haben. Kommt bei einer Differentialgleichung auf der rechten Seite der Gleichung die Funktion y selbst gar nicht vor, lautet sie also $y' = f(t)$, dann findet man y durch eine ganz normale *Integration*. Wir können das gleich für das Wegproblem verifizieren. Für *konstante* Beschleunigung b erhalten wir für den zurückgelegten Weg $s(t)$ Folgendes:

$$s'' = b; \quad s' = v = \int_0^t b \, dt' = b \int_0^t dt' = bt + v_0;$$

$$s = \int_0^t (bt' + v_0) dt' = \frac{bt^2}{2} + v_0 t + s_0.$$

Die beiden Anfangswerte sind hier der Anfangsort s_0 und die Anfangsgeschwindigkeit v_0.

Für den allgemeinen Fall füllt die Kunst des analytischen Lösens von Differentialgleichungen ganze Bücher. Die Lösungsverfahren der Differentialgleichungen, die für die Physik wichtig sind, folgen überwiegend einfachen Mustern, für die es Standardverfahren gibt. Wir verweisen hier auf die anfangs zitierten Lehrbücher. Grundsätzlich kann man alle *gewöhnlichen* Differentialgleichungen analytisch behandeln. Dabei gilt oft Ähnliches wie beim Integrieren von Nicht-Standardfunktionen: Man versucht, eine Einzellösung systematisch zu erraten und verifiziert dann, mit welchen Variationen und Festlegungen von Parametern man die allgemeine Lösung gewinnt, welche die Differentialgleichung erfüllt – entwoder exakt oder in einer gewissen Näherung oder in einer Reihenentwicklung.

Wenn man die Lösungsfunktion nicht als analytischen Ausdruck gewinnen muss, sondern damit zufrieden sein kann, ihre Werte in Abhängigkeit von Anfangswerten und Variablen zahlenmäßig zu berechnen und damit auch ihren allgemeinen Verlauf graphisch darzustellen, dann kann man diese mit numerischen Methoden lösen, uneingeschränkt durch die Komplexität der Differentialgleichung. Alle gängigen numerischen Programme wie *Mathematica* oder *Java/EJS* stellen dafür eine Reihe von Verfahren mit unterschiedlichen Genauigkeiten zur Verfügung, die unkompliziert anwendbar sind. Allerdings bleiben die dabei verwendeten Algorithmen im Hintergrund verborgen, weshalb wir im Folgenden die wichtigsten beschreiben und veranschaulichen werden.

Praktisch ist es sehr wichtig, sich mit den numerischen Lösungsverfahren für **Differentialgleichungen erster Ordnung** vertraut zu machen, da alle anderen darauf reduziert werden können, sofern man mehrere abhängige Variable zulässt. Wir veranschaulichen dies im Folgenden für die Gleichungen erster Ordnung und zeigen auch im Detail die Anwendung auf Differentialgleichungen zweiter Ordnung. Alle folgenden Erweiterungen sind dann entsprechend.

9.4 Numerische Lösungsverfahren, Anfangswertproblem

Wenn man nichtlineare Zusammenhänge ebenfalls zulässt, sind erstaunlicherweise die meisten der für die Physik wichtigen Differentialgleichungen sehr einfach. Vielleicht ist es auch gar nicht erstaunlich, sondern die Natur ist eben in ihren tiefsten Zusammenhängen einfach! Die durch die Differentialgleichungen ausgedrückten Ursachen und Wirkungen sind also schnell und klar aus der Physik ableitbar und erfassbar. Trotzdem kann das zahlenmäßige Rechnen mit ihnen ungeheuer komplex werden, besonders wenn die Differentialgleichungen nichtlinear sind. In voller Allgemeinheit sind sie nur in Einzelfällen analytisch lösbar (integrierbar). Man begnügt sich daher oft mit vereinfachenden Annahmen über die Form der Differentialgleichung oder rechnet zunächst einfach lösbare Spezialfälle und behandelt allgemeine Fälle, die nur ein wenig davon abweichen, mit Hilfe der sogenannten „Störungsrechnung".

Mit der alltäglichen Verfügbarkeit des PC entfallen klassische Beschränkungen. Geeignete numerische Programme können nichtlineare und implizite Gleichungen genauso schnell und genau berechnen wie diejenigen, die einer klassischen analytischen Lösung leicht zugänglich sind.

Mit dem Rechner ist es auch möglich, Systeme von manchmal sehr vielen Differentialgleichungen in vernünftiger Zeit zu lösen. Solche liegen z. B. vor, wenn die Wechselwirkung zwischen mehreren Körpern berechnet werden soll. Hier führt ein N-Körper-Problem im Allgemeinen zu $6N$ Differentialgleichungen und entsprechend vielen Randwerten, weil man dem Einzelkörper sechs Freiheitsgrade zuzuordnen hat, drei des Ortes und drei des Impulses. Ein Extrembeispiel dafür ist eine im *Max Planck Institut für Astrophysik* in München durchgeführte Simulation des Gravitationskollapses im frühen Kosmos, bei dem die Wechselwirkung zwischen 10^{10} Massenpunkten verfolgt wurde – mit einer Rechenzeit des dortigen Supercomputers von sage und schreibe einem Monat! Auf dem Datenträger der digitalen Version des im Vorwort angekündigten, von Martienssen und Röß herausgegebenen Essaybandes befindet sich ein Video dieser Simulation, die im Beitrag von *Günther Hasinger* beschrieben wird.

Wir skizzieren im Folgenden den allgemeinen Lösungsgang zunächst am Beispiel der expliziten Differentialgleichung erster Ordnung und vergleichen ihn mit dem vertrauten unmittelbaren Integrationsverfahren.

Gegeben seien ein Anfangswert der Funktion sowie der Zusammenhang zwischen Ableitung, Funktion und Variablen.

Direkte Integration	*Differentialgleichung*
Differentialgleichung $y' = f(x)$	Differentialgleichung
	$$y' = f(x, y) \rightarrow y'_0 = f(0, y_0)$$
Anfangswert $y_0 = C$	Anfangswert y_0
Lösung $y = \int_0^x f(x)dx = g(x) + C$	Gesucht: Lösung für $y(x)$ mit $y(0) = y_0$.
mit $f(x) = \frac{dg(x)}{dx}$.	

Bei der Integrationsaufgabe ist die Ableitung von vornherein im gesamten Intervall als Funktion der Variablen bekannt, bei der Differentialgleichung ist sie zunächst nur am Beginn des Intervalls aus der Differentialgleichung und dem vorgegebenen Anfangswert berechenbar. Für andere x kennt man y und damit auch y' noch nicht. Man muss also im gesamten Intervall den Funktionswert y und die Ableitung y' gleichzeitig bestimmen. Dafür hat man neben der überall geltenden Differentialgleichung nur den Anfangswert und den daraus über die Differentialgleichung berechneten Startwert der Ableitung zur Verfügung.

Die numerischen Verfahren entsprechen einem *Weiterhangeln vom ersten zum nächsten Punkt* und von da zum übernächsten Punkt, usw. Dabei wird je nach Verfahren zunächst mehr oder weniger geschickt geraten, wo aufgrund des Anfangswerts und der Anfangssteigung der nächste Punkt liegen könnte. Für diesen wird mit Hilfe der Differentialgleichung berechnet, wo dann wiederum der nächste Punkt zu suchen ist. Bei jedem Schritt entstehen natürlich Fehler – umso erstaunlicher ist es, welch hohe Genauigkeit bei den fortgeschrittenen Verfahren mit eigentlich ganz einfachen Algorithmen erreicht wird. Dabei hilft, dass viele der interessanten Aufgabenstellungen periodische Probleme betreffen (Planetenbahnen, Pendel, periodische elektrische Felder), bei deren Berechnungen sich oft positive und negative Rechenfehler in den beiden Halbperioden kompensieren.

9.4.1 Explizites Euler-Verfahren

Für die einfachste Methode, das klassische *Euler*-Verfahren, nimmt man an, dass der nächste Wert von y auf der vom Anfangswert y_0 ausgehenden Tangente $y'(0)$ dieser Funktion liegt:

Euler

$$\text{gegeben der Anfangswert } y_0$$

$$\text{gegeben die Differentialgleichung } y' = f(x, y) \rightarrow y'_0 = f(x_0, y_0)$$

$$y_1 = y_0 + \Delta x \cdot y'_0$$

$$x_1 = x_0 + \Delta x \rightarrow y'_1 = f(x_1, y_1)$$

$$y_2 = y_1 + \Delta x \cdot y'_1$$

$$\vdots$$

$$y_n = y_{n-1} + \Delta x \cdot y'_{n-1}$$

$$y'_n = f(x_n, y_n).$$

Das Verfahren heißt „explizit", da zur Berechnung des n-ten Punktes nur Daten des davor liegenden $(n-1)$-ten Punktes verwendet werden.

Das Eulerverfahren ist analog zur Integration einer bekannten Funktion y nach dem früher veranschaulichten Verfahren der Trapezstufen. Der zusätzliche Witz bei der analogen Verwendung für das Anfangswertproblem einer Differentialgleichung ist, dass hier – außer für den Startpunkt – auch die Ausgangsfunktion (Ableitung) unbekannt ist. Die Kenntnis des Zusammenhangs zwischen Ableitung und Funktion genügen aber, um beide Funktionen näherungsweise zu bestimmen. Dafür wird allerdings die Bestimmung der Ableitung y_1' für den ersten Punkt von dem Fehler beeinflusst, mit dem dessen Wert y_1 selbst aus den Anfangswerten geschätzt wurde.

In Abbildung 9.5 werden die Verhältnisse am Beispiel der dick rot eingezeichneten Exponentialfunktion graphisch verdeutlicht. Bei der Anfangsabszisse x_0 ist im Ausgangspunkt der Anfangswert der Funktion y_0 bekannt. Aus der Differentialgleichung folgt die Steigung der blauen Tangente. Ihr Schnitt mit der Intervallgrenze x_1 ist der nach Euler berechnete und als blauer Kreis eingezeichnete nächste Wert $\tilde{y}_1$. Er bleibt in diesem Beispiel deutlich hinter dem tatsächlichen Wert y_1 der exakten Kurve zurück – die Exponentialkurve hat eben keine konstante, sondern eine stetig zunehmende Steigung. Das Euler-Verfahren berücksichtigt Änderungen der Steigung innerhalb des Intervalls nicht. Deshalb muss man die Intervalle Δx möglichst klein machen, um den Fehler zu begrenzen.

Für die Berechnung des nächsten Punktes ist per Konstruktion nicht die Steigung der Funktion am Ausgangspunkt x_1 des neuen Intervalls maßgebend, sondern ein Wert, der sich mit Abszisse und Ordinate des ersten Punktes aus der Differentialgleichung errechnet, also $y_1' = f(x_1, \tilde{y}_1)$.

Wir haben für das Beispiel die Exponentialfunktion gewählt, weil in ihrer Differentialgleichung die Ordinate x nicht explizit vorkommt. Daher ist eine einfache graphische Konstruktion für den zweiten Wert der Ableitung möglich: Sie hat die Steigung der gestrichelten grünen Tangente an die rote Kurve bei der Ordinate des zweiten Punktes $\tilde{y}_1$. Mit ihrer Steigung geht es (blau) parallel versetzt zur gestrichelten grünen Geraden vom ersten errechneten Punkt zum nächsten weiter.

Im allgemeinen Fall wäre der Zusammenhang weniger anschaulich.

Wie vom analogen Integrationsverfahren bekannt, ist der Fehler dieses einfachen Verfahrens beträchtlich. Er kann durch entsprechend kleine Intervalle Δx bei erhöhtem Rechenaufwand einigermaßen klein gehalten werden und nimmt linear mit der Breite der Integrationsintervalle ab. *Das Verfahren konvergiert mit wachsender Auflösung linear zur „richtigen" Lösung.* Bei periodischen Funktionen kompensieren sich die Fehler teilweise in den Halbperioden, da die Abweichung bei konkavem Kurvenverlauf (wie hier) negativ, aber bei konvexem Kurvenverlauf positiv ist.

9.4.2 Heun-Verfahren

Das *Heun*-Verfahren berechnet den jeweils nächsten Punkt ebenfalls so, dass er auf `Heun` einer Geraden durch den Ausgangspunkt x_0 liegt. (Dies gilt auch für das anschließend beschriebene und praktisch besonders wichtige *Runge-Kutta*-Verfahren.) Im Gegensatz zum Euler-Verfahren wird nun für die Steigung dieser Geraden ein günstigerer Winkel verwendet. Beim Euler-Verfahren wurde dieser einfach durch das Ergebnis der

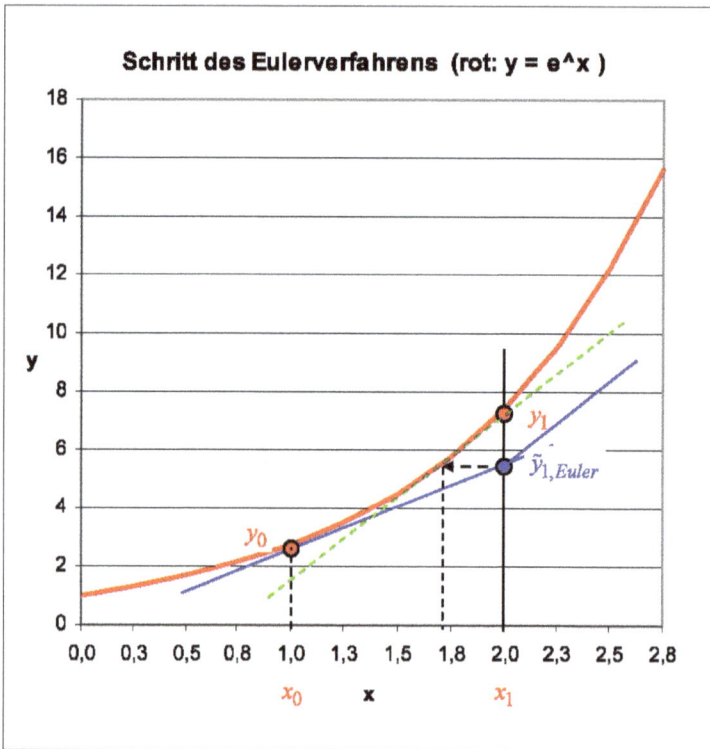

Abbildung 9.5. Ein Schritt beim *Euler*-Verfahren; Einzelheiten siehe Text.

Differentialgleichung im jeweiligen Ausgangspunkt eines neuen Intervalls bestimmt. Bei den sogenannten **mehrstufigen** Verfahren, wie es das Heun-Verfahren ist, wird er als Mittelwert aus mehreren Berechnungen gewonnen, wozu eine Steigung in mehr als einem Punkt mit Hilfe der Differentialgleichung bestimmt wird.

Das *Heun*-Verfahren benutzt nach Abbildung 9.6 für einen Schritt die Differentialgleichung sowohl im Startpunkt wie im Endpunkt des Intervalls. Es rechnet zunächst wie im Euler-Verfahren mit einer dem Startpunkt zugeordneten Tangenten-Steigung (blau) *vorwärts* und bestimmt den sogenannten „Euler-Punkt" (den Blauen Punkt $y_{1,\text{Euler}}$ in Abbildung 9.6). Dann berechnet es mit der Differentialgleichung den zugeordneten Differentialquotienten, der bei der gezeigten konkaven Kurve größer ist. In der Zeichnung entspricht ihm die gestrichelte blaue Tangente. Nun wird der Mittelwert beider Steigungen (nicht der Winkel, sondern ihres Tangens) gebildet, der gestrichelt magentafarben als Gerade angedeutet ist. Mit dieser gemittelten Steigung wird nun vom Ausgangspunkt vorwärts gerechnet (parallel verschobene durchgezogene grüne Gerade). Ihr Schnitt mit der Intervallgrenze ist der nächste Punkt des *Heun*-Verfahrens (grüner Punkt). Er liegt wesentlich näher am „wahren" Wert als das Ergebnis der Euler-Näherung.

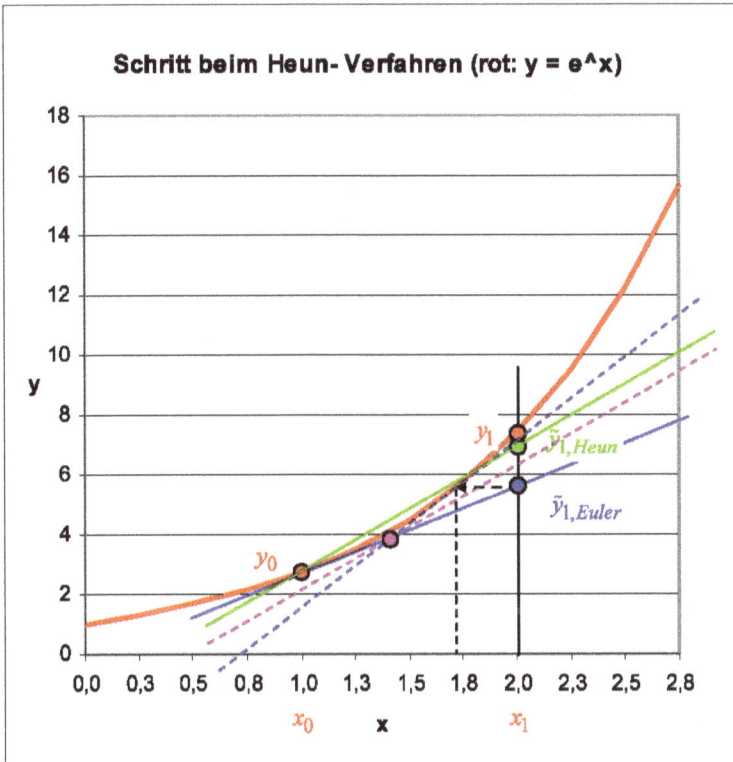

Abbildung 9.6. Ein Schritt beim *Heun*-Verfahren; Einzelheiten siehe Text.

In Formeln ausgedrückt:

vorwärts

$$y_0' = f(x_0, y_0)$$

$$y_{1,\text{Euler}} = y_0 + \Delta x \cdot y_0' \quad \text{Euler-Punkt als Zwischenschritt}$$

$$y_{1,\text{Euler}}' = f(y_{1,\text{Euler}})$$

Mittelwertbildung

$$\overline{y_0'} = \frac{y_0' + y_{1,\text{Euler}}'}{2} \;\rightarrow\; y_1 = y_0 + \Delta x \cdot \overline{y_0'}; \; y_1' = f(y_1).$$

In der hier dargestellten Form ist das Heun-Verfahren *implizit*, da der neu zu berechnende Punkt auf beiden Seiten der Gleichung auftritt. Die Gleichungen sind daher im Allgemeinen mit Iterationsverfahren zu lösen.

Das Heun-Verfahren verfährt analog zur Integration einer bekannten Funktion mit Hilfe des Sehnentrapez-Verfahrens. Wie dort gezeigt, ist seine Genauigkeit deutlich höher als beim Euler-Verfahren. Der Fehler nimmt quadratisch mit der Intervallbreite ab, *das Verfahren konvergiert quadratisch*. Es berücksichtigt eine Veränderung der Steigung innerhalb des Intervalls in linearer Näherung (also einen *Knick*).

9.4.3 Runge-Kutta-Verfahren

Euler- und Heun-Verfahren haben wir aus historischen und systematischen, vor allem aber aus didaktischen Gründen beschrieben. In ihrer einfachen Form setzt man sie heute nicht mehr ein, da der größere Rechenaufwand pro Intervall für weitergehende *Mehrstufenverfahren* heute kein Argument mehr ist und damit bei gleicher Intervallbreite weit genauere Ergebnisse erzielt werden.

Der meist verwendete Königsweg zur Integration von Differentialgleichungen ist das *Runge-Kutta*-Verfahren. Es ist in seiner vierstufigen Grundversion analog zur Parabelnäherung bei der Integration bekannter Funktionen und berücksichtigt eine Veränderung der Steigung innerhalb des Intervalls in quadratischer Näherung (es verwendet also eine *parabolische Krümmung*). Wie die Integration nach der Parabelnäherung *konvergiert es mit der vierten Potenz der Intervallbreite* $\propto \Delta x^4$.

Beim Parabelverfahren benutzt man (s. o.) drei Stützpunkte zur Festlegung der Parabel, die im Intervall die wahre Kurvenkrümmung annähert: den Anfangspunkt x_0, den Mittelpunkt des Intervalls $x_{1/2}$ und den Endpunkt x_1.

Bei der *Integration* ist der Wert der Ableitung der zu bestimmenden Stammfunktion im ganzen Intervall bekannt, also auch in diesen drei Punkten. Bei der Lösung der Differentialgleichung ist die Ableitung zunächst nur im Ausgangspunkt des ersten Intervalls bekannt. Die Ableitungen der Folgepunkte müssen erst gesucht werden. Wir vergleichen zunächst für Ausgangspunkt y_0 und Intervallbreite $\Delta x \equiv \delta$ die Struktur der Formeln für die Berechnung des nächsten Punktes y_1:

Integration nach Parabelverfahren   Runge-Kutta-Schema

$$y_0 = y(x_0)$$

$$y_1 = y_0 + \frac{\delta}{6}(y_0' + 4y_{1/2}' + y_1')$$

$$y_0 = y(x_0)$$

$$y_1 = y_0 + \frac{\delta}{6}(y_0' + 2y_{1/2}'^{a} + 2y_{1/2}'^{b} + y_1'^{c}).$$

Man erkennt die formale Ähnlichkeit. Allerdings sind beim *Runge-Kutta-Schema* die angeführten Ableitungen nicht die tatsächlichen Differentialquotienten der gesuchten Lösungsfunktion, sondern Hilfsgrößen, die mit Hilfe der Differentialgleichung gewonnen werden. Außerdem steht anstelle der Ableitung in der Intervallmitte nun der Mittelwert aus zwei dementsprechenden Größen (Indizes a, b).

Runge-Kutta-Rechenschema für ein Intervall

Intervallbreite δ

Anfangsvariable x_0

Anfangsordinate y_0

$$y_0 = y(x_0) \qquad\qquad\qquad \rightarrow \qquad y_0' = f(x_0, y_0)$$

$$y_{1/2}^a = y_0 + \frac{\delta}{2} y_0' \qquad\qquad \rightarrow \qquad y_{1/2}'^a = f(x_0 + \frac{\delta}{2}, y_{1/2}^a)$$

$$y_{1/2}^b = y_0 + \frac{\delta}{2} y_{1/2}'^a \qquad\qquad \rightarrow \qquad y_{1/2}'^b = f(x_0 + \frac{\delta}{2}, y_{1/2}^b)$$

$$y_1^c = y_0 + \delta y_{1/2}'^b; \qquad\qquad \rightarrow \qquad y_1'^c = f(x_0 + \delta, y_{1/2}^b)$$

$$y_1 = y_0 + \frac{\delta}{6}(y_0' + 2y_{1/2}'^a + 2y_{1/2}'^b + y_1'^c) \quad \rightarrow \qquad y_1' = f(x_0 + \delta, y_1).$$

Man definiert einen Hilfspunkt in der Intervallmitte und berechnet für ihn in einem zweistufigen Verfahren zwei Punkte a und b mit ihren Ordinaten und Ableitungen. Der erste Zwischenpunkt (Index a) entspricht dem *Euler*-Punkt für den halben Intervallabstand. Mit der dem Zwischenpunkt zugeordneten Ableitung bestimmt man, vom Anfangspunkt ausgehend, einen zweiten Punkt in der Intervallmitte mit seiner zugeordneten Ableitung (b). Mit dessen Steigung bestimmt man einen Punkt am Intervallende mit zugeordneter Ableitung (c). Wenn man die beiden Ableitungen der Intervallmitte mittelt, hat man nun die drei Punkte zur Integration nach der Parabelmethode.

9.4.4 Weiterentwicklungen

Das soeben beschriebene vierstufige Runge-Kutta-Verfahren konvergiert so gut, dass es für sehr viele Anwendungen eingesetzt wird.

Man kann die Konvergenz des Verfahrens weiter verbessern, indem man zusätzliche Stützpunkte einbezieht – analog zu einer Approximation mit Parabeln höherer Ordnung.

Die Rechengeschwindigkeit wird beträchtlich gesteigert, wenn man die Intervallbreite nicht konstant wählt, sondern sie an Steigung und Krümmung der zu integrierenden Funktion anpasst („adaptive Intervallbreite"). Diese Möglichkeit ist in gängigen fünfstufigen Runge-Kutta-Verfahren und anderen numerischen Programmen enthalten. Dabei kann die Intervallbildung automatisch so gestaltet werden, dass ein vorgegebener Fehler pro Intervall nicht überschritten wird.

Die Approximationsregeln im Runge-Kutta-Verfahren sind zwar bewährt, aber nicht zwingend. Man kann mit anderen Kriterien arbeiten, die für spezielle Funktionsklassen günstiger sind. Schließlich gibt es eine Reihe ganz anders begründeter Approximationsverfahren, die ebenfalls Teil der kommerziellen Programme sind und über welche die Fachliteratur berichtet.

Die Rechengeschwindigkeit aller Verfahren ist davon abhängig, ob man mit höherstufigen Sprachen arbeitet oder mit betriebssystemnahen Sprachen. Programme in *Java* oder in *Mathematica* laufen daher schneller als Algorithmen, die etwa in *Visual Basic* für EXCEL entwickelt wurden. Der zeitliche Ablauf der folgenden *Java*-Simulationen ist nicht durch die Rechengeschwindigkeit begrenzt, sondern wird so vorgegeben, dass man der zeitlichen Entwicklung gut folgen kann.

Ein *Eigenbau* hat gegenüber der Verwendung vorgefertigter Algorithmen, die im Hintergrund ablaufen, den didaktischen Vorteil, dass man den Ablauf genau mitverfolgen und in ihn eingreifen kann.

9.5 Simulationen von gewöhnlichen Differentialgleichungen

9.5.1 Vergleich von Euler-, Heun- und Runge-Kutta-Verfahren

Die nächste interaktive Abbildung 9.7a führt zu einer Simulation, welche die drei Verfahren parallel am Beispiel der Exponentialfunktion demonstriert. Der Anfangswert $y_0 = 1$ liegt bei $x = 0$, ist aber auch anders einstellbar. Die Zahl der Intervalle im Variablenintervall lässt sich von 1 bis 24 verändern.

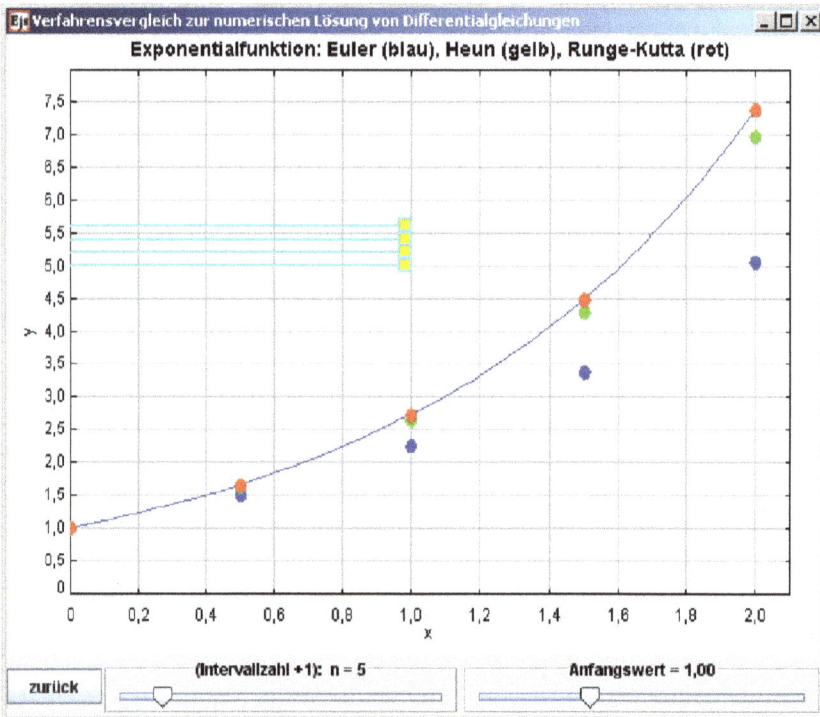

Abbildung 9.7a. Simulation. Vergleich der Konvergenz von *Euler*- (blau), *Heun*- (grün) und *Runge-Kutta*-Verfahren (rot) für $y' = y$ (Exponentialfunktion, blaue Linie). Die grünen Linien können mit der Maus gezogen werden, so dass die Konstruktion der Verfahren für ein Intervall von Hand möglich ist. Mit einem Schieber kann die Zahl der Intervalle im konstanten Variablenbereich geändert werden (Punktzahl n = Intervallzahl + 1). Mit dem zweiten Schieber wird der Anfangswert y_0 eingestellt (im Bild $y_0 = 1$).

Im Bildfeld befinden sich vier Geraden, die mit der Maus gezogen und gedreht werden können. Damit lässt sich die Konstruktion der Näherungen graphisch einfach nachvollziehen.

Bei der zunächst gezeigten groben Auflösung erkennt man deutlich die unterschiedlich gute Konvergenz der Verfahren und die große Überlegenheit von *Runge-Kutta* – mit dem Auge ist ihr Fehler gar nicht mehr zu erkennen.

Die Beschreibung der Simulation enthält weitere Einzelheiten und Anregungen zu Experimenten. Sie enthält auch eine Beschreibung des vollständigen Codes, hierbei handelt es sich um jeweils wenige Zeilen, die in einer Schleife so oft durchlaufen werden, wie Berechnungspunkte verlangt werden. Die Berechnung erfolgt so schnell, dass man den Zeitablauf in diesem Beispiel gar nicht wahrnimmt. Bei den kommer-

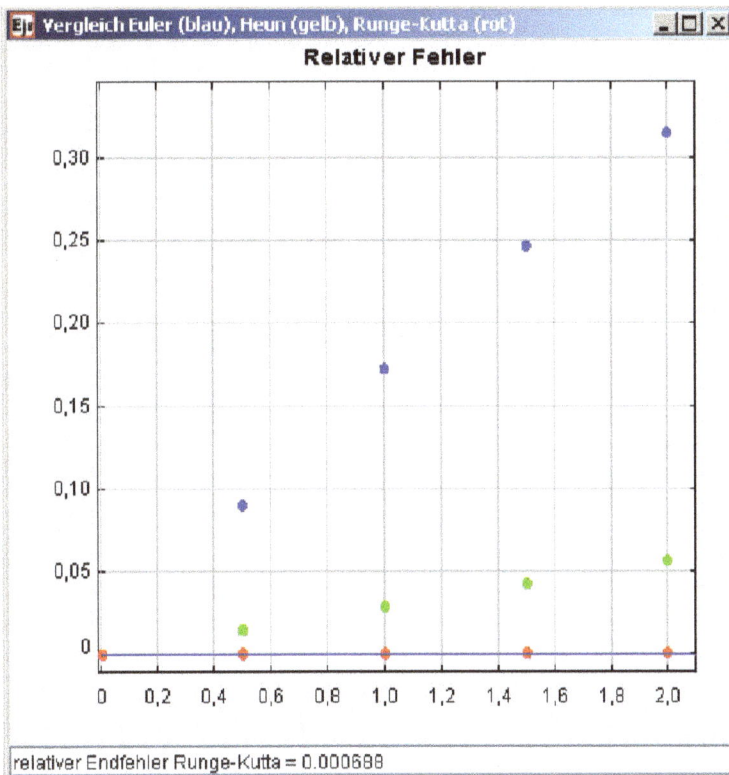

Abbildung 9.7b. Simulation. Relativer Fehler zum Verfahrensvergleich von Abbildung 9.7a. für vier Intervalle im Variablenbereich (blau Euler, grün Heun, rot Runge-Kutta). Die Punkte zeigen die relative Abweichung vom analytischen Wert der Exponentialfunktion (die der blauen Linie entspricht). Für das Runge-Kutta-Verfahren wird im Zahlenfenster der Fehler am Ende des letzten Intervalls ausgegeben. Der Ordinatenmaßstab passt sich an die erreichte Auflösung des Euler-Verfahrens an.

ziellen Programmen kann angegeben werden, wie viele Punkte pro Minute berechnet werden sollen, so dass in den Ergebnisgraphiken der Eindruck eines zeitlichen Nacheinanders entsteht.

In der Praxis muss man sich heute nicht mehr bemühen, selbst Berechnungsalgorithmen für die Lösung von gewöhnlichen Differentialgleichungen zu schreiben, da sie in allen numerischen Programmen einfach per Namensnennung aufgerufen werden können. Man sollte aber einmal verstanden haben, wie dieses „Hexenwerk" eigentlich zustande kommt.

In Abbildung 9.7b ist der relative Fehler der drei Verfahren analog zu Abbildung 9.7a aufgetragen, also z. B. $(y_0 e^x - \tilde{y}_{\text{Euler}})/y_0 e^x$. Dabei wird der Ordinatenbereich gespreizt, so dass die Unterschiede stärker hervortreten. Bei der geringen Zahl von zwei bis drei Punkten (ein bis zwei Intervallen) im Variablenbereich wird bei dieser Spreizung auch der geringe Fehler des Runge-Kutta-Verfahrens deutlich.

Um ihn auch bei höherer Auflösung bewerten zu können, zeigt das zweite Fenster der Simulation in einem Zahlenfeld die relative Abweichung am Ende des letzten Intervalls mit hoher Genauigkeit. Dies ist in Abbildung 9.7b dargestellt.

9.5.2 Differentialgleichung erster Ordnung

Wir benutzen ein in *EJS* integriertes *Runge-Kutte*-Schema zur Veranschaulichung von expliziten Differentialgleichungen erster Ordnung. Implizite Gleichungen spielen in der elementaren Physik eine geringe Rolle. Ihre numerische Lösung ist durch Iterationsschritte möglich, die in den Rechenalgorithmus eingebaut sind.

In den Graphiken verwenden wir für die Variable das Symbol x, für die Ordinate y.

Die nachfolgende interaktive Abbildung 9.8a zeigt in der Graphik einen Einschwingvorgang, der durch die Differentialgleichung definiert wird, die im Textfeld y' gezeigt wird. In dieser Darstellung werden einzelne Berechnungspunkte gezeigt; über die Optionskästchen lässt sich zu einer Liniendarstellung umschalten.

Die in einem Textfeld gezeigte Differentialgleichung kann editiert oder ganz neu geschrieben werden, so dass Sie mit dieser Simulation beliebige explizite Differentialgleichungen erster Ordnung untersuchen können. Die Geschwindigkeit der Darstellung und damit verknüpft die Genauigkeit der Rechnung kann über den Schritt-Schieber variiert werden.

Die Auswahlbox erlaubt die Wahl unter einer Reihe von elementaren Differentialgleichungen, die mit Anfangswert voreingestellt sind, wie z. B.

- Exponentialfunktion $y' = y$,
- Exponentielle Dämpfung $y' = -y$,
- fünf verschiedene Einschwingvorgänge e: $y' = f(y, x, \sin x)$,
- Konstante Geschwindigkeit $y' = C$, mit C konstant,
- Konstante Beschleunigung $y' = C \cdot x$, mit C konstant.

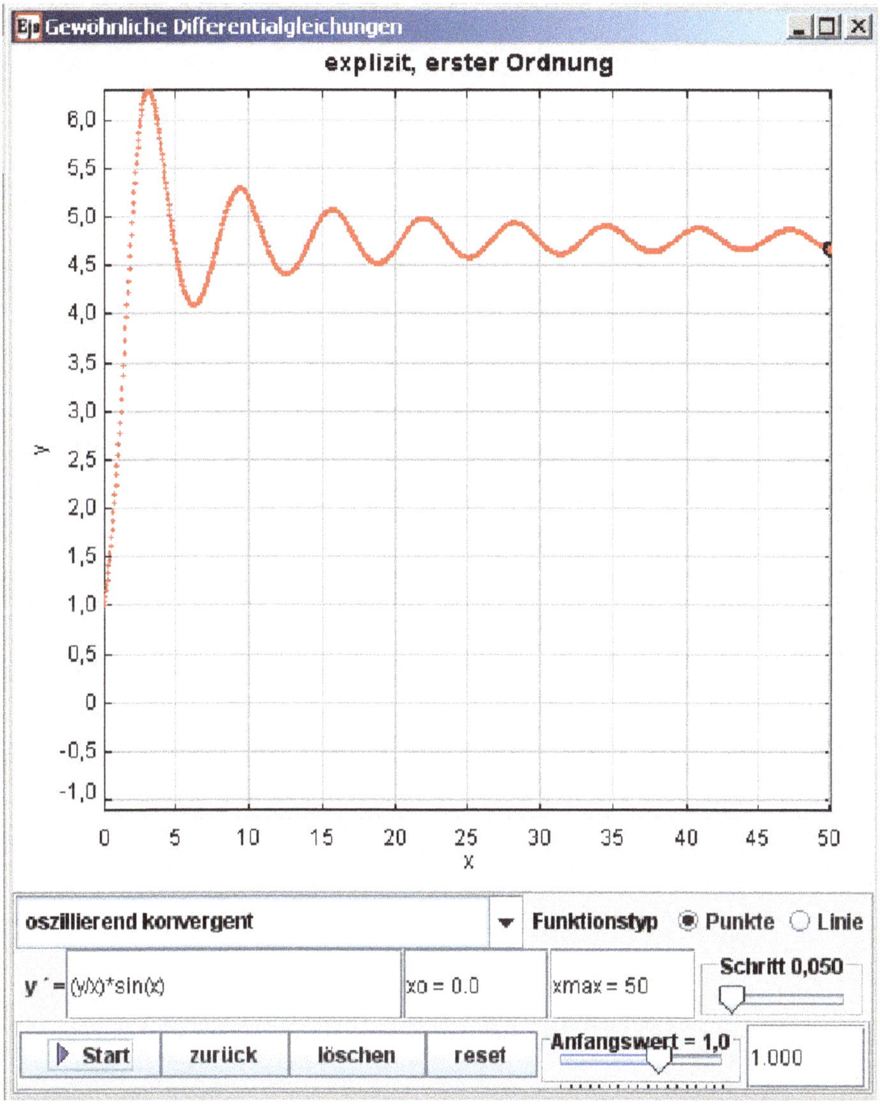

Abbildung 9.8a. Simulation. Animierte Lösung von Differentialgleichungen erster Ordnung. Das Bild zeigt einen konvergenten Einschwingvorgang. Der Bereich der Variablen x, der Anfangswert y_0 und die Schrittweite der Berechnung sind einstellbar. Es kann zwischen Punktdarstellung der Berechnung und glättender Liniendarstellung gewählt werden. Mit den Schaltflächen kann Neuberechnung, aber auch Überlagerung von Berechnungen mit unterschiedlichen Einstellungen gewählt werden.

In den beiden letzten Fällen reduziert sich die Lösung der Differentialgleichung auf den normalen Integrationsprozess, da sie y nicht enthält und daher die Differentialgleichung der *Stammfunktion* für bx ist.

Die Beispiele werden nach folgenden Charakteristika unterschieden:

- *Divergent* (wie Exponentialfunktion),
- *Konvergent* (wie exponentielle Dämpfung),
- *Periodisch*,
- *Oszillierend divergent*,
- *Oszillierend konvergent*.

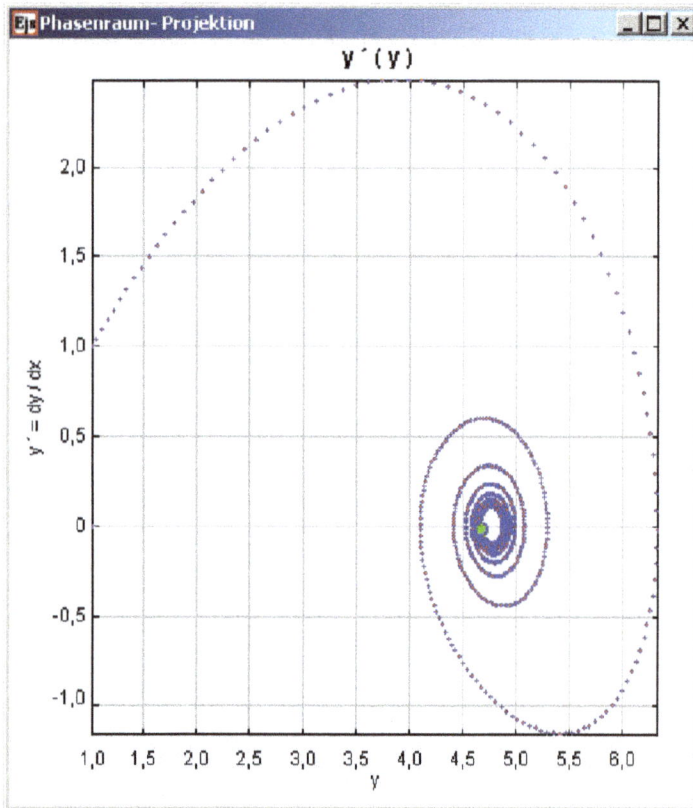

Abbildung 9.8b. Simulation. Der Phasenraum y' versus y von Differentialgleichungen erster Ordnung für das Beispiel von Abbildung 9.8a. Der grüne Punkt zeigt bei der Animation, die bei (1, 1) startet, den aktuellen Berechnungspunkt an.

In einem zweiten Fenster 9.8b wird eine Phasenraumprojektion y' versus y dargestellt. An ihr ist der *Charakter* der Differentialgleichung und ihrer Lösung, *hier oszillierend konvergent*, besonders deutlich erkennbar. Der grüne Punkt kennzeichnet den aktuellen Endpunkt der Berechnung. In diesem Beispiel konvergiert y gegen einen endlichen Wert, y' gegen Null.

Der Anfangswert y_0 und die Anfangsabszisse x_0 lassen sich frei wählen. Die Formeln sind editierbar, so dass Sie beliebige analytisch formulierbare Funktionen eingeben und studieren können.

Mit den Schaltern können Mehrfach-Durchläufe organisiert werden, so dass man Kurven für verschiedene Anfangswerte, Anfangsabszissen oder auch Differentialgleichungen miteinander vergleichen kann. Die passive Abbildung 9.9 zeigt dazu ein einfaches Beispiel für konstante Beschleunigung b, mit der Differentialgleichung $y' = bt$. Die Beschleunigung b wird dabei in elf Stufen von 0 auf 10 erhöht. Der Anfangswert bleibt gleich: $y_0 = 5$.

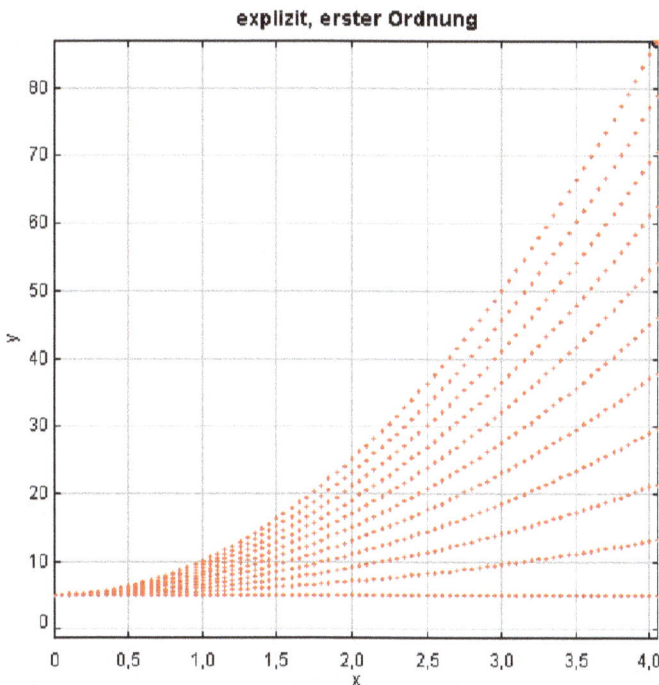

Abbildung 9.9. Lösungsschar aus der Simulation nach Abbildung 9.8 für das Auswahlbeispiel $y' = bx$ (konstante Beschleunigung b), mit Parameter $b = 0, 1, \ldots, 10$ und $y_0 = 5$. Interpretation: $x \equiv$ Zeit (t); $y \equiv$ Weg; $y_0 \equiv$ Startposition.

Die Beschreibungsblätter der Simulation enthalten weitere Angaben und zahlreiche Anregungen für Experimente.

Beim ersten Arbeiten mit der Simulation ist man oft verblüfft über ganz unerwartete Ergebnisse bei Eingabe einer bestimmten Gleichung für y', ja bereits beim Ändern eines Zahlenwertes in der Gleichung. Man ist zwar gewohnt, sich Abhängigkeiten $y(x)$ geistig vorzustellen, aber nicht $y' = f(y, x)$, solange man damit noch nicht vertraut ist. Das gründliche Experimentieren mit dieser Simulation und den nachfolgenden Beispielen für Differentialgleichungen zweiter Ordnung ist daher wichtig für ein tieferes Verständnis der Zusammenhänge, die durch Differentialgleichungen beschrieben werden.

Die Beispiele veranschaulichen, dass eine einzige Differentialgleichung einen Zusammenhang definiert, der eine unbegrenzte Zahl von spezifischen Lösungen enthält. Es sind die *Anfangswerte*, die aus der Schar der möglichen Lösungen eine besondere Einzellösung festlegen. Der Parameter, der die spezifische Lösung bestimmt, muss nicht notwendig der Ausgangswert der Berechnung sein. Man kann auch fordern, dass etwa zu einem späteren Zeitpunkt t_1 der Funktionswert y_1 sein soll. Zur numerischen Lösung berechnet man dann, von y_1 ausgehend, einmal in Richtung zunehmender Variable $t > t_1$, einmal in Richtung abnehmender Variable $t < t_1$.

Für eine Differentialgleichung erster Ordnung ist die Lösungsschar *1-parametrig*, für Differentialgleichungen zweiter Ordnung ist sie *2-parametrig* (siehe folgender Abschnitt).

9.5.3 Differentialgleichung zweiter Ordnung

Zahlreiche Zusammenhänge in der Physik werden durch Differentialgleichungen zweiter Ordnung beschrieben. Sie ermöglichen unter anderem bei Bewegungsprozessen, neben der Beschleunigung (2. Ableitung) auch geschwindigkeitsabhängige Einwirkungen (1. Ableitung) zu berücksichtigen, wozu die Reibungsvorgänge gehören. Außerdem sind in ihnen alle ungedämpften, rein periodischen Funktionen als spezielle Unterfälle enthalten. Mit Einschluss der Dämpfung werden z. B. realistische Modelle von Pendeln und Oszillatoren möglich.

Die mit Differentialgleichungen erster Ordnung beschriebenen elementaren Funktionen sind in analogen Differentialgleichungen zweiter Ordnung mit enthalten, wobei bereits ausgeführt wurde, dass die strukturell gleiche Differentialgleichung dann *zusätzliche* Funktionen umfasst. Bei Differentialgleichungen zweiter Ordnung bilden die Lösungen jetzt eine **2-parametrige** Schar.

Erst mit *zwei* Anfangswerten y_0 und y_0' für den Anfangswert x_0 der Variablen wird eine spezifische Lösungsfunktion festgelegt. Ein einzelner Anfangswert lässt also immer noch eine ganze 1-parametrige Familie von Lösungen zu.

Zu den expliziten Differentialgleichungen zweiter Ordnung gehört vor allem die besonders einfache Gleichung der Winkelfunktionen.

$$y'' = -y \quad \text{oder} \quad y'' + y = 0$$

$$
\begin{aligned}
&y = \sin t && y = \cos t && y = e^{it} = \cos t + i\sin t \\
&y' = \cos t && y' = -\sin t && y' = i\,e^{it} \\
&y'' = -\sin t = -y && y'' = -\cos t = -y && y'' = i^2 e^{it} = -e^{it} = -y.
\end{aligned}
$$

Sie beschreibt vielfältige Schwingungsvorgänge.

Wie bereits im letzten Abschnitt von Kapitel 9.2 beschrieben, führt man sie zur numerischen Lösung auf ein System von zwei gekoppelten Differentialgleichungen erster Ordnung zurück.

$$\text{allgemein } y'' = f(y, y', x)$$

1. Definition: $y(x) \equiv y_1(x)$

2. Definition: $y' = y'_1 \equiv y_2$

$$\to y'_2 = y''_1 = y'' = f(y_1, y_2, x).$$

Die erste Gleichung definiert die ursprüngliche Funktion als erste der neuen Funktionen. Die zweite Gleichung definiert die zweite neue Funktion als Ableitung der ersten. Die ursprüngliche Differentialgleichung verknüpft y'_2 mit y, y_2 und x. Aus der Lösung für y_1, y_2 erhält man dann y und y' zurück.

Somit sind die beiden gekoppelten Gleichungen erster Ordnung

(a) $y'_1 = y_2$

(b) $y'_2 = f(y_1, y_2, x)$ für die zwei Funktionen y_1, y_2

zu der einen Gleichung zweiter Ordnung für $y(x)$

$y'' = f(y, y', x)$ äquivalent.

Speziell: $y'' = -y$ wird mittels $y \equiv y_1$ und $y' = y'_1 = y_2$

zu dem Satz von 2 Differentialgleichungen erster Ordnung

für die zwei Funktionen y_1 und y_2

(a) $y'_1 = y_2$;   (b) $y'_2 = -y_1$.

Die Schritte, mit denen die aufeinanderfolgenden Punkte beider Gleichungen berechnet werden, müssen geeignet ineinander verschachtelt werden. Mit Gleichung (a) berechnet man zuerst einen Annäherungswert für die Ableitung, der dann in Gleichung (b) anstelle der formal geforderten Ableitung eingesetzt wird. In der Praxis ist der notwendige Algorithmus in den gängigen numerischen Programmen vorhanden. Wir verwenden für unsere Beispiele wieder eine *EJS*-Simulation, bei der nur in einer zusätzlichen Zeile Gleichung (a) eingetragen wird. (Als Bezeichnung für die erste Ableitung verwenden wir im Formelfeld die Bezeichnung „yStrich", weil *Java* „y'" nicht interpretieren kann).

Für eine Differentialgleichung höherer Ordnung wäre dieses Schema für jede weitere Ordnung zu wiederholen und in analoger Weise zu verketten. Differentialgleichungen höherer Ordnung spielen allerdings in der Physik keine große Rolle.

Die nachfolgende interaktive Abbildung 9.10a führt zu einer Simulation für **Differentialgleichungen zweiter Ordnung**. Sie zeigt eine exponentiell gedämpfte periodische Schwingung. In der im Textkästchen gezeigten Differentialgleichung ($y'' = -y - 0{,}2y'$) ist der erste Term $-y$ verantwortlich für die Erzeugung der periodischen Funktion, der zweite Term $-y'$ für das exponentielle Abklingen, wie

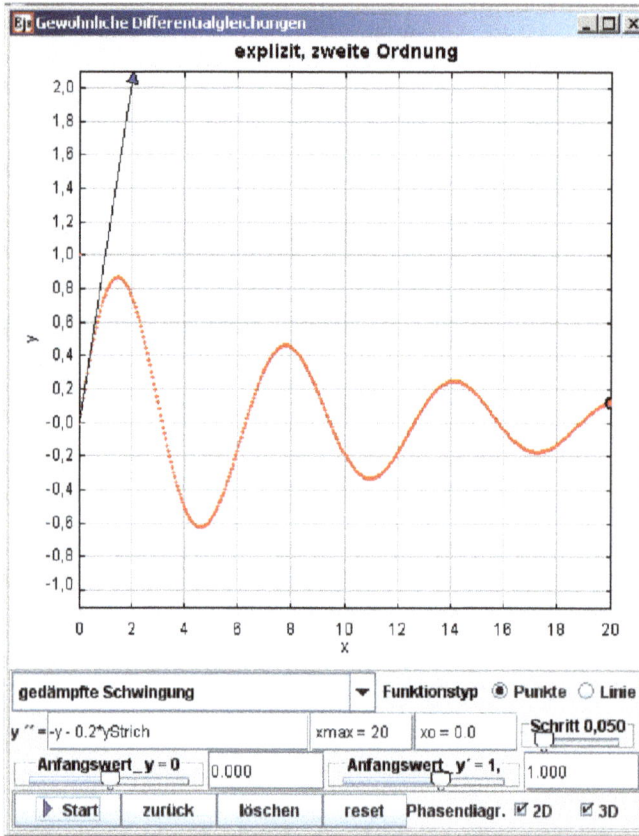

Abbildung 9.10a. Simulation. Animierte Simulation der Lösung von Differentialgleichungen zweiter Ordnung. Beispiel: gedämpfte Schwingung mit den Anfangswerten $y_0 = 0$ und $y_0' = 1$. Der Pfeil zeigt die beiden Anfangswerte an (Ausgangspunkt y_0 und Steigung y_0'). Variablenbereich, Anfangswerte, Schrittweite und Darstellungsart sind einstellbar. Zusätzlich kann für die Phasenraumdiagramme zwischen einer 2D- und einer 3D-Darstellung ausgewählt werden.

es aus der Differentialgleichung erster Ordnung vertraut ist. Der Faktor 0,2 bestimmt die Schnelligkeit des Abklingens.

Die Bedienung ist ganz analog zu der Simulation von Differentialgleichungen erster Ordnung; es kommen lediglich die Einstellelemente für den zweiten Anfangswert y' dazu. In der Auswahlbox sind die Differentialgleichungen und Anfangswerte für folgende Funktionen voreingestellt:

- Cosinus
- Sinus
- Exponentialfunktion
- Exponentielle Dämpfung

- Sinus Hyperbolicus
- Cosinus Hyperbolicus
- Verzögerte Schwingung
- Beschleunigte Schwingung
- Gedämpfte Schwingung
- Aufschaukelnde Schwingung.

Alle Parameter sind variierbar. Im Textfeld kann die Differentialgleichung geändert oder ganz neu eingetragen werden, so dass Sie mit dieser Simulation beliebige Differentialgleichungen zweiter Ordnung untersuchen können.

Mit zwei Schaltern kann eine 2D-Darstellung $y'(y)$ und $y''(y)$ oder eine rotierende 3D-Darstellung $y''(y, y')$ der Phasenräume gewählt werden. Dieses Fenster der Simulation wird in Abbildung 9.10b gezeigt.

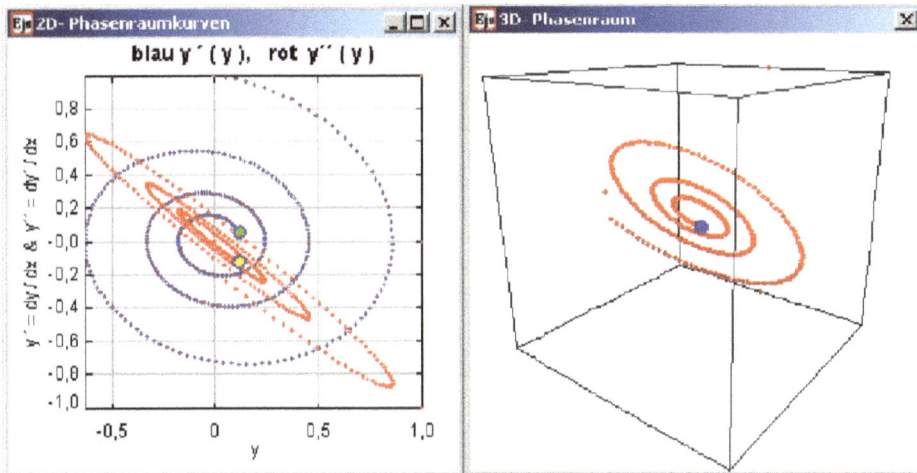

Abbildung 9.10b. Animierte Phasenräume zu den Differentialgleichungen von Abbildung 9.10a. Das linke Fenster zeigt über der Abszisse y in blau $y'(y)$ und in rot $y''(y)$. Die jeweiligen Endpunkte sind hervorgehoben und farblich markiert. Im rechten Fenster sind y, y' und y'' den drei Raumachsen zugeordnet. Die rote Kurve repräsentiert also die ganze Differentialgleichung $y'' = f(y, y')$. Die 3D-Projektion rotiert in der Animation.

Das zweidimensionale Phasendiagramm zeigt jetzt zwei Kurven, $y'(y)$ in roter Farbe und $y''(y)$ in blauer Farbe. In diesem Beispiel erkennt man den gedämpften Einschwingvorgang als zweifache exponentielle Spirale.

Das dreidimensionale Phasendiagramm zeigt $y'' = f(y, y')$ als ebene Spirale im Phasenraum. Seine Rotation während der Aufzeichnung verstärkt den räumlichen Eindruck.

Die Beschreibungsseiten der Simulationsdatei enthalten nähere Angaben und Anregungen zu Experimenten.

9.5.4 Differentialgleichungen für Oszillatoren und Schwerependel

Die in Abschnitt 9.5.3 besprochenen Differentialgleichungen zweiter Ordnung beschreiben u. a. alle möglichen Arten von Oszillatoren, darunter auch das klassische mathematische Schwerependel (*mathematisch* genannt, weil es von seiner Konstruktion abstrahierend das Pendel als Massepunkt an einer schwerelosen starren Stange behandelt). Für diese Fälle sind die Differentialgleichungen und Anfangsbedingungen der folgenden Simulation vorformuliert, die ansonsten wie die vorhergehende aufgebaut ist.

Die interaktive Abbildung 9.11a zeigt das Beispiel der Schwingung eines gedämpften Oszillators, der erst bis $x = 30$ frei aber gedämpft in seiner Eigenfrequenz schwingt, worauf dann ein Fremdantrieb mit doppelter Frequenz dazugeschaltet wird. Man sieht den Übergang von der freien Frequenz zur aufgezwungenen Antriebsfrequenz unter Interferenzen. Die freie Schwingung wird schließlich ganz weggedämpft. Es bleibt eine angetriebene Schwingung mit doppelter Frequenz und konstanter Amplitude.

Die zugehörige Phasenraumkurve in Abbildung 9.11b erscheint statisch recht verwirrend. Wenn man aber den dynamischen Ablauf beobachtet, erkennt man sehr gut die verschiedenen Übergänge.

Bereinigt von Faktoren, die lediglich die Graphik skalieren und für die Erkennbarkeit der Formel notwendig sind (*yStrich* statt y'), lautet die Differentialgleichung:
$y'' = -y - y' + \sin(2x) \cdot \text{step}(x - 30)$.

Der Term $-y$ erzeugt eine periodische Schwingung der Periode 2π, der Term $-y'$ eine exponentielle Dämpfung, und der Term $\sin(2x)$ einen Antrieb konstanter Amplitude mit der Periode $2 \cdot 2\pi$. Die hier verwendete, praktisch sehr nützliche Stufen- oder *Step*-Funktion schaltet in dem angegebenen Zeitpunkt $x = 30$ von Null auf 1. Die gedämpfte Schwingung des freien Pendels läuft also einfach weiter, während der periodische Antrieb zu diesem Zeitpunkt dazukommt.

Im Phasenraum Abbildung 9.11b erkennt man ebenfalls den Übergang beider Schwingungsformen, von der zunächst freien, gedämpften Schwingung (anfängliche ebene Spirale) zu der erzwungenen. Nach genügend langer Zeit ist die freie Schwingung weggedämpft und der Oszillator schwingt periodisch und mit konstanter Amplitude mit der Frequenz des Antriebs.

Die Simulation enthält folgende vordefinierte Oszillatoren:

- freier Oszillator mit einstellbarer Eigenfrequenz
- dissonanter Antrieb mit einstellbarer Antriebsfrequenz
- resonanter Antrieb
- dissonanter Antrieb gedämpft
- resonanter Antrieb gedämpft.

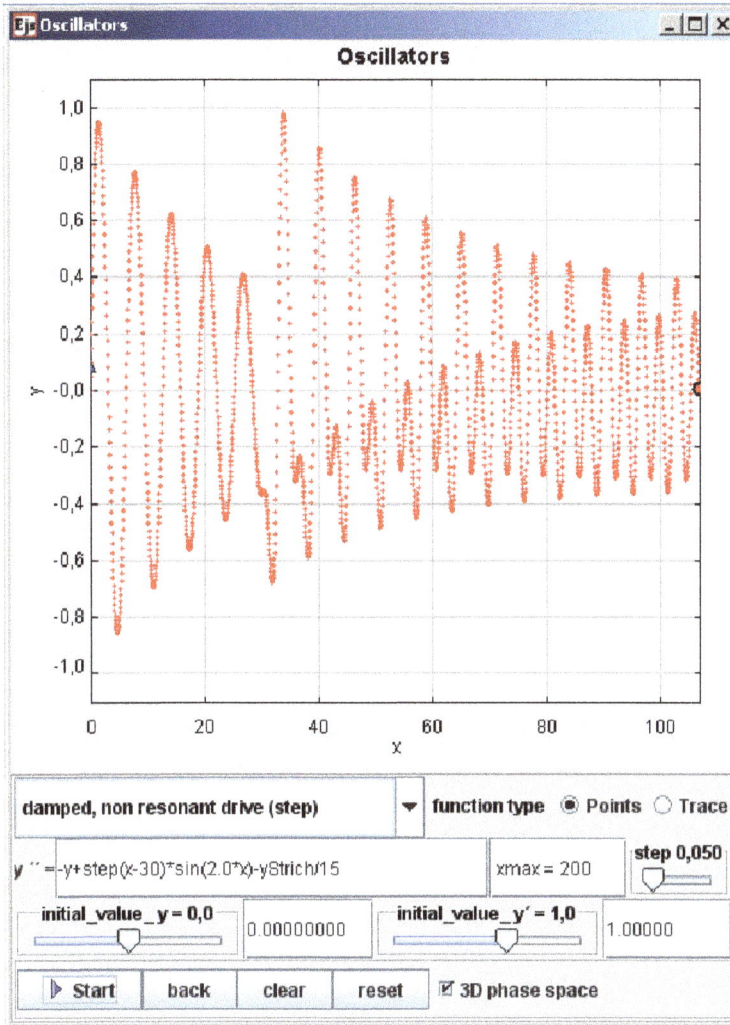

Abbildung 9.11a. Simulation. Im Bild Lösung einer Schwingungsgleichung mit Dämpfung, die nach endlicher Zeit durch einen äußeren Antrieb mit doppelter Frequenz angetrieben (und mit Energie versorgt) wird. Die Differentialgleichung und alle Parameter sind änderbar.

Außerdem sind für das Schwerependel als Sekundenpendel (in 2 Sekunden eine volle Schwingungsperiode) folgende Situationen voreingestellt:

- Auslenkung von wenigen Winkelgraden
- Auslenkung bis kurz vor dem Überschlag (Winkelausschlag aus Ruhelage fast π)
- Kurz nach dem Überschlag (Restgeschwindigkeit am Umkehrpunkt).

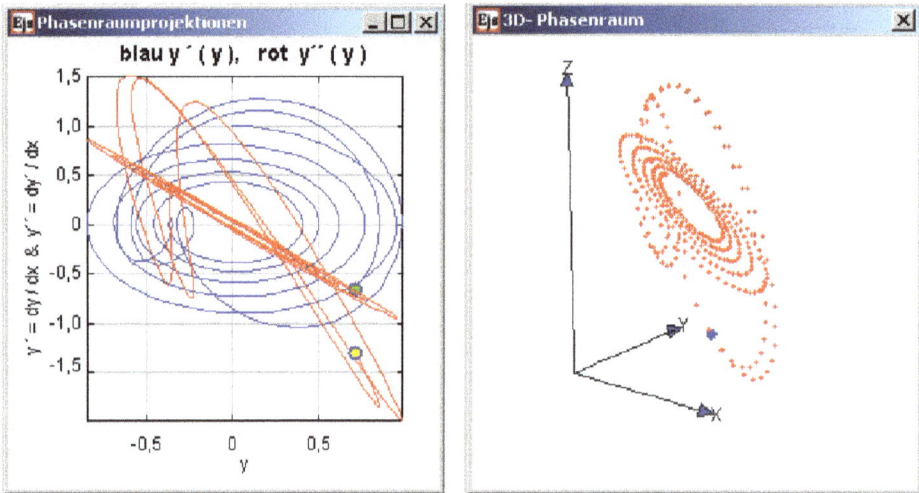

Abbildung 9.11b. Phasenräume für die Schwingungsgleichung von Abbildung 9.11a. Links Projektionen y' versus y (blau) und y'' versus y (rot), rechts y versus y' und y''. Das Bild zeigt den Zustand kurz nach Zuschalten des Fremdantriebs, links als Linie, rechts als Folge der Berechnungspunkte.

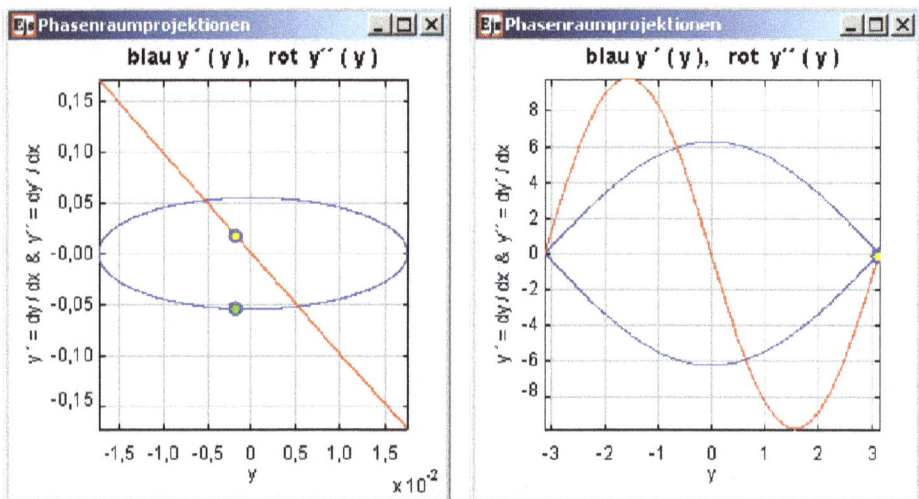

Abbildung 9.11c. Phasenraumkurven (blau y' versus y, rot y'' versus y) zum Pendelbeispiel der Simulation nach Abbildung 9.11a: links für kleine, rechts für große Auslenkungen gezeigt. Beachten Sie die unterschiedlichen Achsenmaßstäbe, vor allem den Ordinatenmaßstab! Die rote Linie im linken Fenster zeigt für kleine Ausschläge den negativ-linearen Zusammenhang zwischen Beschleunigung und Ausschlagwinkel. Im rechten Fenster erkennt man die starke Nichtlinearität bei großen Ausschlägen. Für genaue Uhren kommen daher nur Pendel mit Ausschlägen von wenigen Winkelgrad in Frage.

Die Abbildungen von Phasenraumkurven für das Schwerependel im passiven Abbildung 9.11c zeigen im linken Fenster die Situation bei einem Ausschlag von 5,7 Grad, bei dem die Schwingung noch praktisch sinusförmig ist (rote Kurve $y'' \approx -y$), sowie im rechten Fenster mit einem Ausschlag von 57 Grad, bei dem die Schwingung bereits sehr deutlich davon abweicht. Die blaue Kurve ist dementsprechend für den geringen Ausschlag ein Kreis, der mit konstanter Winkelgeschwindigkeit durchlaufen wird (beachten Sie die unterschiedlichen Achsenskalen!). Im Fall des großen Ausschlags erkennt man in der animierten Simulation das verlängerte Verweilen an den Umkehrpunkten.

Die Formeln und Anfangswerte sind wieder variierbar. In der Nähe des instabilen Gleichgewichts (Ausschlag π) wird die numerische Lösung extrem kritisch von den Anfangsbedingungen abhängig, aber auch von der Rechengenauigkeit, die mit dem Schritt-Schieber variierbar ist.

Die Beschreibungsblätter erhalten wieder genaue Angaben und Hinweise zum Experimentieren.

9.5.5 Schlussfolgerungen für den Charakter von linearen gewöhnlichen Differentialgleichungen

Aus der experimentellen Analyse verschiedener expliziter linearer Differentialgleichungen zweiter Ordnung können wir einige allgemeine Schlussfolgerungen ziehen:

Folgender Term in der Differentialgleichung bedeutet jeweils:

$y'' = -y \qquad \rightarrow \qquad$ periodische Funktion mit Periode 2π

$y'' = -a^2 y \qquad \rightarrow \qquad$ periodische Funktion mit Periode $2\pi a$

$y'' = -y \qquad \rightarrow \qquad$ Exponentielle Dämpfung mit x

$y'' = y \qquad \rightarrow \qquad$ Exponentielles Wachstum mit x

$y'' = y' \qquad \rightarrow \qquad$ Exponentielles Veränderung mit x

$y'' = \text{const.} \qquad \rightarrow \qquad$ konstante Beschleunigung

$y'' = 0 \qquad \rightarrow \qquad$ konstante Geschwindigkeit (Beschleunigung 0)

$y'' = f(x) \qquad \rightarrow \qquad$ x-abhängiger Antrieb, gekennzeichnet durch $f(x)$

$y'' = -y f(x) \qquad \rightarrow \qquad$ periodische Schwingung, moderiert durch $f(x)$

$y'' = -y' g(x) \qquad \rightarrow \qquad$ exponentielle Dämpfung, moderiert durch $g(x)$.

Die Punkte, zu denen sich im Phasendiagramm konvergente oder divergente Lösungen hinbewegen, werden als *Punktattraktoren* bezeichnet, die geschlossenen Zielkurven von periodischen Lösungen als *periodische Attraktoren*.

9.5.6 Chaotische Lösungen von gekoppelten Differentialgleichungen

Ein neues Phänomen tritt auf, wenn drei oder mehr Differentialgleichungen erster Ordnung gekoppelt sind und dabei nichtlineare Verknüpfungen der Variablen existieren. Ihre Lösungen zeigen für gewisse Parameterbereiche, für bestimmte Bereiche der Anfangswerte oder auch für alle Anfangswerte chaotisches Verhalten. Dies ist besonders reizvoll bei oszillierenden Systemen, die also für Differentialgleichungen zweiter Ordnung durch die Grundabhängigkeit $y'' = -y \pm \cdots$. charakterisiert werden.

Chaos-Theorie

Angetriebenes Doppelpendel

Wir wollen als erstes Beispiel in Abbildung 9.12 die Simulation eines Doppelpendels untersuchen, bei dem am Ende eines mathematischen Primärpendels ein zweites mathematisches Pendel aufgehängt ist (*mathematisch* heißt hier: die gesamte Masse ist in einem Punkt am Ende der starren, masse- und gewichtslosen Pendelstange konzentriert).

Auf das Primärpendel kann ein periodischer Antrieb einwirken. Das Sekundärpendel wird vom Primärpendel angetrieben. Auf beide wirkt die Schwerkraft.

Jedes der Pendel wird durch eine gewöhnliche Differentialgleichung zweiter Ordnung beschrieben – was vier Differentialgleichungen erster Ordnung entspricht –, wobei die Differentialgleichungen gekoppelt sind, also jeweils auch Variable des anderen Pendels enthalten. Wesentlich ist nun, dass die Differentialgleichungen nichtlinear über Winkelfunktionen und quadratische Glieder gekoppelt sind:

$$y_1'' = f_1(y_1, \sin y_2, y_2, \sin(y_2 - y_1), y_1'^2, y_2'^2)$$
$$y_2'' = f_2(y_1, \sin y_1, y_2, \sin(y_2 - y_1), y_1'^2, y_2'^2).$$

Die genauen Formeln werden in den Beschreibungsseiten der Simulation diskutiert.

Das Verhältnis der Pendellängen und der Pendelmassen ist einstellbar, ebenso die Geschwindigkeit der Animation.

Der indirekte Fremdantrieb moduliert mit einstellbarer Frequenz und Amplitude sinusförmig die Winkelgeschwindigkeit des Primärpendels. Der blaue Pfeil zeigt nach Richtung und Betrag den externen Antrieb an.

Die rote Kurve zeigt die Bahn des Sekundärpendels, also des Massenpunktes am Ende der masselosen Pendelstange der Länge l_2. Es ist möglich, Bahnen mit unterschiedlichen Anfangsbedingungen zu überlagern und damit gleichzeitig den Einfluss kleiner Änderungen in den Anfangsbedingungen auf das Langzeitverhalten zu studieren.

Im rechten Koordinatenfeld von Abbildung 9.12a wird eine ebene Phasenraumprojektion der Bahn des Primärpendels aufgezeichnet. Zusätzlich kann eine rotierende Darstellung des dreidimensionalen Phasenraums y'' *versus* y' *versus* y beider Pendel eingeschaltet werden (Abbildung 9.12b).

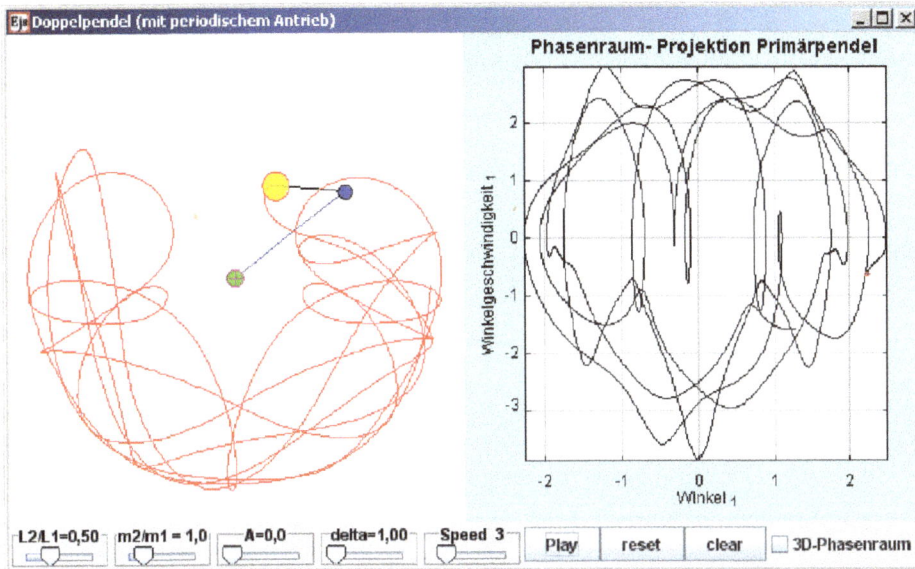

Abbildung 9.12a. Simulation. Chaotische Bewegung eines angetriebenen Doppelpendels mit einstellbaren Längen und Massen (rote Kurve). Im linken Bild ist das Doppelpendel dargestellt (grün Aufhängungspunkt, blau Massenpunkt des Primärpendels, gelb Massenpunkt des Sekundärpendels, blauer Pfeil Vektor des Fremdantriebs (für $A > 0$). Im rechten Fenster wird die Phasenraumprojektion Winkelgeschwindigkeit versus Ausschlagswinkel $d\varphi/dt(\varphi)$ gezeigt.

Offensichtlich gibt es keinen *periodischen Attraktor*. Man spricht von einem *seltsamen Attraktor (strange attractor)*, wenn die Phasenraumbahnen des damit beschriebenen Prozesses auf einen bestimmten Bereich des Phasenraums begrenzt bleiben, aber nicht periodisch werden, und fraktalen Charakter zeigen (also nicht in geschlossener Form analytisch beschrieben werden können).

Zusammen mit der Einstellung der Verhältnisse von Pendellänge und -masse ergibt sich ein reiches Spektrum chaotischer aber streng deterministisch erfolgender Schwingungsvorgänge.

Die *Reset*-Taste stellt die Simulation exakt (im Rahmen der PC-Genauigkeit) auf die gleichen Anfangsbedingungen zurück. Sie können sich überzeugen, dass der so verworren erscheinende Ablauf sich dann tatsächlich wiederholt, also deterministisch erfolgt und nicht etwa zufällig gesteuert (diese Beobachtung gelingt am besten, wenn Sie die Simulation zweimal aufrufen und doppelt ablaufen lassen).

Sie können aber auch die Anfangsbedingung des Ortes von Hand durch Ziehen des gelben Punktes einstellen. Dabei wird Ihnen keine exakte Reproduktion gelingen, und zwei parallel verlaufende Simulationen geraten schnell aus dem Gleichlauf. Der chaotisch-deterministische Charakter ist also mit extremer Abhängigkeit von den Anfangsbedingungen verknüpft.

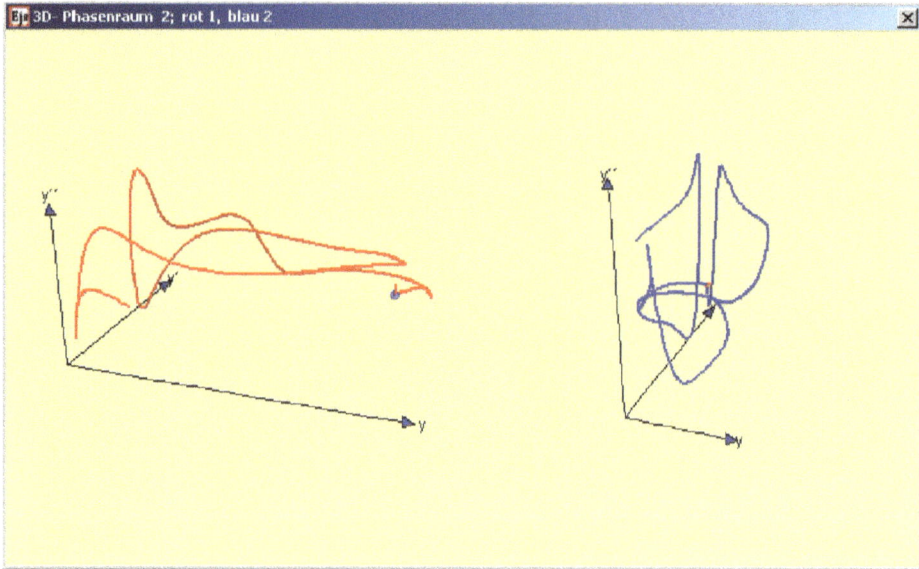

Abbildung 9.12b. 3D-Phasenraumdiagramme zum Doppelpendel, links rot für das Ende des Primärpendels, rechts blau für das Ende des Doppelpendels.

Die Beschreibung enthält zahlreiche Anregungen für Experimente.

Beim Doppelpendel mit seinen vielfachen nichtlinearen Verknüpfungen wird es kaum gelingen, eine Einstellung zu finden, die zu einer periodischen Lösung führt. In anderen Fällen gibt es Bereiche chaotischen neben Fällen periodischen Verhaltens.

Reflexion eines Balls zwischen schrägen Wänden

Beim zweiten Beispiel von Abbildung 9.13 ist es offensichtlich, dass es auch periodischen Lösungen geben muss.

In dieser *Ball in Wedge* Simulation wird ein Ball unter dem Einfluss der Schwerkraft zwischen zwei schrägen, unendlich ausgedehnten Flächen hin und her reflektiert. Mit einer Anfangsbahn, die symmetrisch zur Symmetrieachse und senkrecht zu einer Fläche startet, ist die Bahn bereits im ersten Umlauf geschlossen. Es ist zu vermuten, dass es weitere periodische Bahnen mit mehreren Reflexionen gibt. Im Allgemeinen aber sind die Bahnen chaotisch. Die Neigung der Flächen, die Position und die Anfangsgeschwindigkeit des Balls können durch Ziehen mit der Maus geändert werden. Die Nichtlinearität der Verknüpfungen liegt bei hier drei verknüpften Differentialgleichungen erster Ordnung in den verwendeten Winkelfunktionen.

Das Beispiel zeigt auch die Verwendung des *Poincaré-Schnitts* zur Veranschaulichung der chaotischen oder periodischen Bahnen und seine Verwendung zur Bestimmung periodischer Anfangsbedingungen. Er zeigt den Durchstoßungspunkt der

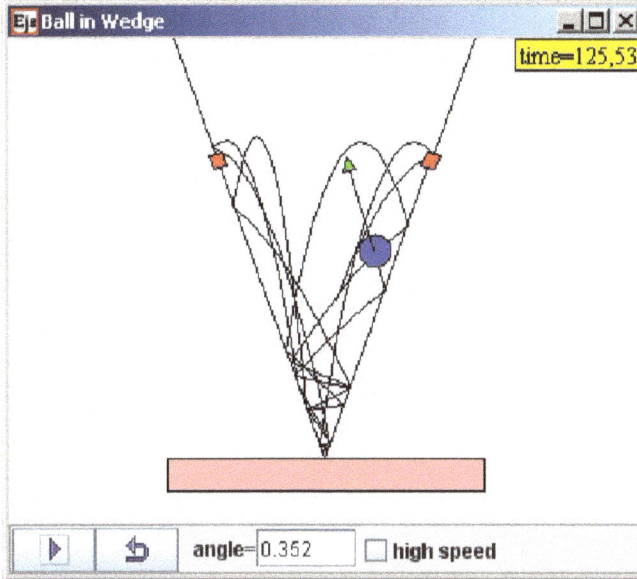

Abbildung 9.13. Simulation. Reflexion eines Balls zwischen zwei schrägen Wänden. Neben chaotischen Bahnen (Bild) gibt es auch periodische Lösungen, bei denen der Ball regelmäßig auf periodischen Bahnen zwischen den Wänden hin und her springt.

Bahn in der Symmetrieebene. Periodische Bahnen führen zu begrenzt vielen Durchstoßungspunkten mit regelmäßigen Mustern.

Mehrkörperproblem der Gravitation

Chaotisches Verhalten ist nicht nur ein interessantes theoretisches Phänomen, sondern ist von großer praktischer Bedeutung, da zahlreiche Phänomene von Physik und Technik durch mehr als zwei gekoppelte nichtlineare Differentialgleichungen beschrieben werden. Dazu zählen z. B. auch die Gravitationsprozesse im dreidimensionalen Raum. Dabei sind die Differentialgleichungen nichtlinear, von folgendem Typ:

$$y'' = -gM\,\frac{y}{r^3} = -gM\,\frac{y}{[x^2 + y^2 + z^2]^{3/2}}.$$

Aus dem Grundtyp $y'' = -y$ erwartet man, dass für bestimmte Anfangsbedingungen periodische Schwingungen (Umlaufbahnen) möglich sein sollten. Das ist für zwei Körper auch der Fall (daneben gibt es den Fall des Zusammenstoßes bei endlicher Größe und der „Streuung", also Ablenkung eines vorbeifliegenden Körpers). Für drei und mehr Körper gibt es bis auf Ausnahme-Anfangsbedingungen keine langzeitlich periodischen Umläufe, sondern nur mehr oder weniger chaotische, zeitweise quasiperiodische Bahnen. Die von uns beobachtete scheinbare Regularität des

Vielkörper-Planetensystems ist eine Täuschung. Sie kommt durch die relativ kurze Beobachtungszeit zustande im Vergleich zu der Zeit, in der sich die Bahnen chaotisch entwickeln.

Etwas einfacher wird es, wenn man für eine theoretische Berechnung annimmt, dass sich alle Körper in einer Ebene bewegen, da dann die Zahl der gekoppelten Differentialgleichungen kleiner wird. Nimmt man zusätzlich an, dass alle Körper gleich groß sind und gleiche Masse m haben, kann man mit ganz speziellen Anfangsbedingungen (symmetrische Anordnungen) auch für mehr als zwei Körper periodische Bahnen erzeugen. Die nachfolgende Simulation Abbildung 9.14 zeigt solche Sonderfälle.

Mit dem linken Schieber können unterschiedliche Szenarien gewählt werden. Man kann dabei einzelne Körper mit der Maus ziehen und so die besonderen Anfangsbedingungen abändern. Das führt sehr schnell zum Zerfall der symmetrischen Anordnung. Außerdem zeigt sich, dass für mehr als drei Körper auch unter solchen künstlichen Annahmen eine langfristige Stabilität nicht existiert (warten Sie beim Ablauf der Simulation ausreichend lange!). Die anschließende Entwicklung kann man gut beobachten, wenn man mit dem rechten Zoom-Schieber das Gesichtsfeld vergrößert.

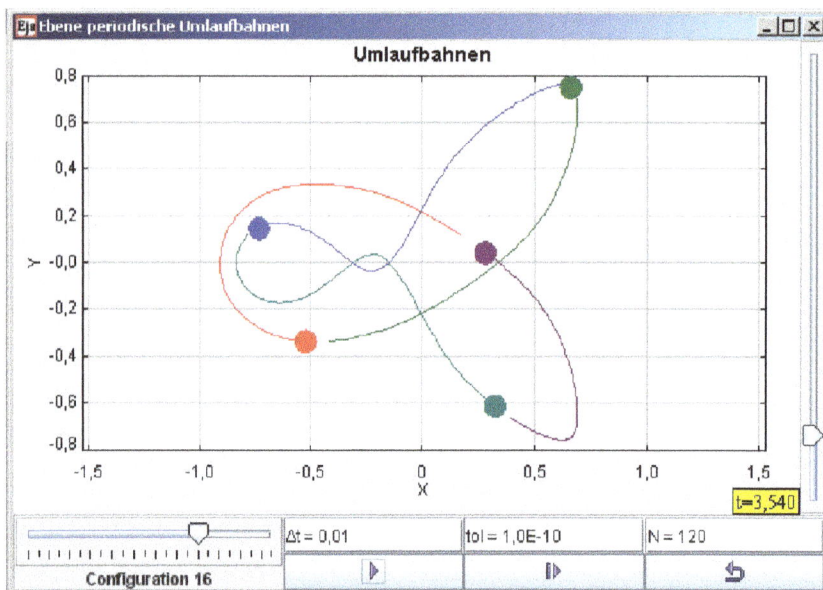

Abbildung 9.14. Simulation. Stabile und instabile Lösungen des Mehrkörperproblems der Gravitation bei Bewegung in einer Ebene; im Bild wird ein Beispiel mit fünf gleichen Massen gezeigt. Mit dem linken Schieber können verschiedene Anfangsmuster gewählt werden. Der rechte Schieber zoomt den Bildbereich. Die Anfangsposition der Körper kann mit der Maus gezogen werden.

Wie konnten unter solchen Bedingungen im Kosmos überhaupt relativ stabile, gebundene Systeme entstehen? Man muss sich dies als Ergebnis einer langfristigen Evolution vorstellen, mit einer Vielzahl von Zusammenstößen und „Reibung" erzeugenden Zertrümmerungen, aus der diejenigen Reste für begrenzte Zeit in quasiperiodischen Bahnen gebunden wurden, die gerade geeignete Anfangsbedingungen erfüllten. Die meisten Trümmer enteilten in die Ferne, bis es irgendwo zu neuem Energieaustausch kam; umgekehrt kamen neue Kandidaten aus anderen Regionen dazu, so dass sich auch die Anfangsbedingungen ändern.

An dieser Stelle sollten Sie wiederum das Essay von Siegfried Großmann studieren,[19] der die Fragen chaotischer Systeme in aller Gründlichkeit diskutiert. Im Beitrag von Günther Hasinger können Sie detailliert sehen, wie im Kosmos aus Chaos und Zusammenstürzen zumindest zeitweise Ordnung und Struktur entsteht. Die im Anhang zugänglichen Simulationen von Eugen Butikov visualisieren eine Fülle von Mehrkörperproblemen mit teils periodischem, teils chaotischem Verhalten.

---

19 Physik im 21. Jahrhundert: „Essays zum Stand der Physik" Herausgeber Werner Martienssen und Dieter Röß, Springer Berlin 2010.

10 Partielle Differentialgleichungen

10.1 Einige wichtige partielle Differentialgleichungen der Physik

Physikalische Ereignisse Φ spielen sich im Allgemeinen in den drei Raum-Dimensionen x, y, z und in der Zeit t ab: $\Phi = \Phi(x, y, z, t)$. Die räumliche und die zeitliche Entwicklung sind miteinander verkoppelt. Die Differentialgleichungen zur Beschreibung der Phänomene enthalten dann partielle Ableitungen nach den Raumdimensionen und nach der Zeit und werden daher als *partielle Differentialgleichungen* bezeichnet. Der funktionale Zusammenhang einer allgemeinen partiellen Differentialgleichung zweiter Ordnung für eine physikalische Größe $\Phi(x, y, z, t)$ lautet

$$F\left(\frac{\partial^2 \Phi}{\partial \alpha^2}, \frac{\partial \Phi^2}{\partial \alpha \partial \beta}, \frac{\partial \Phi}{\partial \alpha}, \Phi, x, y, z, t\right) = 0$$

mit $\alpha = x$ oder y oder z oder t und $\beta = x$ oder y oder z oder t, $\beta \neq \alpha$.

Um die Übersichtlichkeit zu wahren, haben wir in der Klammer nicht alle Terme aufgeführt, sondern nur jeweils einen von jedem Typ. Dieser wird charakterisiert durch eine der Variablen, im Fall der gemischten Ableitungen durch zwei von ihnen. Es können also neben ersten und zweiten partiellen Ableitungen nach jeder Variablen auch alle gemischten zweiten Ableitungen auftreten.

Glücklicherweise sind die in Physik und Technik wichtigen partiellen Differentialgleichungen gegenüber dieser allgemeinen Form wesentlich einfacher, wie die folgenden Beispiele zeigen. Sie werden allerdings immer noch kompliziert genug und lassen nur in sehr elementaren Fällen eine analytische Lösung und eine einfache Deutung zu. Wir wollen im Folgenden nur wenige wichtige partielle Differentialgleichungen der Physik zitieren und auf die wesentlichen Unterschiede des „Randwertproblems" bzw. Anfangswertproblems bei gewöhnlichen und partiellen Differentialgleichungen aufmerksam machen. Ansonsten verweisen wir auf die Fachliteratur.

Die Simulationsbeispiele zeigen spezielle Lösungen der jeweils *eindimensionalen*

- Diffusionsgleichung für punktförmigen Anfangsimpuls (delta-Impuls),
- Schrödingergleichung für eine Punktmasse und für verschiedene Oszillatoren,
- Wellengleichung einer schwingenden Seite.

a) Wellengleichung Wellengl

$\Phi(x, y, z, t)$ beschreibt die Auslenkung der physikalischen Größe zur Zeit t, etwa der Feldstärke, des Druckes, usw.

Die Differentialgleichung lautet $\dfrac{\partial^2 \Phi}{d(ct)^2} = \dfrac{\partial^2 \Phi}{dx^2} + \dfrac{\partial^2 \Phi}{dy^2} + \dfrac{\partial^2 \Phi}{dz^2}$,

bzw. 1-dimensional $\dfrac{\partial^2 \Phi}{dt^2} = c^2 \dfrac{\partial^2 \Phi}{dx^2}$.

Die allgemeine Lösung ist dann $\Phi(x, t) = f(x + ct) + g(x - ct)$.

Die sehr allgemeine eindimensionale Lösung der Wellengleichung enthält zwei beliebige Funktionen $f(x)$ und $g(x)$, die sich längs der x-Achse mit der Geschwindigkeit ct in negative bzw. positive Richtung in ihrer Form unverändert fortpflanzen. Das Beispiel zeigt bereits einen wichtigen Unterschied zu Lösungen gewöhnlicher Differentialgleichungen zweiter Ordnung: War dort eine bestimmte Lösung durch zwei Anfangs*werte* y_0, y_0' bestimmt, wird sie hier durch Anfangs*funktionen* $g(x, 0)$ und $f(x, 0)$ festgelegt. Die gewöhnliche Differentialgleichung zweiter Ordnung enthält eine Schar von Funktionen mit zwei beliebigen *Zahlenparametern*. Diese partielle Differentialgleichung enthält eine Schar von Funktionen mit zwei beliebigen *Anfangsfunktionen*. Für den eindimensionalen Fall der Wellengleichung sind diese längs der x-Achse definiert (etwa ein Wellenpaket, im einfachsten Fall eine örtlich unbegrenzte *Sinuswelle* oder ein *Gaußimpuls*).

Im dreidimensionalen Fall können Anfangsfunktionen auf einer Berandung, einer umhüllenden Fläche oder im Volumen definiert sein.

b) Wärmeleitungsgleichung eindimensional Wärmegl

Das Feld $\Phi(x, t)$ ist hier u. a. die von Ort und Zeit abhängige Temperatur.

Die Differentialgleichung lautet $\dfrac{\partial \Phi}{\partial t} = a \dfrac{\partial^2 \Phi}{\partial x^2}$.

Als ihre analytische Lösung für einen delta-Impuls als Anfangsfunktion findet

man $K(x, t) = \dfrac{1}{\sqrt{4\pi a t}} e^{-\frac{x^2}{4at}}$.

Die Wärmeleitungsgleichung (auch Diffusionsgleichung genannt) beschreibt zeitliche Ausgleichsvorgänge (hier längs einer Linie, der x-Achse). Die spezielle Lösung $K(x, t)$ im Beispiel geht als Anfangsfunktion von einem *Delta*-Impuls aus. Das bedeutet: die ganze Wärmemenge ist zunächst im Punkt $x = 0$ konzentriert. Sie verbreitert sich dann zeitlich als Gaußverteilung, wobei das Integral (die Wärmemenge) konstant bleibt, also das Temperaturmaximum bei $x = 0$ entsprechend absinkt.

c) Schrödingergleichung

Die Wahrscheinlichkeitsamplitude oder Wellenfunktion sei $\psi(x, y, z, t)$;

und das Potential $V(x, y, z.t)$;

$$\frac{ih}{2\pi} \frac{\partial \psi}{dt} = -\left(\frac{h}{2\pi}\right)^2 \frac{1}{2m} \left(\frac{\partial^2 \psi}{dx^2} + \frac{\partial^2 \psi}{dy^2} + \frac{\partial^2 \psi}{dz^2}\right) + V\psi.$$

Die hier zitierte Form der Schrödingergleichung gilt im nichtrelativistischen Fall für ein Teilchen der Masse m in einem Potential V. Sie beschreibt den Zusammenhang der zeitlichen und räumlichen Entwicklung seiner komplexen Wellenfunktion ψ.

d) Maxwell Gleichungen für die elektromagnetischen Felder **E, D, B, H**

$$\begin{aligned}
1) \quad & \operatorname{div} \mathbf{D} = \rho && \nabla \cdot \mathbf{D} = \rho, \\
2) \quad & \operatorname{div} \mathbf{B} = 0 && \nabla \cdot \mathbf{B} = 0, \\
3) \quad & \mathbf{rot\,E} + \frac{\partial \mathbf{B}}{dt} = 0 && \nabla \times \mathbf{E} + \frac{\partial \mathbf{B}}{dt} = 0, \\
4) \quad & \mathbf{rot\,H} = \mathbf{j} + \frac{\partial \mathbf{D}}{dt} && \nabla \times \mathbf{H} = \mathbf{j} + \frac{\partial \mathbf{D}}{dt}.
\end{aligned}$$

Die praktisch so wichtigen Maxwellschen Gleichungen beschreiben die Wechselwirkung zwischen magnetischen und elektrischen Feldern (2 und 3) und deren Zusammenhang mit Ladungsdichte ρ und Stromdichte **j** (1 und 4). Dabei sagt das erste Gesetz aus, dass Ladungen die Quellen des elektrischen Feldes sind (von denen Feldlinien ausgehen oder dort enden). Das zweite Gesetz besagt, dass es keine magnetischen Quellen (Monopole) gibt; als Konsequenz sind magnetische Feldlinien stets geschlossen.

Links steht die „traditionelle" Schreibweise, rechts in Klammern die formal sehr einheitliche Formulierung mit dem Nabla-Operator.

Die elektrische Flussdichte **D** ist mit der elektrischen Feldstärke **E** über die Materialeigenschaften *Dielektrizitätskonstante des Vakuums* ε_0 und *elektrische Polarisation* **P** verknüpft: $\mathbf{D} = \varepsilon_0 \mathbf{E} + \mathbf{P}$.

Die magnetische Flussdichte **B** ist mit der magnetischen Feldstärke **H** über die Materialeigenschaften *magnetische Permeabilität des Vakuums* μ_0 und die *magnetische Polarisation* **J** verknüpft (**J** wird großgeschrieben im Gegensatz zur Stromdichte **j**): $\mathbf{B} = \mu_0 \mathbf{H} + \mathbf{J}$.

Da **D**, **B**, **E** und **H** Vektoren sind, handelt es sich hier um ein System gekoppelter partieller Differentialgleichungen für alle Feldkomponenten. Eine entsprechende Vielfalt von Lösungen ist in ihnen enthalten. Entsprechend anspruchsvoll ist aber auch die mathematische Behandlung.

Numerische Lösungsverfahren sind deshalb bei partiellen Differentialgleichungen noch wichtiger als bei gewöhnlichen Differentialgleichungen. Geht man dort von einem oder mehreren Anfangswerten aus und hangelt sich dann entlang der einen Variablen Punkt für Punkt vorwärts, muss man bei partiellen Differentialgleichungen den gesamten Variablenraum mit einem Gitternetz von Berechnungspunkten überziehen. Bei einem zweidimensionalen Problem hat man es dann mit einem Flächengitter zu tun, bei einem dreidimensionalen, also räumlichen Problem mit einem dreidimensionalen Raumgitter. Man geht von einem Punkt auf der Anfangsfunktion aus, berechnet dann zuerst nacheinander mit geeigneten Ansätzen die benachbarten Punkte, die zusammen die Anfangswerte für den nächsten Schritt sind – immer unter Berücksichtigung aller durch die Differentialgleichungen gegebenen Verknüpfungen. In der Technik und im Ingenieurwesen spricht man von der *Methode der Finiten Elemente*.

Für die Veranschaulichung vereinfacht man die Bedingungen radikal. Bereits in Abschnitt 8.5.8 hatten wir als erstes einfaches Beispiel die Bewegung eines Elektrons in einem dreidimensionalen homogenen elektromagnetischen Feld simuliert, das stationär, also zeitlich konstant ist.

10.2 Simulation der Diffusionsgleichung

Die nachfolgende Simulation Abbildung 10.1 eines eindimensionalen Ausgleichs- oder Diffusionsvorgangs gibt z. B. den Orts- und Zeitverlauf der Temperatur nach kurzer punktförmiger Aufheizung eines homogenen thermisch isolierten dünnen Drahtes wieder.

Entsprechend der oben genannten speziellen Lösung wird als Anfangsfunktion eine angenäherte delta-Funktion im Nullpunkt angesetzt, die sich gaußförmig unter Erhaltung des Flächeninhalts (der Wärmemenge) ausbreitet. Die Pfeile zeigen die momentane $1/e$-Breite an, das Zahlenfenster den jeweiligen Zeitpunkt. Die Diffusionskonstante a kann mit dem Schieber in weiten Grenzen eingestellt werden.

Die Beschreibungsseiten enthalten weitere Hinweise.

10.3 Simulation der Schrödingergleichung

Die interaktive Abbildung 10.2 zeigt die Lösung $\psi(x)$ der eindimensionalen Schrödingergleichung für ein Teilchen in einem unendlich tiefen rechteckigen Potentialwall, dessen Breite a durch den Schieber einstellbar ist. Das Betragsquadrat der komplexen Wellenfunktion $|\psi(x)|^2$ gibt die *Aufenthalts-Wahrscheinlichkeitsdichte* für das Teilchen an der Stelle x an. Sie ist auf 1 normiert, was heißt, dass das Teilchen sich unabhängig von der räumlichen Verteilung mit Sicherheit im Kasten befindet.

Abbildung 10.2a zeigt in den beiden Kurven rot den reellen und blau den imaginären Lösungsanteil der Wellenfunktion (Wahrscheinlichkeitsamplitude) $\psi(x)$.

Abbildung 10.2b benutzt eine zweite in der Quantenmechanik übliche Darstellungsweise, bei welcher der Absolutwert der Wellenfunktion $|\psi|$ (Absolutwert der

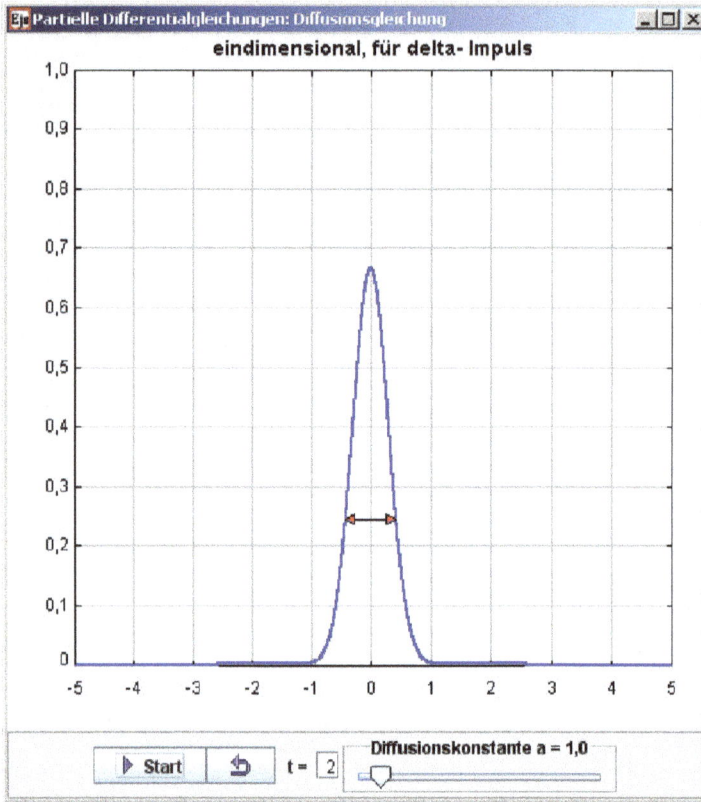

Abbildung 10.1. Simulation. Animierte Lösung der Diffusionsgleichung mit delta-Impuls für $t = 0$ in $x = 0$; das Bild zeigt den Zustand nach $t = 2$. Der Pfeil gibt die Breite an, bei der ein Abfall auf $1/e$ des Maximums erfolgt ist.

Wurzel aus der Aufenthaltswahrscheinlichkeit) als Umhüllende gezeigt wird. Innerhalb dieser wird der Phasenwinkel $\alpha = \arctan(\text{Re } \psi \, (\text{Re } \psi / \text{ Im } \psi)$ von Real- und Imaginärteil als Farbschattierung ausgewiesen.

Der Phasenwinkel α wird durch die folgenden Farben ausgedrückt:

- blau $\alpha = 0$ oder 2π (d h. ψ positiv reell),
- goldgelb $\alpha = \pi$ (ψ reell negativ),
- rosarot $\alpha = \pi/2$ (ψ imaginär positiv),
- grün $\alpha = 3\pi/2$ (ψ imaginär negativ).

Die Simulation erlaubt die Auswahl unter zahlreichen Beispielen von Potenzialwällen, in denen sich die Quantenteilchen bewegen können. Sie wurde von dem Pionier des *OSP-Programms*, Wolfgang Christian, erstellt, und hier leicht vereinfacht. Die Beschreibungsseiten von Abbildung 11.2 enthalten detaillierte Hinweise auf Theorie und Bedienung.

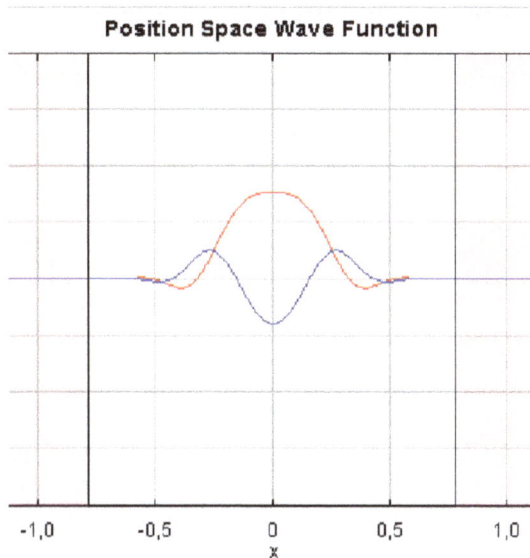

Abbildung 10.2a. Simulation. Animierte Lösung $\psi(x)$ der Schrödingergleichung für die Entwicklung einer Anfangsverteilung (symmetrische Gaußverteilung) in einem Kasten. Gezeigt werden Realteil (rot) und Imaginärteil (blau). Die Aufenthaltswahrscheinlichkeit besteht aus der Summe der Quadrate dieser beiden Teile: $\psi(x)^2 = (\text{Re } \psi(x))^2 + (\text{Im } \psi(x))^2$.

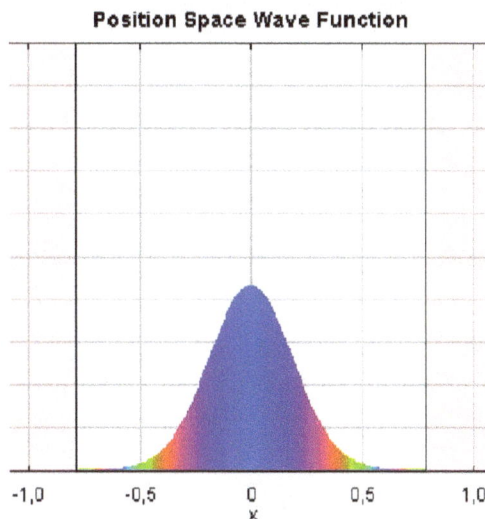

Abbildung 10.2b. Simulation. Die Funktion $|\psi(x)|$ zu Abbildung 10.2a. Die Farbschattierungen deuten das Verhältnis von Real- zu Imaginärteil an. Die Ordinate zeigt $|\psi(x)| = \sqrt{\text{Aufenthaltswahrscheinlichkeit}}$. Im blauen inneren Bereich ist der Realteil dominierend, in den roten Bereichen der Imaginärteil.

10.4 Simulation der Wellengleichung einer schwingenden Saite

Den Abschluss dieses Kapitels bildet Abbildung 10.3 mit der Simulation einer schwingenden Saite als Lösung der Wellengleichung. Abbildung 10.3a zeigt als Beispiel aus der Simulation Abbildung 10.3b drei Momentaufnahmen. Das linke Teilbild zeigt den hier verwendeten „Startimpuls", eine in der Saitenmitte konzentrierte Gaußfunktion der Maximalamplitude 1. Es folgt im mittleren Teilbild die Situation kurz nach dem Start: Zwei Gaußimpulse der Höhe 1/2 laufen auseinander. Sie werden später an den Saitenenden reflektiert und interferieren im rechten Teilbild miteinander, wobei sich die ursprüngliche Form und Amplitude rekonstruiert, jedoch mit negativem Vorzeichen im ersten Rücklauf.

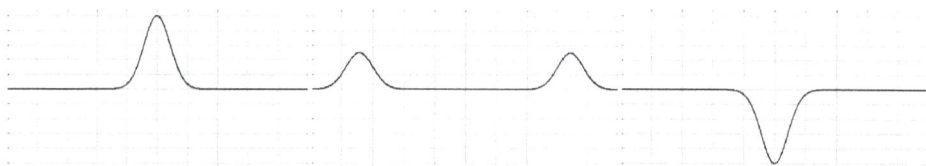

Abbildung 10.3a. Ausbreitung einer Anregung auf einer beidseitig eingespannten Saite; Gaußfunktion als Anfangsimpuls für $t = 0$ (links); mittig Auseinanderlaufen in zwei Impulsen; rechts Rekonstruktion mit negativer Amplitude nach Reflexion an den Enden.

Gaußimpulse und symmetrische Wellenformen pflanzen sich auf der Saite unverändert fort, solange man in der Wellengleichung keine Dämpfung berücksichtigt.

Die interaktive Abbildung 10.3b zeigt die Situation kurz nach dem Start eines anfänglich am Seitenende konzentrierten Dreiecks-Impulses. Nach längerter Zeit beobachtet man Abweichungen, die aus der Unstetigkeit der ersten Ableitung am Beginn und Ende des Impulses stammen. Das Beispiel demonstriert also auch Grenzen der numerischen Rechnung.

Ein Auswahlmenü enthält die folgenden Startfunktionen für die ursprüngliche Auslenkung der Saite:

- Gauß-Impuls einstellbarer Breite in der Saitenmitte,
- Gaußimpuls außerhalb der Saitenmitte,
- Symmetrisches Dreieck einstellbarer Breite,
- Dreieck am Saitenende,
- Sägezahn,
- Sägezahn einstellbarer Breite,
- Sinuswellen.

In den meisten Funktionen findet sich der Parameter a, der geändert werden kann. Die Formeln für die Startauslenkungen selbst sind editierbar, so dass sich viele weitere Startsituationen simulieren lassen.

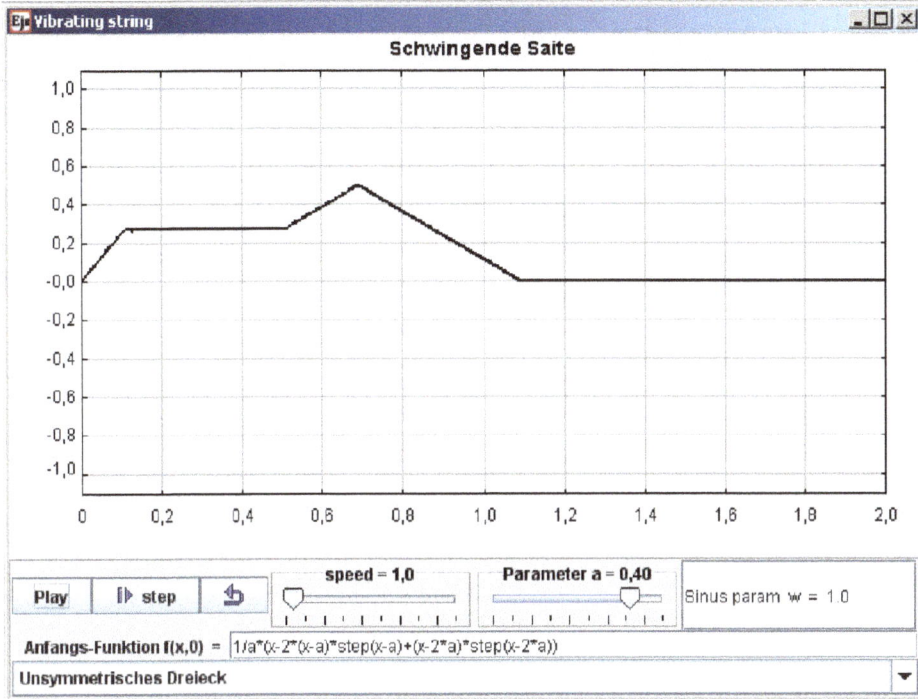

Abbildung 10.3b. Simulation. Zeitliche Entwicklung eines ursprünglichen kurzen Dreieckimpulses am Saitenende. Das Bild zeigt den Zustand nach der ersten Reflexion am Saitenende.

Die Beschreibungsseiten enthalten weitere Angaben und Anregungen für Experimente. Diese Animation ist ästhetisch besonders reizvoll, weil sie dem Musikliebhaber Hinweise auf die Tonqualitäten gibt, die mit verschiedenen Anregungsformen aufgrund ganz unterschiedlicher Obertonbeimischungen möglich sind. Hierzu wird in den Anleitungen Näheres ausgeführt.

Diese Simulation wurde ursprünglich von Francisco Esquembre, dem Pionier des *EJS-Programms*, entwickelt, und von uns erweitert.

11 Anhang
Sammlung von Physik-Simulationen

11.1 Simulationen mittels OSP/EJS-Programm

Die interaktive Simulation von komplexen mathematischen oder physikalischen Objekten ist eine reizvolle Programmieraufgabe, die ein vertieftes Verständnis für die behandelten Aufgabenstellungen vermittelt. Sie ist ein wunderbares Hilfsmittel zur Veranschaulichung von abstrakt schwer vorstellbaren oder von Hand nur umständlich berechenbaren Objekten. Durch ihren Appell an den Spieltrieb verlockt sie den Benutzer zu intensiver Beschäftigung mit dem Gegenstand. Schon lange wird in ihr daher auch ein wirksames didaktisches Hilfsmittel gesehen. Große Anstrengungen flossen in entsprechende Bemühungen, in Deutschland zum Teil finanziell von den Bildungsministerien gefördert.

Es war naheliegend, gängige High-Level Standardprogramme einzusetzen, wie **Microsoft Excel** zusammen mit **Visual Basic for Applications** (**VBA**). Man findet im Internet dafür zahlreiche interessante Beispiele. Ein grundlegender Vorteil einer solchen technisch relativ einfachen Programmierung ist, dass der verwendete Code dem Benutzer über das Standardprogramm offen zugänglich wird. Außerdem sind Beispiele, die von Dritten übernommen werden, auf diese Weise gut durchsichtig, und der Benutzer kann sie deshalb auch abändern oder weiterentwickeln (wenn der Hersteller nicht künstliche Schranken eingebaut hat). Ein wesentlicher Nachteil ist, dass so erstellte Dateien plattformabhängig sind, und daher nur laufen, wenn das gleiche (lizenzpflichtige) Betriebs- und Anwendungsprogramm verwendet wird. Es zeigt sich sogar, dass aufeinanderfolgende Versionen von Standard-Anwendungsprogrammen nicht voll kompatibel sind; z. B. kann eine mit *Excel 05* und *VBA* unter *Windows XP* entwickelte Datei auf einem anderen Rechner mit *Windows Vista* verfälscht formatiert erscheinen. Ein technischer Nachteil ist, dass die Rechengeschwindigkeit eines in einem High-Level-Programm wie *Excel* entwickelten Programms wesentlich geringer ist als die eines betriebssystemnahen Programms für die gleiche Aufgabenstellung.

Daher bemühte man sich früh, plattformunabhängige und betriebssystemnahe Programmiersprachen zu verwenden, und **JAVA** ist dafür als lizenzfreies Programm besonders geeignet. Allerdings erfordert das objektorientierte Erstellen einer speziellen Simulation mit JAVA Programmierkenntnisse erheblicher Tiefe, so dass eine thematisch begründete Einengung der Möglichkeiten sinnvoll erschien. Leider gab es in Deutschland keine systematischen Bemühungen zum Errichten eines Standards für mathematische und physikalische Simulationen, vielmehr entstanden die Ergebnisse verschiedener Schulen mehr oder weniger unverknüpft nebeneinander. Ein durchschlagender Erfolg in der Didaktik blieb daher aus oder wurde jedenfalls nicht offensichtlich.

Eine große Vorarbeit in Richtung einer Standardisierung wurde in den USA mit OSP dem u.a. von der National Science Foundation unterstützten Open Source Physics (OSP) Programm geleistet. Dessen Ziel war es, einen Thesaurus von Teillösungen speziell für physikalische Simulationen zu schaffen, auf den dann beim Programmieren spezieller Aufgaben objektorientiert zurückgegriffen werden kann. Die Programme werden nach dem lizenzfreien GNU Open Source Model allgemein zur Verfügung GNU gestellt, mit der Verpflichtung, dass das Gleiche für neue Lösungen Dritter gilt, die auf OSP zurückgreifen. GNU definiert das Ziel folgendermaßen: „Die GNU General Public License soll die Freiheit garantieren, alle Versionen eines Programms zu teilen und zu verändern. Sie soll sicherstellen, dass die Software für alle ihre Benutzer frei bleibt. Wir, die Free Software Foundation, nutzen die GNU General Public License für den größten Teil unserer Software; sie gilt außerdem für jedes andere Werk, dessen Autoren es auf diese Weise freigegeben haben."

Ein führender Pionier des OSP-Projektes war *Wolfgang Christian* am *Davidson College*, der auf eine Familie von Java-**Physlets** aufbaute, die er bereits früher entwickelt hatte. Zusammen mit Kollegen schuf er eine Reihe von Programm-Paketen für die Berechnung und Visualisierung physikalisch-technischer Simulationen, die jeweils spezifische Methoden umfassten.

Verbunden damit war die Entwicklung eines Curriculums zur Einführung in die Struktur und die Technik des Programmierens mit *OSP*, sowie die Entwicklung eines *Launchers* durch *Doug Brown*, mit dem eine ganze Reihe von thematisch verbundenen Simulationen samt Erläuterungen als Lehrgang in einer einzigen Datei vereinigt werden kann. Das gelingt sehr kompakt, da die Dateien eine gemeinsame Datenbasis besitzen, die nur einmal im Launcher-Paket benötigt wird. Einzelne Simulationen können daraus aufgerufen oder auch isoliert werden.

Es gibt eine Fülle teils einfacher, teils sehr raffinierter physikalischer Simulationen OSP im OSP-Programm, und wir werden weiter unten die wichtigsten zurzeit verfügbaren Pakete kurz vorstellen.

Will man eine mit OSP erstellte Simulationsdatei voll verstehen, so muss man sich in ihren *html-Quelltext* einarbeiten. Das ist anhand der Lehrprogramme durchaus möglich, aber doch relativ mühsam. Eine zweite Begrenzung ihrer universellen Anwendbarkeit liegt darin, dass bei einer Simulation dieser Art bei weitem der größte Aufwand auf die Erstellung der Visualisierung entfällt und deren Erstellung in html-Quelltext für den weniger Geübten recht unübersichtlich ist.

Hier brachte die Entwicklung des **EJS-Pakets** (**Easy Java Programming**) zu OSP EJS durch *Francisco Esquembre* einen weiteren Durchbruch. Es besteht aus einer graphischen Oberfläche, die wir nachfolgend kurz beschreiben wollen. Ihr besonderer Reiz ist die Möglichkeit, die Bausteine der Visualisierung als Icons einem großen vorgefertigten Vorrat zu entnehmen und mit *drag and drop* zu einem Realisierungsbaum zusammenzufügen. Die einzelnen Icons werden dann mit den Variablen der Simulation und mit einfach aufrufbaren Standardmethoden verknüpft. Auch für die Erstellung des eigentlichen Rechencodes wurden visuelle Hilfsmittel geschaffen. In EJS kann man sich anhand realisierter Beispiele schnell einarbeiten, so dass keine tiefen Kenntnisse der eigentlichen Java-Technik notwendig sind, um Simulationen zu entwickeln. Sie erscheint daher auch besonders als Lehrprogramm für Studierende der Physik geeignet, die ihr Hauptinteresse auf die physikalische Modellbildung konzentrieren wollen, nicht auf die Programmiertechnik.

Ein weiterer großer Vorteil des EJS-Programms in seiner heutigen Version ist, dass man aus einzelnen Simulationen heraus mit Mausklick ihr universelles Erzeugungsprogramm (die **EJS-Console**) aufruft, so dass man sofort in die Programmierung eindringen, Abänderungen vornehmen oder einzelne Bausteine für eigene Neuentwicklungen entnehmen kann.

Damit erscheint das Paket **EJS+OSP** prädestiniert dafür, Standardprogramm künftiger didaktisch orientierter Simulationen im physikalisch-mathematischen Bereich zu werden. Wir haben es in diesem Werk nahezu ausschließlich eingesetzt, obwohl der Autor zunächst eher mit *Excel/VBA* vertraut war, und sich selbst erst in die neuen Methoden einarbeiten musste. Die beiden nebenstehenden Links führen zu einer Beschreibung von EJS durch Wolfgang Christian und Francisco Esquembre. Im gleichen Verzeichnis finden Sie weiteres Dokumentationsmaterial.

EJS basics

EJS introduction

EJS und OSP sind in laufender Entwicklung begriffen, sind *Work in Progress*: Orientieren Sie sich daher auf den angegebenen Internetseiten über den aktuellen Stand.

Zum Benutzen der Java-Simulationen muss auf Ihrem PC das Programm **Java Runtime Environment** mindestens in der Version *Java/re5* installiert sein. Installieren Sie gegebenenfalls die kostenlose aktuelle Version (November 2010: *jre6*) über den nebenstehenden Link.

JRE

11.2   Eine kurze Einführung in EJS (Easy Java Simulation)

Sie erreichen die aktuelle Beschreibung des EJS-Programms über den Link am Seitenrand. Wir werden hier eine sehr kurze Übersicht als Anregung geben, sich genauer mit dem Programm zu beschäftigen.

EJS

Beim Aufrufen des EJS-Programms erscheint links am unteren Bildschirmrand die im nächsten Bild gezeigte **EJS-Console**.

Im Hauptfenster wird in der ersten Zeile einmalig das Verzeichnis eingetragen, an dem sich das Programm **Java-jre** (**java runtime environment**) befindet, wenn das Programm es nicht selbst findet. In der zweiten Zeile kann ein beliebiges Verzeichnis

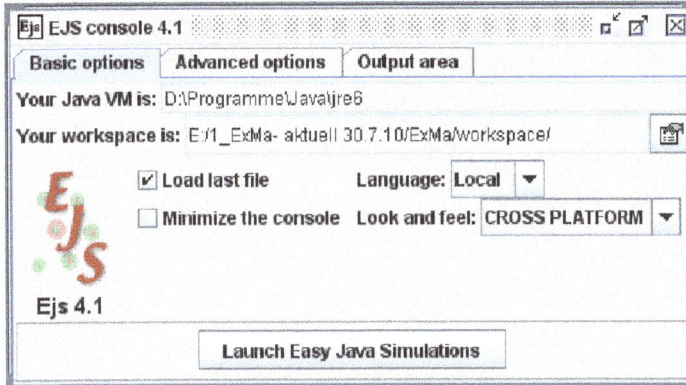

Abbildung 11.1. EJS-Console.

als **Workspace** für EJS (Arbeitsverzeichnis) definiert werden; das Programm erzeugt dann in diesem Verzeichnis automatisch zwei neue Verzeichnisse:

- **Source:** für *.xml-Dateien
- **Export:** für komprimierte *.jar-Dateien.

Das Programm speichert neue oder veränderte Dateien automatisch in diesen Verzeichnissen, soweit nicht im Einzelfall andere Speicherorte vorgegeben werden. Die beiden Verzeichnisse können unterstrukturiert werden. Dort automatisch abgelegte Dateien können später an andere Stellen kopiert oder verschoben werden.

Mit **Launch Easy Java Simulation** wird das Bearbeitungsfenster Abbildung 11.2 erzeugt; die Console kann so eingestellt werden, dass dieser Schritt beim Aufrufen automatisch erfolgt.

Das nachfolgende Bild zeigt seine visuelle Oberfläche. Das Hauptmenü in der obersten Zeile enthält drei Abschnitte, die jeweils mehrere Seiten umfassen können.

- **Description** (Beschreibung als Text)
- **Model** (Code)
- **View** (optische Oberfläche zum Erstellung des Visualisierungsbaums).

Bei vielen Simulationen sind nur wenige Seiten aktiv. Einfache Funktionszeichner erfordern z. B. keinen speziellen Code und können allein mit View realisiert werden.

In der nächsten Zeile des Menüs Model von Abbildung 11.2 ist das Untermenü **Variables** markiert. Daraus wird die Seite **Hilfsgrößen** für die Simulation **Doppelpendel_Antrieb** gezeigt.

Die einzelnen Seiten von **Model** besagen:

Variables: Universell verwendete Variable, die nicht nur intern in einzelnen Codemethoden vorkommen. Sie sind als Dezimalzahlen (double), Ganzzahlen (int), symbolischer Text (String), logische Variable (boolean) gekennzeichnet und werden nach verwendeten Dimensionen unterschieden (z. B. Zahl der Rechenschleifen mit Indizes

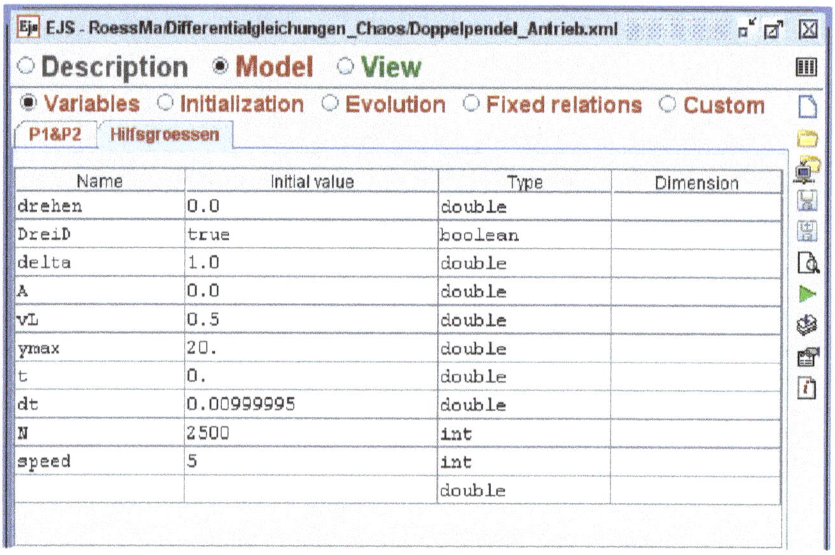
EJS - RoessMa/Differentialgleichungen_Chaos/Doppelpendel_Antrieb.xml
Description
Model
View
Variables
Initialization
Evolution
Fixed relations
Custom
P1&P2
Hilfsgroessen
Name
Initial value
Type
Dimension
drehen
0.0
double
DreiD
true
boolean
delta
1.0
double
A
0.0
double
vL
0.5
double
ymax
20.
double
t
0.
double
dt
0.00999995
double
N
2500
int
speed
5
int
double

Abbildung 11.2. Das Bild zeigt eine Seite für die Definition von Parametern (Variables). Die Simulation ruft eine arbeitsfähige EJS-Console mit Arbeitsfenster auf. Es enthält entweder keine Daten oder solche der letzten Simulationsbearbeitung. Sie können die einzelnen Seiten durchblättern und Eintragungen vornehmen. Studieren Sie die vielen Möglichkeiten im Hauptfenster *View*. Seien Sie vorsichtig beim Speichern, damit Sie keinen Namen benutzen, der eine vorhandene Datei überschreibt.

i, j, k: $[i]$ oder $[i][j][k]\ldots$). Praktisch wichtig ist, dass die Dezimalstelle überall als Punkt eingetragen wird, wie es in den USA üblich ist, und nicht als Komma wie im Deutschen.

Initialization: Hier wird eingetragen, was beim Start gilt, z. B. spezielle Werte für Variable, Gleichungen zwischen Variablen oder Aufrufe von auf anderen Seiten vorkommenden Methoden, die beim Start auszuführen sind. Dazu gehören auch logische Gleichungen, die unter mehreren Möglichkeiten auswählen. Hierzu gibt es Hilfen, die mit dem Kontextmenü der rechten Maustaste aufrufbar sind. Das nachfolgende Beispiel setzt die beiden Anfangsgeschwindigkeiten v_a der Pendelscheiben und die Zeit t für den Simulationsbeginn auf Null.

$$t = 0.0;$$
$$va1 = 0.0;$$
$$va2 = 0.0.$$

Evolution: Steuert das Hintereinander von Abläufen, z. B. bei einer Animation. Besonders wichtig ist, dass hier Differentialgleichungen eingetragen werden können, die dann über wählbare Verfahren automatisch gelöst werden. Typisches Beispiel:

$$\frac{dy_1}{dt} = va_1 \quad \text{zu lösen mit Runge Kutta 4.}$$

Fixed Relations: Hier können Beziehungen zwischen Variablen eingetragen werden, die stets gelten und in die Berechnung eingehen. Das folgende Beispiel aus der Simulation verknüpft Variable mit Winkelfunktionen anderer Variablen. (Beachten Sie, dass im Javacode die Funktionsbezeichnung mit *Math.* beginnen muss.)

$$x1 = L1*Math.sin(a1);$$
$$y1 = -L1*Math.cos(a1);$$
$$x2 = L2*Math.sin(a2);$$
$$y2 = -L2*Math.cos(a2).$$

Custom: Hier werden spezielle Methoden in *Java-Code* formuliert, die z. B. von der Seite Initialisierung oder von Steuerungselementen aufgerufen werden. Das folgende Beispiel wird von einem **button** (Schaltknopf) der Visualisierung benutzt. Es löscht alle Linien und setzt die Variablen auf den Ausgangswert zurück.

public void clear(){_resetView();_initialize();}.

Die Methoden _resetView() und _initialize() sind dabei aus einer großen Auswahl vorgefertigter Unterprogramme wählbar und müssen nicht selbst programmiert werden.

Als nächstes beschreiben wir die Funktion der Icons, die in der rechten Leiste stehen. Das Kürzel *. steht dabei, wie bei Dateinamen üblich, für einen beliebigen Titel einer Datei, vor der Bezeichnung für die Art der Datei wie xml oder jar.

In Zeile 2, rechts oben: Informationen über Autoren und Datei.
Zeile 3 von oben: Neue Datei anlegen.
Zeile 4 von oben: Öffnen vorhandener *.xml-Dateien.
Zeile 5 von oben (wie *Öffnen* mit Bildschirm): Führt zur Homepage von EJS und einer aktuellen Bibliothek von EJS-Simulationen.
Zeile 6 von oben Speichern am ursprünglichen Ort und unter gleichem Namen, als *.xml-Datei, die von der Console aus geöffnet werden kann. *.xml-Dateien sind nicht selbstständig aktivierbar; dafür aber sehr kompakt.
Zeile 7 von oben: Speichern an einem anderen Ort oder unter anderem Namen, als *.xml-Datei.
Zeile 8 von oben: Such-Hilfe; nach Eingabe eines Begriffs wird gezeigt, wo er in der Datei vorkommt.
Zeile 9 von oben (grünes Dreieck): Erzeugt die aktive Simulation oder liefert Fehlermeldung mit Hinweisen.
Zeile 10 von oben: Komprimieren der Datei als EJS-Datei als *.jar Datei. Solche Dateien können selbständig aufgerufen werden und enthalten alle notwendigen Source-Programme außer JAVA, das auf dem Rechner installiert sein muss. Wahlweise können auch html-Seiten und applets erzeugt werden.
Zeile 11 von oben: Öffnet allgemeine Editier-Optionen (die beim Erstellen der Datei selbst nicht benötigt werden).
Zeile 12 von oben: Aufruf der Internet-Hilfsseite des EJS-Programms.

View

Die nächste Abbildung 11.3 zeigt eine typischen *View*-Seite. Der Visualisierungs-baum links ist nur teilweise sichtbar.

Rechts befinden sich drei untereinander stehende Menüs mit jeweils mehreren Sei-ten. Sie enthalten zahlreiche Icons, die mit *drag and drop* am Visualisierungsbaum zusammengefügt werden können.

Das oberste Menü, mit **Interface** bezeichnet, enthält *Container* als übergeordnete *Eltern* (*parents*) der Java-Hierarchie, und vorgefertigte Steuerungselemente als darin aufzunehmende *Kinder* (*children*).

Das zweite Menü **2D Drawables** enthält Icons, die für zweidimensionale Visua-lisierungen eingefügt werden können; das dritte **3D Drawables** Icons, die für drei-dimensionale Visualisierungen eingefügt werden können. Neben Icons, die ein ein-zelnes Element symbolisieren, gibt es solche, die ganze Scharen von Elementen, wie z. B. Pfeile, Punkte oder Kurven repräsentieren.

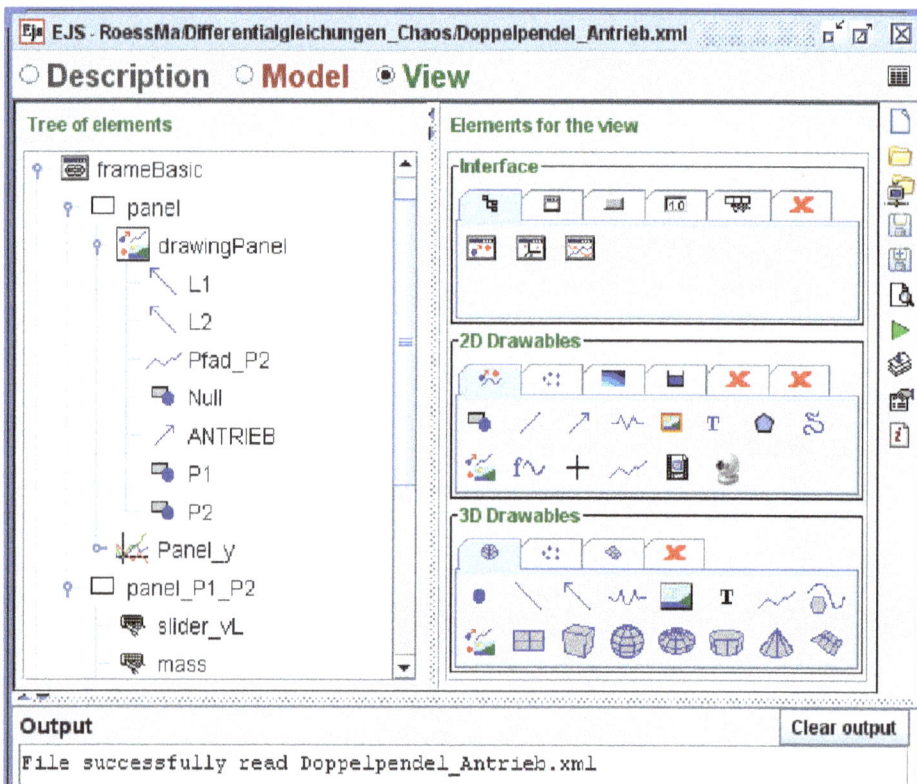

Abbildung 11.3. View-Seite von EJS. Rechts stehen Auswahlmenüs für die Icons, die mit drag and drop in den links stehenden Visualisierungsbaum gezogen werden.

Jedes am Baum verwendete Icon zeigt nach Doppelklick ein umfangreiches Menü zum Formatieren und Verknüpfen mit Variablen und Methoden an. Abbildung 11.4 zeigt dies für das relativ einfache Icon **P1**, das im Doppelpendel die Scheibe des Hauptpendels darstellt. Ihm werden mit **Pos** zwei Variable $x1$ und $y1$ als Koordinaten zugeordnet. Mit **Size** wird gleiche Ausdehnung in beide Koordinatenrichtungen festgelegt. **Draggable** *True* sagt, dass der Punkt mit der Maus gezogen werden kann, was automatisch seine Variable neu bestimmt. **On Drag** *Pendel*() ruft beim Ziehen die Prozedur *Pendel*() auf (Löschen früherer Spuren und einen Neustart der Berechnung). Viele offene Positionen könnten für weitere Formatierungen genutzt werden.

Die genaue Definition von einzelnen Elementen erscheint, wenn man den Mauszeiger auf die links stehende Bezeichnung hält. Deutet man auf die Bezeichnung *Visible*, so erscheint die Nachricht *The visibility of the element* (*boolean*). Macht man einen Doppelklick auf das erste Icon, das rechts bei einem Element steht, so werden entweder bestehende Wahlmöglichkeiten (bei Visible *true*, *false*) gezeigt, oder Hilfen zur Eingabe gegeben. Das zweite Icon enthält Listen zugelassener Größen oder Methoden, aus denen eine mit einem Klick ausgewählt werden kann.

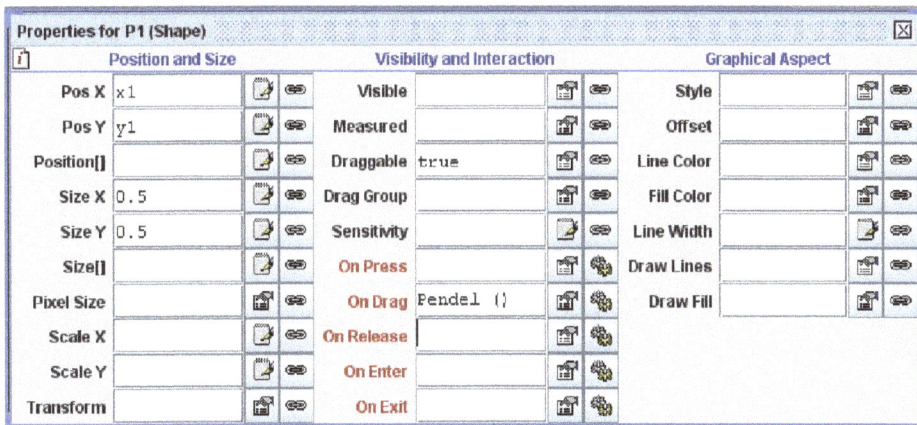

Abbildung 11.4. Fenster für die Festlegung der Eigenschaften eines Visualisierungs-Elements (hier einen Punkt P1).

Die nächste Abbildung 11.5 zeigt schließlich das Erscheinungsbild des Hauptfensters der aktiven Simulation. Auf dieser können Sie, besonders im linken Teil, sicher Elemente aus dem Visualisierungsbaum identifizieren (L1 und L2 sind die beiden Pendelstangen, P1 und P2 die Pendelscheiben, Pfad_P2 die rote Bahn des Sekundärpendels, etc.).

Mehr brauchen Sie eigentlich gar nicht zu wissen, um in die Simulationen einzusteigen, die für dieses Werk entwickelt wurden, und um sie zu nutzen und sie zu verändern – und das gleiche gilt für sonstige mit *EJS* angefertigte Simulationen! Die dafür notwendige **EJS-Console** ist in der Version vom 20. Februar 2011 auf dem

EJS
aktuell

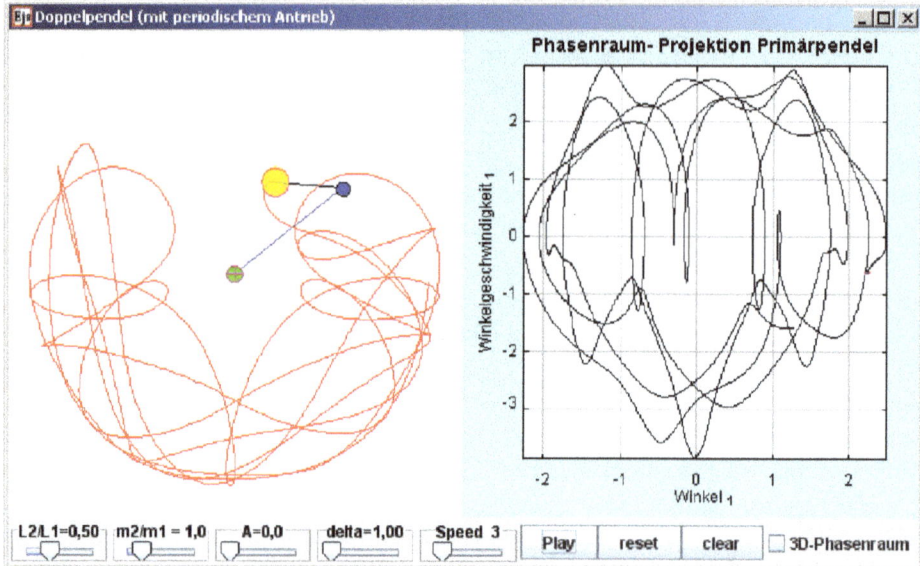

Abbildung 11.5. Simulation. Visualisierungsfenster für die Simulation eines Doppelpendels. Das linke Teilfenster zeigt die beiden Massen (kleiner blauer Kreis Primärpendel, großer gelber Kreis Sekundärpendel) des Doppelpendels, das im grünen Punkt drehbar aufgehängt ist. Die ebene Bahn der zweiten (gelben) Pendelmasse ist rot gezeichnet; sie ist sehr unregelmäßig. Das rechte Teilfenster zeigt den Phasenraum (φ, φ') des Primärpendels.

Datenträger dieses Werks vorhanden; eine möglicherweise aktuellere Version können Sie von der *EJS*-Homepage laden.

Fangen Sie mit etwas Einfachem an, z. B. mit der Berechnung der **geometrischen Reihe**. Dazu rufen Sie mit der Taste *Strg* und einem *Klick* auf das folgende interaktive Bild die funktionsfähige EJS-Simulation als selbständige *.jar-Datei* auf.

Klicken sie jetzt mit der rechten Maustaste auf die Simulation und wählen Sie im erscheinenden Kontextmenü **OPEN EJS MODEL**. Es erscheint ein Menü, das anzeigt, dass eine *.xml*-Datei extrahiert und gespeichert wird. Der Standard-Speicherort ist das Verzeichnis **source** im **EJS-Workspace**; sie können aber auch einen anderen wählen.

Nach einer Rückfrage erscheint die EJS-Console mit der Bearbeitungsseite Abbildung 11.3. Die vorher aktive Simulation verschwindet im Hintergrund, und im Vordergrund erscheinen passive **EJS_Window** Fenster. In ihnen können Sie die Anordnung der Elemente sehen, aber keine Simulation ablaufen lassen.

Speichern Sie jetzt unter einem anderen Namen (gespeichert wird die *.xml-Datei). Mit Drücken des Icons **Grünes Dreieck** wird die aktive Simulation unter dem neuen Namen erzeugt.

Verändern Sie in den Seiten der Bearbeitungs-Console einzelne Elemente und speichern Sie die *xml-Datei danach unter einem neuen Namen. Wenn Sie jetzt die alte

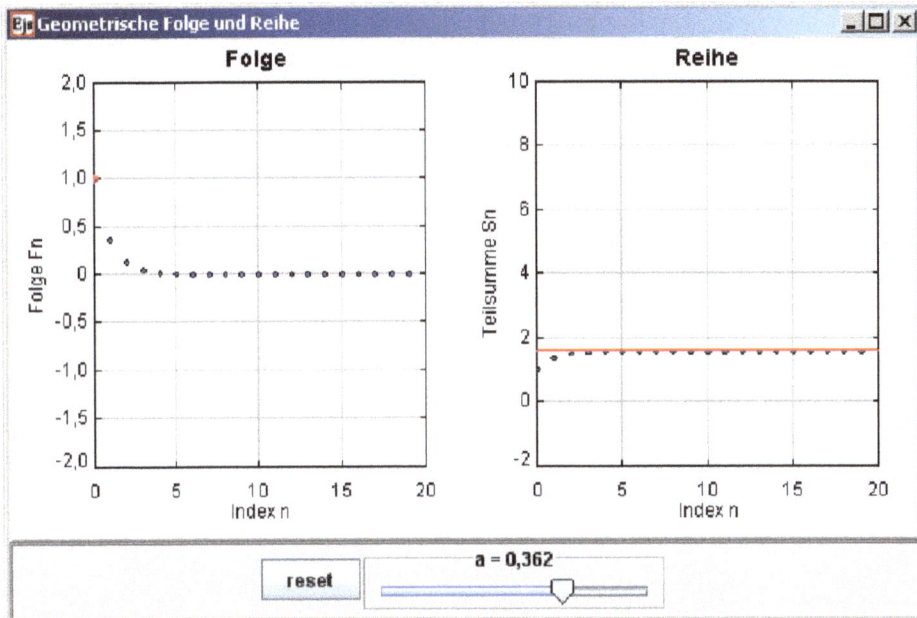

Abbildung 11.6. Simulation. Geometrische Reihe und Folge als einfaches Übungsbeispiel. Nach Aufruf öffnen Sie das EJS-Fenster, indem Sie das Simulationsfenster mit der rechten Maustaste anklicken.

Version schließen und das grüne Dreieck betätigen, wird ihre Version aktiv, oder Sie erhalten eine Fehlermeldung mit Lösungshinweisen, wenn Sie einen *bug* eingebaut haben. Gehen Sie zunächst nur in *View* und ändern Sie Farben oder Strichstärken von Linien – dabei kann kaum etwas schiefgehen!

Mit etwas tieferer Einsicht können Sie aber auch die einfachen Formeln in *Custom* und *Fixed Relations* ändern und so eine andere als die geometrische Reihe berechnen. Häufiges Zwischenspeichern unter anderem Namen erleichtert bei Fehlern, wie geläufig, das Wiederauffinden noch lauffähiger Versionen.

Die mit dem nebenstehenden Link oder direkt aus der *Console* aufrufbare Hilfsfunktion enthält Angaben zu allen Einzelelementen. An dieser Stelle finden Sie auch umfangreiche Dokumentationen, z. B. für einen Einführungskurs.

Hilfe und Dokumentation

11.3 Veröffentlichte EJS-Simulationen

Die nachfolgende Liste umfasst 100 EJS-Simulationen, die auf der OSP Homepage im Mai 2009 direkt zugänglich waren. Die Liste enthält den Titel mit Link und den Anfang der Beschreibung, von der Homepage entnommen. Nach Aufruf des Links sind auf der OSP-Seite nähere Angaben zu finden:

- Vollständige Beschreibung
- Niveau und Benutzer
- Stichworte zum Fachgebiet
- Autoren
- Meist ein typisches Bild.

Nach dem Aufruf der mit dem Namen verbundenen Links innerhalb der Liste wird man auf **Seiten zum Download** geführt, wobei zwei Möglichkeiten bestehen.

Erstens: Laden der ausführungsfähigen *.jar-Datei mit typischerweise 1–2 MB. Zweitens: Laden der *xml-Datei mit typischerweise 10–100 kB, gegebenenfalls mit zusätzlichen Bild-Dateien, die von der EJS-Console aus geöffnet werden kann, alles verpackt als *.zip-Datei. Die Bilddateien enthalten Elemente der Beschreibungsseiten, die nicht zum Standard-Thesaurus gehören, wie Formeln in besonderen Formaten, Bilder, Zeichnungen, usw.

Mit der Console geöffnete Dateien können von dort aus als komprimierte *.jar-Dateien gespeichert werden, so dass ein doppelter Download nicht notwendig ist.

Andererseits können bei allen in dieser Liste enthaltenen *.jar Dateien, wie oben beschrieben, mit dem Kontextmenü der rechten Maustaste aus der aktiven Simulation die *.xml-Datei mit den Bilddateien erzeugt und gespeichert, sowie die Console geöffnet werden.

Die folgende Liste ist grob nach Sachgebieten geordnet, um leichter einen Überblick zu gewinnen. Die Zahlen an den Titeln entsprechen der Sortierung auf der OSP-Homepage.

Sie können schnell und direkt die *.jar-Links aufrufen, die am Seitenrand stehen. Sie führen sofort zu der auf Ihrem Datenträger gespeicherten Datei, die bereits ausführungsfähig und interaktiv ist.

11.3.1 Elektrodynamik

28. Magnetic Field from Loops Model

The EJS Magnetic Field from Loops model computes the B-field created by an electric current through a straight wire, a closed loop, and a solenoid.

62. Electromagnetic Wave Model

The EJS Electromagnetic Wave model displays the electric field and magnetic field of an electromagnetic wave. The simulation allows an arbitrarily polarized wave to be created.

11.3.2 Felder und Potentiale

9. Scalar Field Gradient Model

The Scalar Field Gradient Model displays the gradient of a scalar field using a nume- `*.jar` rical approximation to the partial derivatives. This simple teaching model also shows how to display and model scalar and ...

30. Lennard-Jones Potential Model

The EJS Lennard-Jones Potential model shows the dynamics of a particle of mass m `*.jar` within this potential. You can drag the particle to change its position and you can drag the energy-line to change its total energy. The ...

31. Molecular Dynamics Model

The EJS Molecular Dynamics model is constructed using the Lennard-Jones potential `*.jar` truncated at a distance of three molecular diameters. The motion of the molecules is governed by Newton's laws, approximated using ...

33. Molecular Dynamics Demonstration Model

The EJS Molecular Dynamics Demonstration model is constructed using the Lennard- `*.jar` Jones potential truncated at a distance of three molecular diameters. The motion of the molecules is governed by Newton's laws, approximated ...

11.3.3 Mathematik, Differentialgleichungen

1. Linear Congruent Number Generator

The Linear Congruent Number Generator Model. The method generates a sequence `*.jar` of integers x_i over the interval $0, m-1$ by the recurrence relation $x_i + 1 = (ax_i + c)$ mod m where the modulus m is greater ...

3. Uniform Spherical Distribution Model

The EJS Uniform Spherical Distribution Model shows how to pick a random point `*.jar` on the surface of a sphere. It shows a distribution generated by (incorrectly) picking points using a uniform random distribution ...

6. Binomial Distribution Model

The EJS Binomial Distribution Model calculates the binomial distribution. You can `*.jar` change the number of trials and probability. You can modify this simulation if you have EJS installed by right-clicking within ...

16. Great Circles Model

The EJS Great Circles model displays the frictionless motion of a particle that is `*.jar` constrained to follow the surface of a perfect sphere. The sphere rotates underneath the particle, but since there is no ...

20. Cellular Automata Rules Model

The EJS Cellular Automata Rules Model shows a spatial lattice which can have any [`*.jar`] one of a finite number of states and which are updated synchronously in discrete time steps according to a local (nearby neighbor) ...

21. Cellular Automata (Rule 90) Model

The EJS Cellular Automata (Rule 90) model displays a lattice with any one of a finite [`*.jar`] number of states which are updated synchronously in discrete time steps according to a local (nearby neighbor) rule. Rule ...

24. Special Functions Model

The EJS Special Functions Model shows how to access special functions in the OSP [`*.jar`] numerics package. The simulation displays a graph of the special function over the given range as well as the value of the selected ...

37. Harmonics and Fourier Series Model

The EJS Harmonics and Fourier Series model displays the sum of harmonics via a [`*.jar`] Fourier series to yield a new wave. The amplitude of each harmonic as well as the phase of that harmonic can be changed via sliders ...

60. Fourier Sine Series

The Fourier sine series model displays the sine series expansion coefficients of an [`*.jar`] arbitrary function on the interval $[0, 2pi]$.

90. Poincare Model

The EJS Poincare model computes the solutions to the set of non-linear equations, [`*.jar`] $x' = x(a - b + z + d(1 - z^2)) - cy$, $y' = y(a - b + z + d(1 - z^2)) + cx$, $z' = az - (x^2$ ...

91. Hénon-Heiles Poincare Model

The EJS Hénon-Heiles Poincare model computes the solutions to the non-linear [`*.jar`] Hénon-Heiles Hamiltonian, which reads $1/2(px^2 + py^2 + x^2 + y^2) +^2 y - $ ...

92. Duffing Poincare Model

The EJS Duffing Poincare model computes the solutions to the non-linear Duffing [`*.jar`] equation, which reads $x'' + 2\gamma x' - x(1 - x^2) = f \cos(\omega t)$, where each prime denotes a time derivative. ...

93. Duffing Phase Model

The EJS Duffing Phase model computes the solutions to the non-linear Duffing equa- [`*.jar`] tion, which reads $x'' + 2\gamma x' - x(1 - x^2) = f \cos(\omega t)$, where each prime denotes a time derivative. ...

94. Duffing Measure Model

The EJS Duffing Measure model computes the solutions to the non-linear Duffing equation, which reads $x'' + 2\gamma x' - x(1 - x^2) = f\cos(\omega t)$, where each prime denotes a time derivative. ...

95. Duffing Chaos Model

The EJS Duffing Chaos model computes the solutions to the non-linear Duffing equation, which reads $x'' + 2\gamma x' - x(1 - x^2) = f\cos(\omega t)$, where each prime denotes a time derivative. ...

96. Duffing Baker's Map Model

The EJS Duffing Baker's Map model computes the solutions to the non-linear Duffing equation, which reads $x'' + 2\gamma x' - x(1 - x^2) = f\cos(\omega t)$, where each prime denotes a time derivative. ...

97. Duffing Attractor Model

The EJS Duffing Attractor model computes the solutions to the non-linear Duffing equation, which reads $x'' + 2\gamma x' - x(1 - x^2) = f\cos(\omega t)$, where each prime denotes a time derivative. ...

98. Duffing Oscillator Model

The EJS Duffing Oscillator model computes the solutions to the non-linear Duffing equation, which reads $x'' + 2\gamma x' - x(1 - x^2) = f\cos(\omega t)$, where each prime denotes a time derivative. ...

99. Baker's Map Model

The EJS Baker's Map model computes a class of generalized baker's maps defined in the unit square. The simulation displays the resulting points as well as the distance between adjacent points. The starting ...

11.3.4 Mechanik

7. Mechanics Package: Challenging Intro Physics Topics

The EJS Mechanics Package: Challenging Intro Physics Topics contains Easy Java Simulations (EJS) models used in a high-level Introductory Physics course for physics majors. The topics include vector kinematics ...

11. Slipping and Rolling Wheel

The EJS Slipping and Rolling Wheel Model shows the motion of a wheel rolling on a floor subject to a frictional force as determined by the coefficient of friction μ_k. The simulation allows the user to change ...

23. Ceiling Bounce Model

The EJS Ceiling Bounce Model shows a ball launched by a spring-gun in a building `*.jar` with a very high ceiling and a graph of the ball's position or velocity as a function of time. Students are asked to set the ball's ...

25. Two Particle Elastic Collision Model

The EJS Elastic Collision Model allows the user to simulate a two-dimensional elastic `*.jar` collision between hard disks. The user can modify the mass, position and velocity of each disk using the sliders. Both ...

41. Baton Throw Model

The EJS Baton Throw model displays a baton thrown up in the air about its center of `*.jar` mass. The baton is modeled by two masses separated by massless rigid rod. The path of the center of mass of the baton and ...

42. Rocket Car on an Inclined Plane Model

The EJS Rocket Car on an Inclined Plane model displays a car on an inclined pla- `*.jar` ne. When the car reaches the bottom of the incline, it can be set to bounce (elastic collision) with the stop attached to the ...

43. Car on an Inclined Plane Model

The EJS Car on an Inclined Plane model displays a car on an incline plane. When the `*.jar` car reaches the bottom of the incline, it can be set to bounce (elastic collision) with the stop attached to the bottom ...

44. Kinematics of a Translating and Rotating Wheel Model

The EJS Kinematics of a Trainslating and Rotating Wheel model displays the model `*.jar` of wheel rolling on a floor. By controlling three variables, the kinematics of the wheel can be changed to present sliding, ...

46. Roller Coaster

The EJS Roller Coaster Model explores the relationship between kinetic, potential, `*.jar` and total energy as a cart travels along a roller coaster. Users can create their own roller coaster curve and observe the ...

47. Energizer

The EJS Energizer model explores the relationship between kinetic, potential, and `*.jar` total energy. Users create a potential energy curve and observe the resulting motion. The Energizer model was created using ...

53. Inelastic Collision of Particles with Structure Model

The EJS Inelastic Collision of Particles with Structure model displays the inelastic `*.jar` collision between two equal "particles" with structure on a smooth horizontal surface. Each particle has two microscopic ...

55. Platform on Two Rotating Cylinders Model

The EJS Platform on Two Rotating Cylinders model displays the model of a platform resting on two equal cylinders are rotating with opposite angular velocities. There is kinetic friction between each cylinder ... `*.jar`

67. Two Falling Rods Model

The EJS Two Falling Rods model displays the dynamics of two rods which are dropped on a smooth table. In one case the end point on the table slides without friction, while in the other case it rotates about ... `*.jar`

68. Coin Rolling without Sliding on an Accelerated Platform Model

The EJS Coin Rolling without Sliding on an Accelerated Platform model displays the dynamics of a coin rolling without slipping on an accelerated platform. The simulation dis-plays the motion of the coin as ... `*.jar`

69. Coin Rolling with and without Sliding Model

The EJS Coin Rolling with and without Sliding model displays the dynamics of an initially rotating, but not translating, coin subject to friction. The simulation displays the motion of the coin as well as ... `*.jar`

70. Orbiting Mass with Spring Force Model

The EJS Orbiting Mass with Spring Force model displays the frictionless dynamics of a mass constrained to orbit on a table due to a spring. The simulation displays the motion of the mass as well as the effective ... `*.jar`

85. Symmetric Top Model

The EJS Symmetric Top model displays the motion of a top, in both the space frame and body frame, with no net toque applied. The top has an initial angular speed in the x, y, and z directions. The moments ... `*.jar`

86. Lagrange Top Model

The EJS Lagrange Top model displays the motion of a heavy symmetric top under the effect of gravity. The top has an initial angular speed that provides the precessional, nutational, and rotational speeds ... `*.jar`

87. Torque Free Top Model

The EJS Torque Free Top model displays the motion of a top, in both the space frame and body frame, with no net toque applied. The top has an initial angular speed in the x, y, and z directions. The moments ... `*.jar`

88. Falling Rod Model

The EJS Falling Rod model displays the dynamics of a falling rod which rotates about a pivot point as compared to a falling ball. The simulation allows computing fall times and trajectories. The initial ... `*.jar`

89. Spinning Dumbbell Model

The EJS Spinning Dumbbell model displays the motion of a dumbbell spinning around `*.jar` the fixed vertical axis z with constant angular velocity. The trajectories of each mass as well as the system's angular velocity, ...

11.3.5 Newton

8. Classical Helium Model

The EJS Classical Helium Model is an example of a three-body problem that is similar `*.jar` to the gravitational three-body problem of a heavy sun and two light planets. The important difference is that the helium ...

71. Two Orbiting Masses with Relative Motion Model

The EJS Two Orbiting Masses with Relative Motion model displays the dynamics of `*.jar` two masses orbiting each other subject to Newtonian gravity. The simulation displays the motion of the masses in the inertial ...

72. Orbiting Mass with Constant Force Model

The EJS Orbiting Mass with Constant Force model displays the dynamics of an orbi- `*.jar` ting mass due to a constant force (a linear potential energy function). The simulation displays the motion of the mass as well ...

100. Newtonian Scattering Model

The EJS Newtonian Scattering model displays the gravitational scattering of a mul- `*.jar` tiple masses incident on a target mass. The simulation displays the motion of the smaller. The number of particles and their ...

11.3.6 Optik

2. Two-Color Multiple Slit Diffraction

The Two-Color Multiple Slit Diffraction Model allows users to explore multiple slit `*.jar` diffraction by manipulating characteristics of the aperture and incident light to observe the resulting intensity. An exploration ...

26. Multiple Slit Diffraction Model

The EJS Multiple Slit Diffraction model allows the user to simulate Fraunhofer dif- `*.jar` fraction through single or multiple slits. The user can modify the number of slits, the slit width, the slit separation and ...

40. Thick Lens Model

The EJS Thick Lens model allows the user to simulate a lens (mirror) by adjusting `*.jar` the physical properties of a transparent (reflecting) object and observing the object's effect on a beam of light. The user ...

48. Optical Resolution Model

The EJS Optical Resolution model computes the image from two point sources as `*.jar` seen through a circular aperture such as a telescope or a microscope. The simulation allows the user to vary the distance between ...

64. Brewster's Angle Model

The EJS Brewster's Angle model displays the electric field of an electromagnetic `*.jar` wave incident on a change of index of refraction. The simulation allows an arbitrarily linearly (in parallel and perpendicular ...

78. Interference with Synchronous Sources Model

The EJS Interference with Synchronous Sources model displays the interference pat- `*.jar` tern on a screen due to between one and twenty point sources. The simulation allows an arbitrarily superposition of the sources ...

83. Two Source Interference Model

The EJS Two Source Interference model displays the interference pattern on a screen `*.jar` due to two point sources. The simulation allows an arbitrarily superposition of the two sources and shows both the current ...

11.3.7 Oszillatoren und Pendel

15. Inertial Oscillation Model

The EJS Inertial Oscillation model displays the motion of a particle moving over the `*.jar` surface of an oblate spheroid. The spheroid is flattened to an ellipsoid of revolution because it is rotating, just as the ...

17. Foucault Pendulum Model

The EJS Foucault Pendulum model displays the dynamics of a Foucault pendulum. `*.jar` The simulation is designed to show the dynamical explanation of why precession of the Foucault pendulum is slower at lower latitudes ...

18. Circumnavigating Pendulum Model

The EJS Circumnavigating Pendulum model displays the dynamics of a mechanical `*.jar` oscillator in uniform circular motion. The mechanical oscillator is free to move in two directions. This 2-dimensional simulation ...

34. Strange Harmonic Oscillator Model

The EJS Strange Harmonic Oscillator model displays the motion of two masses con- `*.jar` nected by a massless rigid rod, and the masses may move without friction along two perpendicular rails in a horizontal table ...

35. Quartic Oscillator Model

The EJS Quartic Oscillator model displays the motion of a bead moving without friction along a horizontal rod, while tied to two symmetric springs. Both the motion of the masses and the phase space plot are ... `*.jar`

36. Damped Driven Harmonic Oscillator Phasor Model

The EJS Damped Driven Harmonic Oscillator Phasor model displays the motion of damped driven harmonic oscillator. The resulting differential equation can be extended into the complex plane, and the resulting ... `*.jar`

38. Spring Pendulum Model

The EJS Spring Pendulum model displays the model of a hollow mass that moves along a rigid rod that is also connected to a spring. The mass, therefore, undergoes a combination of spring and pendulum oscillations ... `*.jar`

39. Oscillator Chain Model

The EJS Oscillator Chain model shows a one-dimensional linear array of coupled harmonic oscillators with fixed ends. This model can be used to study the propagation of waves in a continuous medium and the ... `*.jar`

45. Pendulum on an Accelerating Train Model

The EJS Pendulum on an Accelerating Train model displays the model of a pendulum on an accelerating train. The problem assumes that the pendulum rod is rigid and massless and of length $L = 2$, and the pendulum ... `*.jar`

50. Coupled Oscillators and Normal Modes Model

The EJS Coupled Oscillators and Normal Modes model displays the motion of coupled oscillators, two masses connected by three springs. The initial position of the two masses, the spring constant of the three ... `*.jar`

51. Spinning Hoop Model

The EJS Spinning Hoop model displays the model of a bead moving along a hoop which is spinning about its vertical diameter with constant angular velocity. Friction is negligible. The simulation displays ... `*.jar`

56. Anisotropic Oscillator Model

The EJS Anisotropic Oscillator model displays the dynamics of a mass connected to two opposing springs. The simulation displays the motion of the mass as well as the trajectory plot. The initial position ... `*.jar`

58. Oscillations and Lissajous Figures Model

The EJS Oscillations and Lissajous Figures model displays the motion of a superposition of two perpendicular harmonic oscillators. The simulation shows the result of the superposition. The amplitude and ... `*.jar`

73. Action for the Harmonic Oscillator Model

The EJS Action for the Harmonic Oscillator model displays the trajectory of a simple `*.jar` harmonic oscillator by minimizing the classical action. The simulation displays the endpoints of the motion (t, x) which ...

11.3.8 Quantenmechanik

27. Circular Well Superposition Model

The Circular Well Superposition simulation displays the time evolution of the position- `*.jar` space wave function in an infinite 2D circular well. The default configuration shows the first excited state with zero ...

49. QM Eigenstate Superposition Demo Model

The EJS QM Eigenstate Superposition Demo model displays the time dependence of `*.jar` a variety of superpositions of energy eigenfunctions for the infinite square well and harmonic oscillator potentials. One of ...

54. Barrier Scattering model

The EJS Barrier Scattering model shows a quantum mechanical experiment in which `*.jar` an incident wave (particle) traveling from the left is transmitted and reflected from a potential step at $x = 0$. Although ...

59. Free Particle Eigenstates

The free particle energy eigenstates model shows the time evolution of a superpos- `*.jar` tion of free particle energy eigenstates. A table shows the energy, momentum, and amplitude of each eigenstate.

61. Eigenstate Superposition

The fundamental building blocks of one-dimensional quantum mechanics are ener- `*.jar` gy eigenfunctions Psi(x) and energy eigenvalues E. The user enters the expansion coefficients into a table and the simulation ...

74. Wave Packet Model

The EJS Wave Packet model displays the motion of an approximate wave packet. `*.jar` The simulation allows an arbitrarily wave packet to be created. The default dispersion relation, with the frequency equal to the ...

11.3.9 Relativitätstheorie

65. Einstein's Train and Tunnel Model

The EJS Einstein's Train and Tunnel model displays the famous thought experiment `*.jar` from special relativity where a train enters a tunnel as seen from two points of view. In one case the train is seen in the ...

66. Simultaneity Model

The EJS Simultaneity model displays the effect of relative motion on the relative [*.jar] ordering of the detection of events. The wave source and two equidistant detectors are at rest in reference frame S', which ...

11.3.10 Statistik

4. Random Walk 2D Model

The EJS Random Walk 2D Model simulates a 2-D random walk. You can change the [*.jar] number of walkers and the probability of going a given direction. You can modify this simulation if you have EJS installed by right-clicking ...

5. Random Walk 1D Continuous Model

The EJS Random Walk 1D Continuous Model simulates a 1-D random walk with a [*.jar] variable step size. You can change the number of walkers and the probability of going right and left. You can modify this simulation if ...

29. Balls in a Box Model

The Balls in a Box model shows that a system of particles is very sensitive to its [*.jar] initial conditions. In general, an isolated system of many particles that is prepared in a nonrandom configuration will change ...

32. Multiple Coin Toss Model

The EJS Multiple Coin Toss model displays the result of the flipping of N coins. The [*.jar] result of each set of coin flips is shown by the image of the pennies on the screen and the complete results of the tossing ...

11.3.11 Thermodynamik

10. Kac Model

The EJS Kac Model simulates the relaxation of a gas to equilibrium by randomly [*.jar] selecting and then colliding gas molecules but without keeping track of the molecules' positions. As long as the collisions are ...

12. 2D-Ising Model

The EJS 2D-Ising model displays a lattice of spins. You can change the lattice size, [*.jar] temperature, and external magnetic field. You can modify this simulation if you have EJS installed by right-clicking within ...

11.3.12 Wellen

52. Beats Model

The EJS Beats model displays the result of adding two waves with different frequencies. The simulation displays the superposition of the two waves as well as a phasor diagram that shows how the waves add ...

`*.jar`

57. Normal Modes on a Loaded String Model

The EJS Normal Modes on a Loaded String model displays the motion of a light string under tension between two fixed points. The string is also loaded with N masses located at regular intervals. The number ...

`*.jar`

63. Doppler Effect Model

The EJS Doppler Effect model displays the detection of sound waves from a moving source and the change in frequency of the detected wave via the Doppler effect. In addition to the wave fronts from the source ...

`*.jar`

75. Waveguide Model

The EJS Waveguide model displays the motion of a traveling wave forced to move between two walls in a waveguide. The two walls are located at $y = 0$ and a, so that its normal modes are $u(t, x) = A \sin(n\pi$ ...

`*.jar`

76. Waves and Phasors Model

The EJS Waves and Phasors model displays the motion of a transverse wave on a string and the resulting phasors for the wave amplitude. The simulation allows an arbitrarily polarized wave to be created. The ...

`*.jar`

77. Transverse Wave Model

The EJS Transverse Wave model displays the motion of a transverse wave on a string. The simulation allows an arbitrarily polarized wave to be created. The magnitude of the components of the wave and the ...

`*.jar`

79. Reflection and Refraction between Taut Strings Model

The EJS Reflection and Refraction between Taut Strings model displays the motion of a traveling pulse on a string when it is incident on a change of string density ...

`*.jar`

80. Standing Waves on a String Model

The EJS Standing Waves on a String model displays the motion of a standing wave on a string. The standing wave can be augmented by adding the zero line and the maximum displacement of the string. The number ...

`*.jar`

81. Resonance in a Driven String Model

The EJS Resonance in a Driven String model displays the displacement of taut string with its right end fixed while the left end is driven sinusoidally. The driving frequency, amplitude, and the simulation's ...

`*.jar`

82. Standing Waves in a Pipe Model

The EJS Standing Waves in a Pipe model displays the displacement and pressure `*.jar` waves for a standing wave in a pipe. The pipe can be closed on both ends, on one end, or open on both ends. The number of nodes ...

84. Group Velocity Model

The EJS Group Velocity model displays the time evolution for the superposition of `*.jar` two traveling waves of similar wave numbers and frequencies. The simulation allows an arbitrarily superposition of two waves ...

11.3.13 Sonstiges

13. Radioactive Decay Events Model

The EJS Radioactive Decay Events Model simulates the decay of a radioactive sample `*.jar` using discrete random events. It displays the number of events (radioactive decays) as a function of time in a given time ...

14. Radioactive Decay Distribution Model

The EJS Radioactive Decay Distribution Model simulates the decay of a radioactive `*.jar` sample using discrete random events. It displays the distribution of the number of events (radioactive decays) in a fixed time ...

19. Game of Life Model

The EJS Game of Life Model simulates a popular 2D cellular automaton of a lattice `*.jar` in a finite state which is updated in accordance with a set of nearby-neighbor rules. The universe of the Game of Life, developed ...

22. Radioactive Decay Model

The EJS Radioactive Decay Model simulates the decay of a radioactive sample using `*.jar` discrete random events. It displays the number of radioactive nuclei as a function of time. You can change the initial number ...

Eine große Zahl von älteren EJS-Beispielen, darunter auch sehr elementaren, befindet sich in den **users**-Verzeichnissen, die zum Verzeichnisbaum dieses Werks gehören. Diese können auch zusammen mit der EJS-Console von der EJS-Homepage geladen werden. Im users-Verzeichnis sind die Dateien nach Autoren geordnet. Man findet dort *.xml-Dateien, die nicht allein lauffähig sind und zur Aktivierung von der EJS-Console aus geladen werden müssen. Die folgende Abbildung 11.7 des Verzeichnisbaums wird die Orientierung erleichtern.

Die Verzeichnisse der Autoren sind unter dem Verzeichnis **source/users** angeordnet. Davon wurde in Abbildung 11.7 das Unterverzeichnis von *Francisco Esquembre* detailliert: *Murcia/Fem* (Universität Murcia-Spanien).

Damit der Benutzer ohne den Weg über die EJS-Console schnell einen Überblick über die große Zahl dieser Simulationen bekommt, wurden im Verzeichnis *export* im

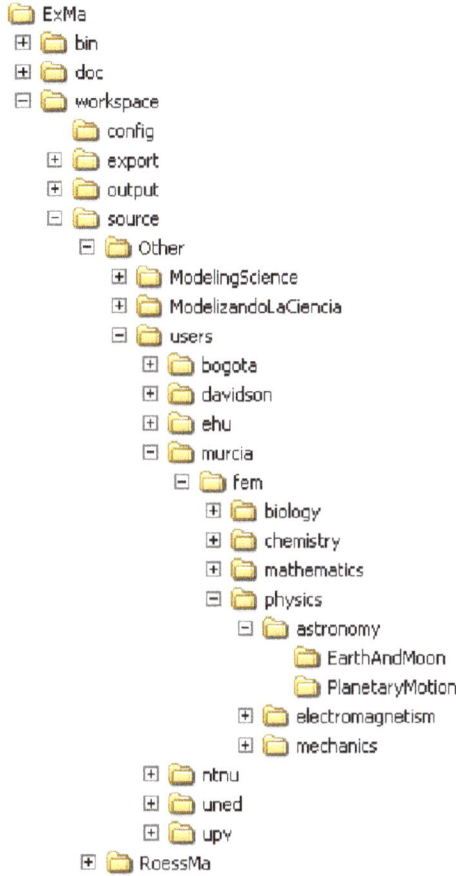

Abbildung 11.7. Verzeichnisbaum. *ExpMath* ist das Gesamtverzeichnis dieses Werks mit der zugehörigen Textdatei und der EJS-Console. In *doc* findet man u a. Programmbeschreibungen von EJS. In *workspace* sind *.jar-Dateien enthalten, die in dem Verzeichnis *export* ausführungsfähig sind. In *source* sind *.xml-Dateien enthalten, die von der Console aus geladen werden müssen. *Other* enthält Simulationen aus verschiedenen Quellen: für die Universität *Murcia* (Esquembre) ist der Verzeichnisbaum bis zu konkreten Simulationen aufgefächert.

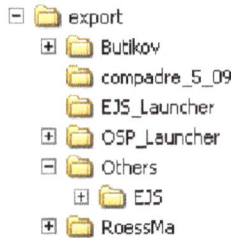

Abbildung 11.8. Verzeichnisbaum. Das Verzeichnis *Export/Others/EJS* enthält direkt anwählbare *.jar-Dateien.

Unterverzeichnis *Others/EJS* direkt aktivierbare *.jar Dateien der Simulationen neben ihren *.xml-Dateien zusammengestellt.

Mit dem Hyperlink *Tabelle* erreicht man eine Übersichtsdatei, die 144 nach 16 Sachthemen geordnete Simulationen enthält, ergänzt mit kurzen Kommentaren und dem Nachweis der jeweiligen Quelle. Aus der geöffneten Tabelle heraus können die einzelnen Simulationen schnell und direkt durch Klick auf die Dateinamen aufgerufen werden.

Dieter Roess

Verzeichnis von ausgewählten Simulations jar- Dateien aus EJS- Paket
Die entsprechenden xml- Dateien haben den gleichen Namen, mit großen Anfangsbuchstaben
Die 144 Dateien sind nach 16 Themengruppen geordnet, wobei es Überschneidungen gibt
Wählen Sie eine Datei durch Doppelklick auf das Hyperlink
Schließen Sie die laufende Simulation vor Aufruf einer neuen

Thematische Zuordnungsgruppe	Bemerkungen	Hyperlink zu jar- Datei	Simulationsentwickler
1 - Mechanik	Drehmoment, Aangriffspunkte	at_moment	VonSiebenthal
1 - Mechanik	reguläre und chaotische Oszillationen	ball in Wedge	ejs_tpt_modeling
1 - Mechanik	2D Stoßgesetz einstellbar	collision2D_e	FuKwuHwang
1 - Mechanik	schwerer Kreisel	lagrange	ehu_jma
1 - Mechanik	Stoßgesetz, auch bei Abstoßung!	multiple Collisions	ejs_crcExamples
1 - Mechanik	Stoß in Kugelreihe, einstellbar	newtonsCraddle	murcia_fem
1 - Mechanik	Rollen verschiedener Körper auf Rampe	rodandoPorPlanoInclinado	Esquembre- Buch
1 - Mechanik	Pendel + Rotation, speziell, interessant dargestellt	table	ehu_jma
1 - Mechanik	Stoß: ziehbar, Dropdown-Menü!	ballsInBox	murcia_fem
1 - Mechanik	3D Lagrange, rotierendes Ellipsoid	free	ehu_jma
1 - Mechanik	Rollen mit Reibung	coin	ehu_jma
1 - Mechanik	Reibung, gegen coin erweitert	platform	ehu_jma

Tabelle

Abbildung 11.9. Beginn der Übersichtstabelle.

Die Dateien sind von sehr unterschiedlicher Komplexität. Neben einigen kindgerechten Simulationen finden Sie einfache Beispiele zur Demonstration bestimmter Visualisierungsmöglichkeiten. Die Mehrzahl der Dateien enthält recht komplexe Simulationen physikalischer Probleme, mit zum Teil sehr überzeugenden optischen Darstellungen. Einige der Simulationen sind auch unter den neueren Einzeldateien zu finden, die am Anfang dieses Abschnitts aufgeführt sind. Sie sind zum Teil inzwischen weiterentwickelt worden.

Viele der Dateien enthalten keine Beschreibungsseiten. Erproben Sie, welche Elemente der Graphik mit der Maus gezogen werden können; daraus ergeben sich oft zunächst unerwartete Gestaltungsmöglichkeiten.

Sie können die Dateien editieren und weiterentwickeln, wenn Sie von der EJS-Console aus die betreffende *.xml-Datei aufrufen.

11.4 OSP-Simulationen, die nicht mit EJS erstellt wurden

Eine große Zahl von OSP-Java-Simulationen sind in einer Grupppe von thematisch gegliederten *Launcher*-Paketen vorhanden, die auf der OSP-Homepage abgeholt werden können.

Viele der Pakete wurden als Lehrgänge entwickelt. Das Abbildung 11.8 zeigt das typische Erscheinungsbild beim Öffnen. Dieser Launcher hat drei Verzeichnisse, die durch Anklicken der Buttons oder mit dem File-Menü geöffnet werden können.

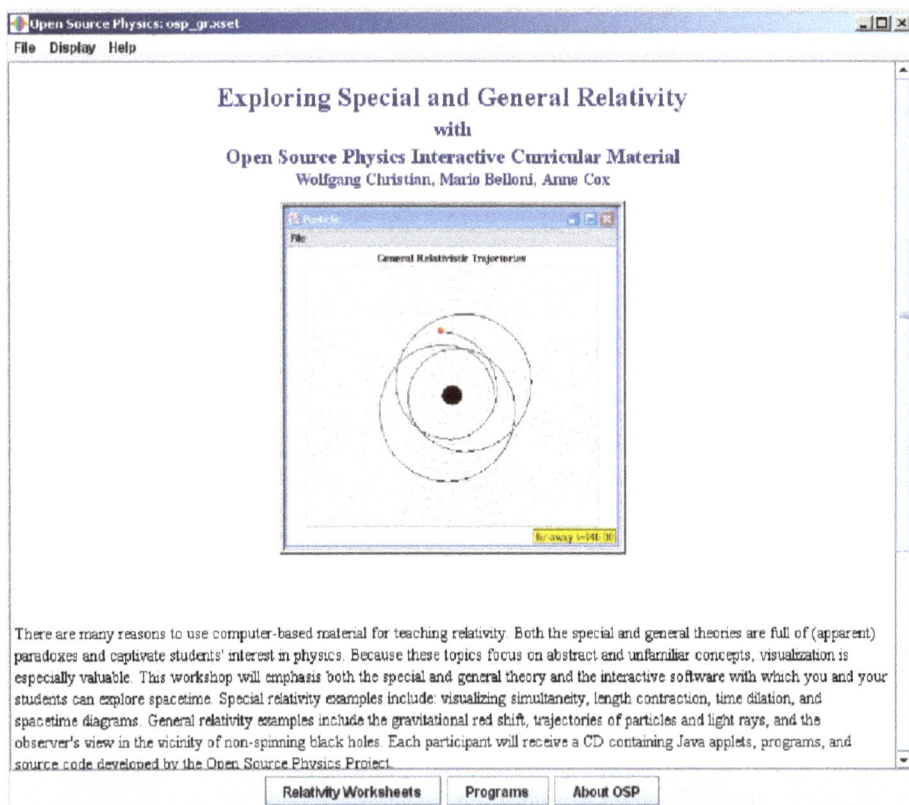

Abbildung 11.10. Öffnungsseite des Launcher-Pakets über Relativitätstheorie.

Das in der unteren Leiste aufzurufende Verzeichnis *Relativity Workshop* enthält einen kompletten Kurs über spezielle und allgemeine Relativitätstheorie, aufgeteilt in nach Sachgebieten geordnete Kapitel. Einige davon enthalten Beschreibungstext mit Festbildern, Theorie und Aufgaben, viele enthalten zusätzlich interaktive Simulationen.

Das Verzeichnis About OSP enthält Angaben über die Autoren, über die Launcher-Technik, mit der viele Einzeldateien zu einem Paket zusammengefügt werden können, und über Optionen der Darbietung, darunter Sprachauswahl (soweit diese Option von den Autoren der Simulationen vorgesehen wurde).

Das Verzeichnis *Programs* enthält eine Vielzahl interaktiver kosmologischer Simulationen von der Newtonschen Mechanik bis zu Kerr- und Rain-Metrik. Bei einer

Reihe von Simulationen stehen vom Dozenten verfasste Simulationen neben Versionen, die von Studierenden erstellt worden.

Das Verzeichnis *Programs* hat die in Abbildung 11.11 gezeigte Struktur mit zahlreichen Unterverzeichnissen:

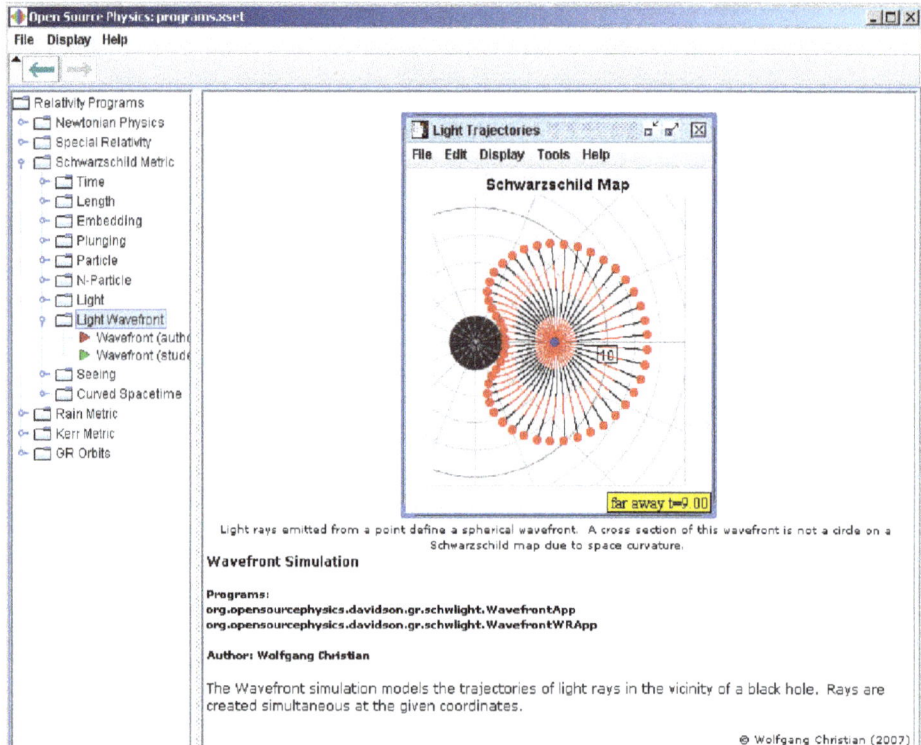

Abbildung 11.11. Verzeichnisstruktur der Seite *Programs* eines typischen *Launchers*. Links ist ein Verzeichnisbaum mit zahlreichen Simulationsdateien. Rechts wird zu einer markierten Simulation ein Bild und eine kurze Beschreibung gezeigt. Das Bild zeigt Lichtstrahlen, die in der Nähe eines Schwarzen Loches radial von einem Körper ausgehen. Doppelklick auf das grüne Dreieck aktiviert die Simulation *Wavefront*.

Das **File**-Menü am oberen Rand von Abbildung 11.9 enthält Optionen zum Editieren und zum Vereinzeln der im Launcher zusammengefaßten Simulationen.

11.4.1 Liste der OSP-Launcherpakete

In der folgenden Liste führen wir wieder in einer Tabelle die mit der OSP-Homepage verlinkten Titel und die Verfasser sowie eine Kurzbeschreibung auf. Am Seitenrand ist ein Link zum direkten Zugriff auf das auf dem Datenträger vorhandene Launcher-Paket.

1. Symmetry Breaking on a Rotating Hoop

The Rotating Hoop Launcher package shows the dynamics of a mass that is constrai-ned to move on a rotating hoop. The rotating hoop model is an excellent mechanical model of first- and second-order phase transitions ... `Launch` Wolfgang Christian

2. Modeling a Changing World

Modeling a Changing World written by mathematics professor Tim Chartier and his student Nick Dovidio presents curricular material in an OSP Launcher package to motivate the need for numerically solving ordinary ... `Launch` Tim Chartier

3. Hasbun Classical Mechanics Package

The Hasbun Classical Mechanics Package is a self-contained Java package of OSP programs in support of the textbook "Classical Mechanics with MATLAB Applicati-ons". Classical Mechanics with MATLAB Applications ... `Launch` Javier Hasbun

4. Tracker Demo Package

The Tracker Sampler Package contains several video analysis experiments from me-chanics and spectroscopy. It is distributed as a ready-to-run (compiled) Java archive containing the Tracker video analysis application, ... `Launch` Douglas Brown

5. Tracker Air Resistance Model

The Tracker Air Resistance Model asks students to explore air resistance of falling coffee cups by considering both viscous (linear) and drag (quadratic) models. Students see a video of falling cups and explore ... `Launch` Douglas Brown

6. General Relativity (GR) Package

The General Relativity (GR) Package is a self-contained file for the teaching of ge-neral relativity. The file contains ready-to-run OSP programs and a set of curricular materials. You can choose from a variety ... `Launch`

Wolfgang Christian, Mario Belloni, Anne Cox

7. OSP QuILT Package

The OSP QuILT package is a self-contained file for the teaching of time evolution of wave functions in quantum mechanics. The file contains ready-to-run OSP programs and a set of curricular materials. `Launch`

Chandralekha Singh, Mario Belloni, Wolfgang Christian

8. Phase Matters Package

The Phase Matters package is a self-contained file for the teaching of phase and time evolution in quantum mechanics. The file contains ready-to-run OSP programs and a set of curricular materials. The material ... `Launch` Mario Belloni, Wolfgang Christian

9. Spins Package

The Spins package is a self-contained file for the teaching of measurement and time evolution of spin-1/2 systems in quantum mechanics. The file contains ready-to-run OSP programs and a set of curricular ... `Launch` Mario Belloni, Wolfgang Christian

10. Statistical and Thermal Physics (STP) Application

The Statistical and Thermal Physics (STP) Application is a self-contained file for `Launch`
the teaching of statistical and thermal physics. The file contains ready-to-run OSP
programs and a set of curricular materials. ...   Harvey Gould, Jan Tobochnik

11. Momentum Space Package

The Momentum Space package is a self-contained file for the teaching of the time evo- `Launch`
lution and visualization of energy eigenstates and their superpositions via momentum
space in quantum mechanics. The file ...   Mario Belloni, Wolfgang Christian

12. Position Carpet Package

The Position Carpet package is a self-contained file for the teaching of the time evo- `Launch`
lution and visualization of energy eigenstates and their superpositions via quantum
space-time diagrams or quantum carpets ...   Mario Belloni, Wolfgang Christian

13. Wigner Package

The Wigner package is a self-contained file for the teaching of the time evolution and `Launch`
visualization of energy eigenstates and their superpositions in quantum mechanics.
The file contains ready-to-run OSP ...   Mario Belloni, Wolfgang Christian

14. Modeling Physics with Easy Java Simulations: TPT Package

This Java archive contains a collection of simple Easy Java Simulations (EJS) programs `Launch`
for the teaching of computer-based modeling. The materials and text of this resource
appeared in an article of the same ...   Wolfgang Christian, Francisco Esquembre

15. Superposition Package

The Superposition package is a self-contained file for the teaching of the time evo- `Launch`
lution and visualization of energy eigenstates and their superpositions in quantum
mechanics. The file contains ready-to-run ...   Mario Belloni, Wolfgang Christian

16. Demo Package

The Demo package is a self-contained file for the teaching of orbits, electromagne- `Launch`
tic radiation from charged particles and quantum mechanical bound states. The file
contains ready-to-run OSP programs and ...   Mario Belloni, Wolfgang Christian

17. Computer Simulation Methods Examples

Ready to run Launcher package containing examples for an Introduction to Computer `Launch`
Simulation Methods by   Harvey Gould, Jan Tobochnik, and Wolfgang Christian

18. OSP User's Guide Examples

Ready to run Launcher package containing examples for Open Source Physics: A `Launch`
User's Guide with Examples by   Wolfgang Christian

19. Numerical Time Development in Quantum Mechanics Using a Reduced Hilbert Space Approach

This self-contained file contains Open Source Physics programs for the teaching of   `Launch`
time evolution and visualization of quantum-mechanical bound states. The suite of
programs is based on the ability to expand ...   Mario Belloni, Wolfgang Christian

Auch hier sollten Sie direkt auf der OSP-Homepage recherchieren, ob neue Pakete
oder Ausgaben vorhanden sind.

Die komfortable Suchfunktion der Homepage erlaubt außerdem, gezielt Dateien
für bestimmte Inhalte, Niveaus und Adressaten zu suchen. Abbildung 11.10 zeigt den
Suchbaum. Die einzelnen Auswahlboxen sind jeweils in zahlreiche Kategorien struk-
turiert; für die Sachthemen wird dies im nachfolgenden Ausschnitt gezeigt.

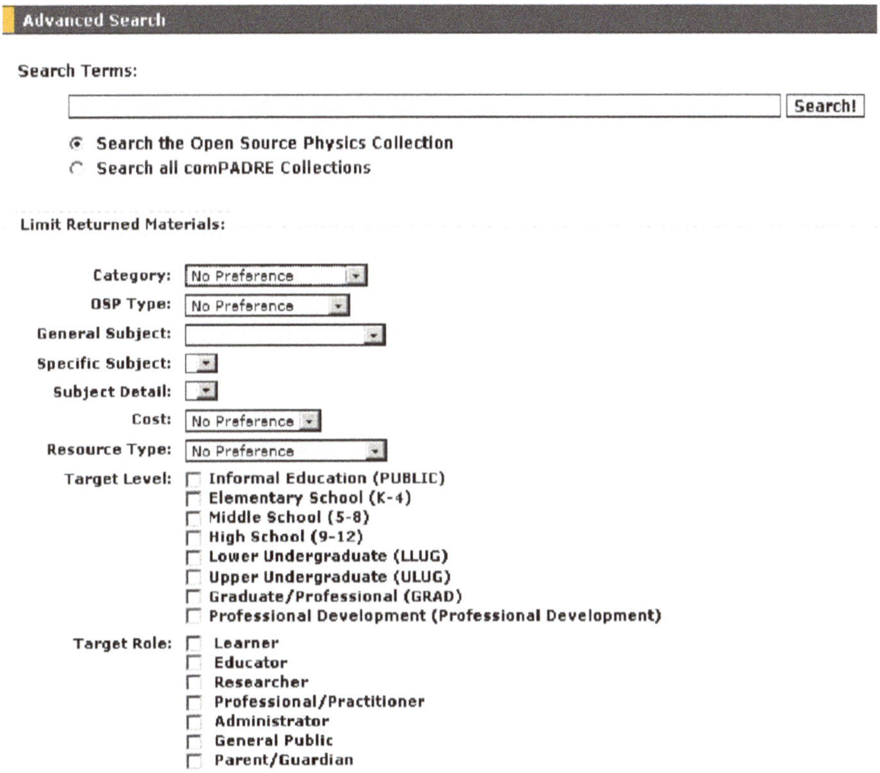

Advanced Search

Search Terms:

[   ] `Search!`

⦿ **Search the Open Source Physics Collection**
○ **Search all comPADRE Collections**

Limit Returned Materials:

Category:	No Preference ▾
OSP Type:	No Preference ▾
General Subject:	▾
Specific Subject:	▾
Subject Detail:	▾
Cost:	No Preference ▾
Resource Type:	No Preference ▾

Target Level: ☐ Informal Education (PUBLIC)
☐ Elementary School (K-4)
☐ Middle School (5-8)
☐ High School (9-12)
☐ Lower Undergraduate (LLUG)
☐ Upper Undergraduate (ULUG)
☐ Graduate/Professional (GRAD)
☐ Professional Development (Professional Development)

Target Role: ☐ Learner
☐ Educator
☐ Researcher
☐ Professional/Practitioner
☐ Administrator
☐ General Public
☐ Parent/Guardian

`Suchen`

Abbildung 11.12. Suchfenster auf der Compadre-Homepage.

Auf der OSP-Homepage können Sie auch für sich jeweils isolierte Simulationen
finden (429 Stück, Stand November 2010). Dazu wählen Sie in der Suchfunktion unter
OSP-Type *Java-Model*, wie im nächsten Ausschnitt Abbildung 11.14 gezeigt.

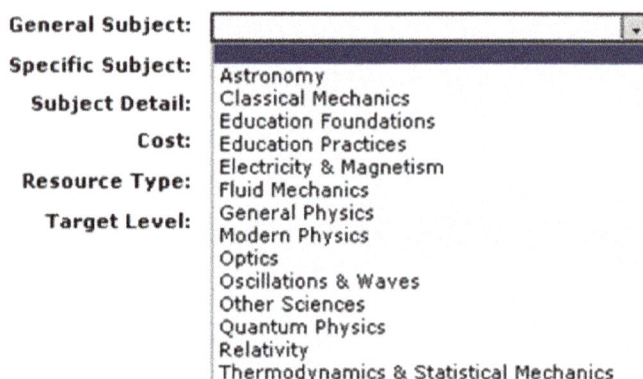

Abbildung 11.13. Gebietsauswahl auf der Compadre-Homepage.

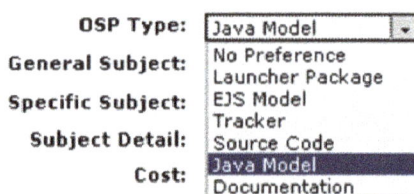

Abbildung 11.14. Methodenwahl auf der Compadre-Homepage.

Danksagung: Wir danken Wolfgang Christian und Francisco Esquembre für die Erlaubnis, die über die *OSP*-Homepage zugänglichen Daten hier zu verwenden.

11.5 In Launcher verpackte EJS-Simulationen

Eine Reihe von Physik-Kursen, welche die Anwendung des EJS-Programms für die Simulation von elementaren und fortgeschrittenen physikalischen Fragestellungen demonstrieren, sind ebenfalls in *Launcher*-Pakete verpackt. Einzelsimulationen werden daraus mit Doppelklick aufgerufen. Die nachfolgend kurz beschriebenen Pakete stammen von Wolfgang Christian, Francisco Esquembre und ihren Mitarbeitern. In der Online-Version können sie direkt über den Link am Seitenrand aufgerufen werden.

Ehu_mechanics-waves

Kurs in Mechanik, Schwingungen und Wellen   Juan M. Aguirregabiria   Launch

Ejs_crcExamples

Beschreibung von EJS, zahlreiche Beispiele   Launch

Francisco Esquembre, Wolfgang Christian

Ejs_demo

Beschreibung von EJS, einfache Beispiele aus der Mechanik und Thermodynamik, `Launch`
3D-Visualisierungen   Francisco Esquembre

Ejs_mabelloni_pendula

Lagrange-Mechanik, einfache und komplizierte Pendel   Mario Mabelloni `Launch`

Ejs_mechanics

Grundkurs in Mechanik und Gasdynamik, mit Hinweisen zur Modellierungstechnik `Launch`
                              Wolfgang Christian, Francisco Esquembre

Ejs_stp

Statistik und Thermodynamik, FPU-Problem   Wolfgang Christian `Launch`

Ejs__tpt_modeling

Einführung EJS und Launcherpakete, einfache und fortgeschrittene Modelle aus Me- `Launch`
chanik und Wärmelehre   Wolfgang Christian, Francisco Esquembre

Ejs_wochristian_chaos

Komplexe Wurzeln, Mandelbrot-Set, angetriebenes Pendel, Phasenraum   `Launch`
                                                    Wolfgang Christian

Ejs_wochristian_examples

Fortgeschrittene Modelle, Fourier-Analyse, Lenard-Jones-Potential, Oszillatorketten `Launch`
                                                    Wolfgang Christian

Ejs_wochristian_odeflow

Einige Lösungen gewöhnlicher Differentialgleichungen   Wolfgang Christian `Launch`

   Der Vorteil dieser *EJS*-Launcherpakete im Vergleich zu den vorangehenden *OSP*-
Paketen liegt darin, dass zur Veränderung der vorgegebenen Simulationen keine fortgeschrittenen *JAVA*-Kenntnisse notwendig sind.
   Eine aktive Einzelsimulation kann mit dem Kontextmenü (Aufruf durch Anklicken
der Simulation mit der rechten Maustaste) in die EJS-Console überführt werden. In
deren Fenstern sind Code und Visualisierungselemente ablesbar und editierbar. Damit
kann eine der vorgegebenen Simulationen sehr einfach als Ausgangsbasis für eigene
Weiterentwicklungen verwendet werden.

11.6 Kosmologische Simulationen von *Eugene Butikov*

Wir haben bisher wegen ihrer Betriebssystem-Unabhängigkeit ausschließlich Java-
Simulationen verwendet oder Links auf solche aufgeführt.

Eugene Butikov (Universität Petersburg) erstellte eine große Zahl von Simulationen für kosmologische und andere physikalische Fragen auf der Basis von *Windows* und *Visual Basic*. Sie sind so überzeugend gestaltet, dass wir sie in unsere Übersicht mit aufnehmen wollen, auch wenn sie nur den Benutzern zugänglich sein werden, die mit *Windows* arbeiten. Wegen der Vielzahl der enthaltenen Möglichkeiten soll dem Benutzer der Zugang durch eine kurze Beschreibung erleichtert werden.

Abbildung 11.15 zeigt die Startseite des Programms *Planeten und Satelliten*, dessen Inhalt weit über das hinausgeht, was der Titel verspricht. So behandelt es neben elementaren Aufgaben (Kepler-Gesetze) auch Mehrkörperprobleme mit ihren nichtlinearen, komplizierten Bahnkurven (z. B. Passage zweier Sterne mit Planeten unter *Planetenraub*). Die graphischen Darstellungen sind didaktisch sehr vielseitig, zeigen z. B. nebeneinander den Zeitablauf aus Sicht des Sterns, eines Planeten, des System-Schwerpunkts (Menü *View*), bei teils überraschenden Bahnkurven. Die Einzelsimulationen (Menü *Examples*) enthalten Einstellmöglichkeiten für alle wichtigen Parameter, so dass der Benutzer frei experimentieren kann.

Die drei Teilpakete enthalten:

Getting Started: Ausführliche Orientierungshinweise, Glossar der Fachausdrücke, Links zu besonders reizvollen Beispielen aus der Vielzahl der Simulationen.

Tutorial: Glossar, Kurzübersicht des Lehrgangs-Textes, einen umfangreichen Lehrgangstext (zugänglich über das Menü *Hilfethemen/Inhalt*) und eine verlinkte Inhaltsangabe, die direkt zu einzelnen Simulationen führt; didaktische Fragestellungen, Hilfen für die Bedienung.

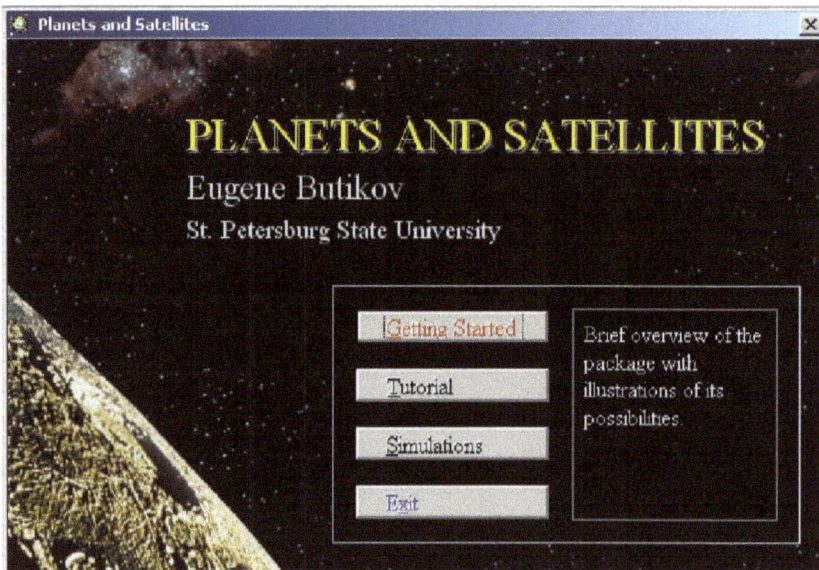

Abbildung 11.15. Simulation. Eröffnungsfenster der *Butikov*-Simulationen.

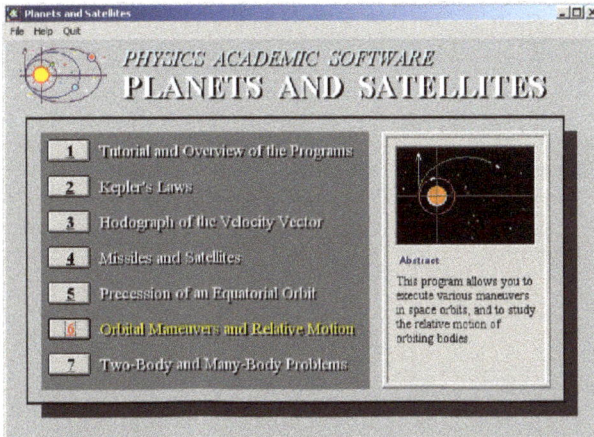

Abbildung 11.16. Ein Auswahlfenster für charakteristische Gruppen von *Butikov*-Simulationen. Nach Wahl einer Gruppe links erscheint rechts ein typisches Bild mit Beschreibung.

Abbildung 11.17. Themen von Einzel-Simulationen im Butikov-Programm und ihre Beschreibungen.

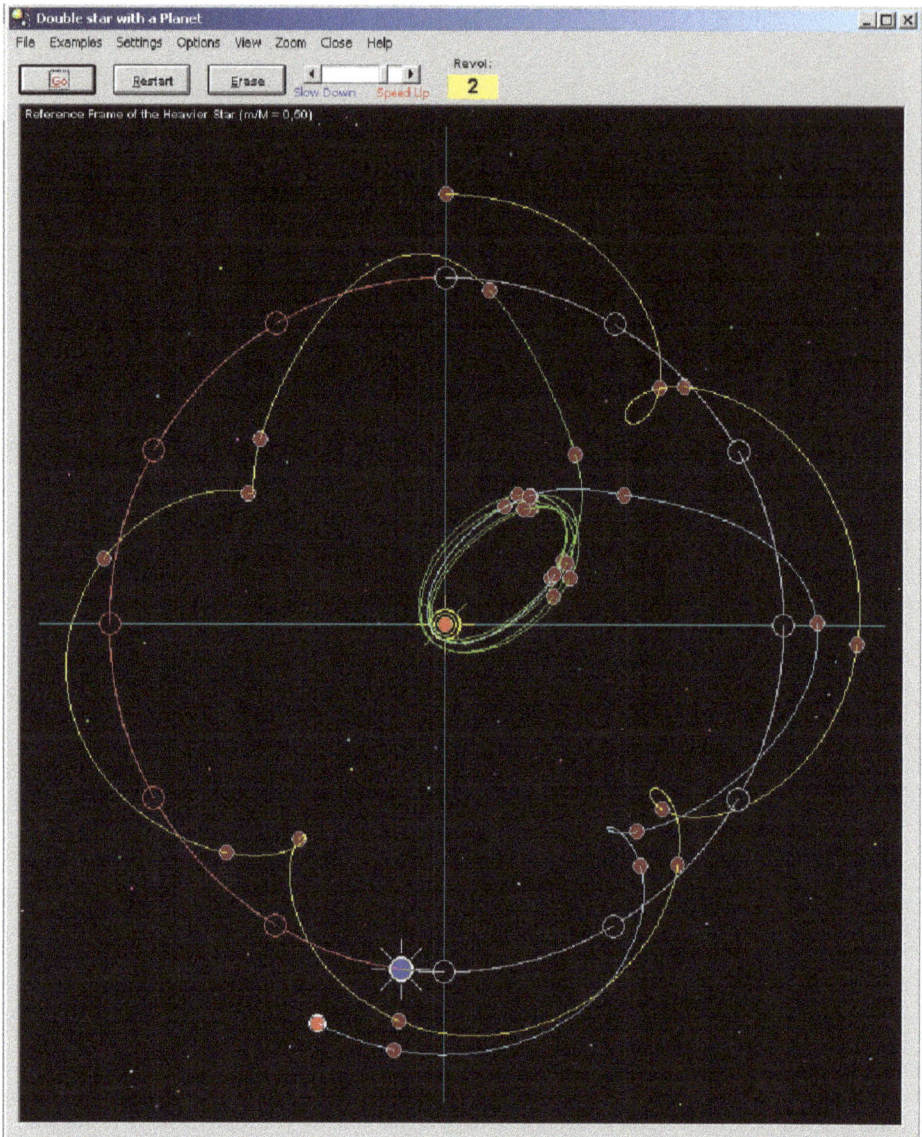

Abbildung 11.18. Bahn eines Planeten in einem Doppelstern-System, gesehen im Bezugssystem des zweifach schwereren Sterns (rot im Zentrum). Der leichtere blaue Stern umrundet ihn auf einer Kreisbahn. Der im Vergleich zu den beiden Sternen sehr leichte Planet beginnt seine gelbe Bahn oben als Umlauf um den blauen Stern. Sie wird durch den roten Zentralstern gestört, und schwenkt in eine grüne Bahn um ihn ein. Nach einigen Umrundungen reicht die Bahnstörung durch den blauen Stern, um ihn vorübergehend wieder an diesen zu binden (blaue Bahn).

Simulations: Zugang zu den Einzelsimulationen, gegliedert in sieben Klassen, wie sie in Abbildung 11.16 zu sehen sind.

Abbildung 11.17 aus *Tutorial* zeigt die Struktur des gesamten Programms.

Der nebenstehende Link **Butikov I** gibt Ihnen Zugang zur Homepage von *Eugene Butikov*, von der aus sie die von ihm veröffentlichten Programme einsehen können. Dort finden Sie auch Java-Applets zu zahlreichen physikalischen Einzelfragen. Der Link **PAS** führt zur Homepage von **Physics Academics Software** (PAS), wo die Simulationen ursprünglich veröffentlicht wurden.

Mit Erlaubnis des Autors *Eugene Butikov* und des PAS-Herausgebers *Jon Risley* enthält unsere Zusammenstellung das installierte kosmologische Simulationsprogramm. Sie rufen es mit der interaktiven Abbildung 11.18 auf.

Sie zeigt als Beispiel ein System aus zwei Sternen ungleicher Masse mit einem gemeinsamen Planeten, dessen Umlaufbahn von einem Stern zum anderen pendelt. Das Ganze wird im Bezugssystem des massereicheren Sterns gesehen. Die Berechnung der gelben Planetenbahn um den kleineren Stern beginnt oben; die Farbe wechselt zu grün beim Einschwenken in eine Umlaufbahn um den inneren Hauptstern. Später pendelt er wieder zum Nebenstern (blauer Bahnteil).

12   Schlussbemerkung

Die Entwicklung dieses Werks hat mir selbst vertiefte Einblicke in mathematische Grundlagen eröffnet, und großes intellektuelles Vergnügen beim Experimentieren mit den didaktischen Möglichkeiten der Simulation bereitet. Ich wünsche dem Benutzer Gewinn in seinem eigenen Streben nach Erkenntnis und ein vergleichbares Erfolgserlebnis.

www.ingramcontent.com/pod-product-compliance
Lightning Source LLC
Chambersburg PA
CBHW050105220326
41598CB00043B/7389